SHUILI GONGCHENG JIANSHE XIANGMU

FAREN ANQUAN SHENGCHAN BIAOZHUN HUA

GONGZUO ZHI NAN

水利工程建设项目

法人安全

生产

标准化工作指南

张永平　周成洋

U0220696

河海大学出版社
HOHAI UNIVERSITY PRESS
·南京·

图书在版编目(CIP)数据

水利工程建设项目法人安全生产标准化工作指南 /
许永平，周成洋主编. -- 南京：河海大学出版社，
2021.9
ISBN 978-7-5630-7184-5

Ⅰ.①水… Ⅱ.①许… ②周… Ⅲ.①水利工程－工
程施工－安全生产－标准化－手册 Ⅳ.①TV512－65

中国版本图书馆 CIP 数据核字(2021)第 181881 号

书	名	水利工程建设项目法人安全生产标准化工作指南
书	号	ISBN 978-7-5630-7184-5
责任编辑		彭志诚
特约编辑		王继怀
特约校对		薛艳萍
封面设计		徐娟娟
出版发行		河海大学出版社
地	址	南京市西康路 1 号(邮编:210098)
电	话	(025)83737852(总编室)　(025)83722833(营销部)
经	销	江苏省新华发行集团有限公司
排	版	南京布克文化发展有限公司
印	刷	广东虎彩云印刷有限公司
开	本	718 毫米×1000 毫米　1/16
印	张	19.25
字	数	382 千字
版	次	2021 年 9 月第 1 版
印	次	2021 年 9 月第 1 次印刷
定	价	98.00 元

编写人员

主　编　许永平　周成洋

副主编　尚超军　薛　峰　孟庆峰　朱海荣

编　写　刘俊青　岳彬彬　林　立　周军生

　　　　李永生　王　淼　宋正军　王　俊

　　　　蔡许姣

主　审　钱邦永

　　水利工程是国民经济和社会发展的重要基础设施。随着江苏省近几年水利工程不断大规模的投资建设,其安全生产工作面临着严峻挑战。安全标准化建设是落实企业安全生产主体责任的重要途径,也是政府实施安全生产分类指导、分级监管的重要依据,因此,开展水利工程建设安全生产标准化工作十分重要。

　　开展水利工程安全生产标准化建设是贯彻新《中华人民共和国安全生产法》的内在要求,是提高安全监管水平的有力抓手,也是预防控制风险的有效办法。江苏省淮沭新河管理处管理着32座流域性或区域性大中型水利工程,近几年不断有除险加固工程投资建设,在水利工程建设安全生产标准化方面积累了不少经验。

　　该处结合安全生产标准化管理,对照水利部和江苏省《水利工程项目法人安全生产标准化评价标准》,编写了《水利工程建设项目法人安全生产标准化工作指南》,以目标职责、制度化管理、教育培训、现场管理、安全风险管控及隐患排查治理、应急管理、事故管理、持续改进共8个一级项目、28个二级项目和141个三级项目考核内容为主线,立足于对评审内容、赋分标准、法规要点、条文释义、实施要点、材料实例等进行详细分解。全书由周成洋编写大纲并进行统稿,钱邦永、周成洋为主要审查人,周成洋、刘俊青、岳彬彬、林立、王淼、朱海荣参与了编写。

　　《水利工程建设项目法人安全生产标准化工作指南》依据国家法律法规和地方标准,明确了项目法人在水利工程建设标准化考核工作中应该遵守的标准规范以及应当收集的资料台账,使得水利工程建设标准化考核工作有章可循、有据可依,可作为水利安全生产工作者的行动指南。

　　本书在编写过程中由于时间仓促、水平有限,有些条文编写考虑得不是很细致,希望广大同行和各位读者给予指导和帮助。

目录

CONTENTS

第一章 目标职责

第一节 目　　标

一、评审内容及赋分标准

【国家评审标准内容】

1.1.1　安全生产目标管理制度应明确目标的制定、分解、实施、检查、考核等内容。监督检查各参建单位制定该项制度。

1.1.2　制定安全生产总目标和年度目标,应包括生产安全事故控制、生产安全事故隐患排查治理、职业健康、安全生产管理等目标。监督检查各参建单位开展此项工作。

1.1.3　根据各部门(单位)和各参建单位在安全生产中的职能,分解安全生产总目标和年度目标。监督检查各参建单位的目标分解工作。

1.1.4　与各部门(单位)和各参建单位签订安全生产责任(协议)书,并制定目标保证措施。监督检查各参建单位逐级签订安全生产责任(协议)书及安全生产目标保证措施。

1.1.5　至少每半年对各部门(单位)和各参建单位安全生产目标的完成情况进行监督检查、评估,必要时,及时调整安全生产目标实施计划。

1.1.6　定期对各部门(单位)和各参建单位安全生产目标完成情况进行考核奖惩。监督检查各参建单位开展此项工作。

【国家赋分标准】30分

1. 查制度文本和记录。未以正式文件发布,扣2分;制度内容不全,每缺一项扣1分;制度内容不符合有关规定,每项扣1分;未监督检查,扣2分;检查单位不全,每缺一个单位扣1分;对监督检查中发现的问题未采取措施或未督促落实,每处扣1分。

2. 查相关文件和记录。目标未以正式文件发布,扣8分;目标制定不全,每缺一项扣 1 分;未监督检查,扣 8 分;检查单位不全,每缺一个单位扣 2 分;对监督检查中发现的问题未采取措施或未督促落实,每处扣 1 分。

3. 查相关文件和记录。目标未分解,扣 5 分;目标分解不全,每缺一个部门或单位扣 1 分;目标分解与职能不符,每项扣 1 分;未监督检查,扣 5 分;检查单位不全,每缺一个单位扣 2 分;对监督检查中发现的问题未采取措施或未督促落实,每处扣 1 分。

4. 查相关文件和记录。未签订责任(协议)书,扣 5 分;责任(协议)书签订不全,每缺一个部门、单位或个人扣 1 分;未制定目标保证措施,每缺一个部门、单位或个人扣 1 分;责任(协议)书内容与安全生产职责不符,每项扣 1 分;未监督检查,扣 5 分;检查单位不全,每缺一个单位扣 2 分;对监督检查中发现的问题未采取措施或未督促落实,每处扣 1 分。

5. 查相关文件和记录。未定期监督检查、评估,扣 5 分;监督检查、评估的部门或单位不全,每缺一个部门或单位扣 1 分;必要时,未及时调整实施计划,扣 2 分;对监督检查中发现的问题未采取措施或未督促落实,每处扣 1 分;查相关文件和记录;未定期考核奖惩,扣 5 分;考核奖惩不全,每缺一个部门或单位扣 1 分;未监督检查,扣 5 分;检查单位不全,每缺一个单位扣 2 分;对监督检查中发现的问题未采取措施或未督促落实,每处扣 1 分。

【江苏省评审标准内容】

1.1.1　安全生产目标管理制度应明确目标的制定、分解、实施、检查、考核等内容。

1.1.2　制定安全生产总目标和年度目标,应包括生产安全事故控制、生产安全事故隐患排查治理、职业健康、安全生产管理等目标。

1.1.3　根据部门和所属单位在安全生产中的职能,分解安全生产总目标和年度目标。

1.1.4　逐级签订安全生产责任书,并制定目标保证措施。

1.1.5　定期对安全生产目标完成情况进行检查、评估,必要时,及时调整安全生产目标实施计划。

1.1.6　定期对安全生产目标完成情况进行考核奖惩。

【江苏省赋分标准】30 分

1. 查制度文本。未以正式文件发布,扣 3 分;制度内容不全,每缺一项扣 1 分;制度内容不符合有关规定,每项扣 1 分。

2. 查中长期安全生产工作规划和年度安全生产工作计划等相关文件。目标未以正式文件发布,扣 6 分;目标制定不全,每缺一项扣 1 分。

3. 查相关文件。目标未分解,扣 4 分;目标分解不全,每缺一个部门或单位扣

1 分;目标分解与职能不符,每项扣 1 分。

4. 查相关文件。未签订责任书,扣 5 分;责任书签订不全,每缺一个部门、单位或个人扣 1 分;未制定目标保证措施,每缺一个部门、单位或个人扣 1 分;责任书内容与安全生产职责不符,每项扣 1 分;查相关文件和记录。未定期检查、评估,扣 6 分;检查、评估的部门或单位不全,每缺一个扣 3 分;必要时,未及时调整实施计划,扣 3 分。

5. 查相关文件和记录。未定期考核奖惩,扣 6 分;考核奖惩不全,每缺一个部门或单位扣 2 分。

二、法规要点

1.《国务院关于进一步加强安全生产工作的决定》(国发(〔2004〕2 号)

16. 建立安全生产控制指标体系。要制订全国安全生产中长期发展规划,明确年度安全生产控制指标,建立全国和分省(区、市)的控制指标体系,对安全生产情况实行定量控制和考核。从 2004 年起,国家向各省(区、市)人民政府下达年度安全生产各项控制指标,并进行跟踪检查和监督考核。对各省(区、市)安全生产控制指标完成情况,国家安全生产监督管理部将通过新闻发布会、政府公告、简报等形式,每季度公布一次。

2.《国务院关于进一步加强企业安全生产工作的通知》(国发〔2010〕23 号)

25. 制定落实安全生产规划。各地区、各有关部门要把安全生产纳入经济社会发展的总体布局,在制定国家、地区发展规划时,要同步明确安全生产目标和专项规划。企业要把安全生产工作的各项要求落实在企业发展和日常工作之中,在制定企业发展规划和年度生产经营计划中要突出安全生产,确保安全投入和各项安全措施到位。

3.《水利水电工程施工安全管理导则》(SL721—2015)

3.1.1　项目法人应建立安全生产目标管理制度,明确目标与指标的制定、分解、实施、考核等环节内容。项目法人应根据本工程项目安全生产实际,组织制定项目安全生产总体目标和年度目标。

3.1.2　各参建单位应根据项目安全生产总体目标和年度目标,制定所承担项目的安全生产总体目标和年度目标。

3.1.3　安全生产目标应主要包括下列内容:

1. 生产安全事故控制目标;2. 安全生产投入目标;3. 安全生产教育培训目标;4. 生产安全事故隐患排查治理目标;5. 重大危险源监控目标;6. 应急管理目标;7. 文明施工管理目标;8. 人员、机械、设备、交通、火灾、环境和职业健康等方面的安全管理控制指标等。

3.1.4 安全生产目标应尽可能量化,便于考核。目标制定应考虑以下因素。

1. 国家的有关法律、法规、规章、制度和标准的规定及合同约定;

2. 水利行业安全生产监督管理部门的要求;

3. 水利行业的技术水平和项目特点;

4. 采用的工艺和设施设备状况等。

3.1.5 安全生产目标应经单位的主要负责人审批,并以文件的形式发布。

三、实施要点

1. 项目法人应根据工程实际制定安全生产总目标和年度目标,其主要内容应包括目标的制定、分解、实施、检查、考核等内容,并以正式文件印发。目标的制定要切实贴近工程实际,要有针对性和可操作性。

2. 根据不同部门的不同职能,将安全生产总目标和年度目标进行分解,确保部门齐全,目标分解完全。制定完成后,以正式文件下发至各部门。

3. 项目法人应与所属部门及各参建单位签订安全生产目标责任状(责任书)。签订完成后,将纸质材料及影像资料及时存档,确保资料的完整性。

四、材料实例

(一)实例1

关于印发《×××拆建工程安全生产目标管理制度》的通知
×××〔20××〕×号

各参建单位:

为贯彻执行"安全第一,预防为主,综合治理"的方针,加强江苏省×××拆建工程安全生产管理工作,防止和减少安全事故,最大限度地减少事故损失,保障人身、设备设施的安全,现制定《×××拆建工程安全生产目标管理制度》印发给你们,请认真抓好落实。

附件:×××拆建工程安全生产目标管理制度

×××工程建设处(章)

20××年×月×日

附件

×××拆建工程安全生产目标管理制度

1 目的

为规定×××拆建工程安全生产管理体系的目标、指标及管理方案,贯彻执行"安全第一,预防为主,综合治理"的安全生产工作方针,根据国务院进一步加强安全生产工作的决定、水利部《水利安全生产标准化评审管理暂行办法》《江苏省水利工程建设安全生产管理规定》《江苏省水利工程项目法人安全生产标准化评价标准》,结合实际,制定本制度。

2 适用范围

本制度适用于×××拆建工程所有安全生产目标管理。

3 职责

3.1 ×××拆建工程安全生产领导小组负责安全生产目标管理制度的编制、修订、落实、监控、考核工作,具体工作由建设处安全科组织实施。

3.2 建设处各部门、各参建单位应按照工程安全生产目标,逐级分解制定本部门、本单位安全生产目标。

4 工作要求

4.1 目标制定

4.1.1 安全生产领导小组组织制定本工程安全生产总体目标和年度目标。

4.1.2 相关部门、参建单位应根据安全生产总体目标和年度目标,制定相应的安全生产总体目标和年度目标。

4.1.3 安全生产目标的主要内容应包括:

(1)安全事故控制目标

① 事故发生率;

② 伤亡率;

③ 交通安全责任事故次数;

④ 项目千人负伤率;

⑤ 一般事故降低数等。

(2)隐患治理目标

① 隐患排查率;

② 隐患治理率等。

(3)安全生产管理目标

① 劳动防护用品配发(或佩戴)率;

② 安全投入保障率;

③ 安全制度完整率;

④ 安全教育培训率;

⑤ 重要设备检查率;

⑥ 安全设施完好率;

⑦ 危险性较大作业检查率;

⑧ 安全警示标志完整率;

⑨ 重大危险源辨识、监控率;

⑩ 职业病发病率;

⑪ 应急预案覆盖率;

⑫ 事故报告及时率;

⑬ 各类事故"四不放过"处理率;

⑭ 安全管理督促检查覆盖率。

4.1.4 安全生产目标尽可能量化、便于考核。目标制定应考虑以下因素:

(1) 国家有关安全生产法律法规、标准的规定;

(2) 水利行业安全生产规程规范的规定;

(3) 工程项目特点。

4.1.5 安全生产目标应经主要负责人审批,并以文件形式发布。

4.1.6 安全生产目标应逐级分解到各分管负责人、职能部门、参建单位及相关人员。

4.1.7 各职能部门、参建单位逐级签订安全生产目标责任书,制定并落实安全目标保证措施。

4.2 目标分解

4.2.1 将安全生产目标逐级分解,明确责任单位、部门和责任人。

4.2.2 逐级签订安全生产目标责任书。

4.3 目标实施

相关部门、参建单位应制定并落实安全生产目标保证措施,保证措施应力求量化,便于实施与考核。

4.4 目标监控

安全生产领导小组对目标实现情况进行监督检查。

4.5 目标调整

4.5.1 要对安全生产工作年度计划执行情况进行检查,如在检查中发现偏离,应及时采取措施纠偏,必要时可以调整安全生产目标实施计划。

4.5.2 安全生产目标要每半年进行评估、考核,考核发现目标与当前实际情况不符合时,由各部门、参建单位对其分析并及时对目标进行调整,制定出新的目标。

4.6 目标考核

4.6.1 安全生产领导小组制定安全生产目标考核办法。

4.6.2 安全生产领导小组每半年对职能部门、参建单位目标实现情况进行考核。

4.6.3 年终对安全生产目标的完成情况进行考核。

4.6.4 各参建单位应制定本单位的安全生产目标考核办法,并对目标完成情况进行考核。

5 记录

保存责任制、责任书、目标、计划、监督检查、纠偏、调整、效果考核和奖惩记录并按有关规定归档。

(二)实例2

关于印发《×××拆建工程安全生产总目标》的通知
×××〔20××〕×号

各部门、参建单位:

为进一步加强×××拆建工程安全生产目标管理,根据水利部《水利安全生产标准化评审管理暂行办法》《江苏省水利工程建设安全生产管理规定》《×××拆建工程安全生产目标管理制度》,建设处安全科组织制定了《×××拆建工程安全生产总目标》,现印发给你们,希望认真组织学习,贯彻执行,并结合实际,制定本工程的安全生产总目标。

特此通知。

附件:×××拆建工程安全生产总目标

×××工程建设处(章)

20××年×月×日

附件:

×××拆建工程安全生产总目标

一、编制目的

为贯彻执行"预防为主,安全第一,综合治理"的方针,加强×××拆建工程安全生产目标管理,有效防范安全生产事故发生,特制定×××拆建工程安全生产总目标。

二、适用范围

本安全生产总目标适用于×××拆建工程。

三、安全生产目标

（一）事故控制目标

1. 无等级以上生产安全事故；

2. 轻伤人数控制在 3 人以内；

3. 无重大设备事故；

4. 无重大交通责任事故；

5. 无火灾事故；

6. 无食物中毒事故；

7. 确保不发生重大环境投诉，重大环境事故、事件。

（二）隐患治理目标

1. 无重大事故隐患；

2. 一般事故隐患排查率 95％，治理率 100％。

（三）安全生产管理目标

1. 安全投入保障率 100％；

2. 安全教育覆盖率 100％；

3. 安全制度完整率 100％；

4. 重要设备检查率 100％；

5. 安全设施完好率 100％；

6. 危险性较大作业检查率 100％；

7. 安全警示标志完整率 100％；

8. 重大危险源辨识、监控率 100％；

9. 汛前检查率 100％；

10. 应急预案演练覆盖率 100％；

11. 事故报告及时率 100％；

12. 各类事故"四不放过"处理率 100％；

13. 安全管理督促检查覆盖率 100％；

14. 安全责任书考核奖惩兑现率 100％；

15. 单位主要负责人、项目经理、安全管理人员、兼职安全员、特种作业人员持证上岗率达 100％；

16. 劳动防护用品配发（戴）率 100％，员工体检覆盖率 90％，职业病发生率控制在职工人数的 1.5‰以内；

17. 工伤保险、意外伤害保险参保率达 100％。

四、管理措施和计划

（一）严格落实安全生产责任制

1. 落实水利工程参建单位安全主体责任。建设处牵头成立项目安全生产领导小组，对项目安全生产工作进行总体规划和部署，成立专门安全生产管理机构作为建设处内设机构，负责建设处安全生产日常工作；施工单位加强施工现场安全生产管理机构建设，建立完善安全生产责任制和规章制度，层层签订安全责任状，将安全责任层层落实到一线管理人员和作业人员；监理单位明确专人从事安全生产工作，严格安全技术文件审批，加强现场安全检查、监测，进一步强化安全监理工作；勘测设计单位进一步加强野外勘测作业的安全管理，对勘测、设计成果负责，对涉及施工安全的重点部位和环节在设计文件中注明，并对防范生产安全事故提出指导意见。

2. 开展水利安全生产工作考核。制定《×××拆建工程安全生产目标考核管理办法》，定期开展安全生产工作考核。通过考核，促进安全生产工作水平不断提升。

3. 加大生产安全事故责任追究力度。按照"四不放过"的原则，加大对生产安全事故的责任追究。对典型事故进行通报，对一般性伤害事故和各类未遂事故，要定期进行统计、分析，查找原因，提出切实可行的预防措施，防止类似事故再次发生。

（二）深入开展安全生产大检查

1. 制订年度检查计划。检查对象上，重点突出安全管理难度大的项目；检查组织上，定期邀请安全专家参与检查，配备安全检测、检验设备；检查时间上，重点抓好春节后复工、汛前抢工、汛后复工、夏季高温和冬季施工等特殊阶段以及遭遇强降雨、台风等极端恶劣天气期间的安全检查；检查成果应用上，形成书面检查意见，送责任单位（部门），如有重大事故隐患的，抄送责任单位后方。

2. 进一步完善隐患排查治理长效机制。建立健全事故隐患排查制度，采取技术、管理措施，及时发现并消除事故隐患，抓好隐患排查治理的督促检查与信息报送。对于一般隐患，要及时整改，不能及时整改的，要采取临时措施防止事故发生；对于重大隐患，要落实重大事故隐患挂牌督办制度，做到隐患整改措施、资金、期限、责任人和应急预案"五落实"。

3. 加强导流及度汛安全管理。认真贯彻落实《关于做好在建工程施工导流工作的通知》（苏防电传〔2011〕92 号），建设处在开工前组织编制施工导流方案，并报送防汛指挥机构审批。各参建单位结合工程实际，对照汛前节点目标，进一步优化施工方案，加大人员、设备和技术投入，确保汛前工程形象进度能够满足度汛要求。对于跨汛期施工的项目，建设处组织制定度汛方案（含超标准洪水应急预案）报防汛指挥机构;施工单位应根据建设处编制并经防汛指挥机构批准或者报备的度汛方案,制定具体的度汛和应急措施,明确应急救援人员、设备、物资等,经建设处同意后实施。施工单位应组织开展防汛应急演练。

(三)不断提升安全生产保障能力

1. 全面推进安全生产标准化建设,根据水利部《水利安全生产标准化评审管理暂行办法》,通过项目法人和施工企业安全生产标准化创建,切实加强水利工地现场安全生产标准化工作,以施工临时用电、彩板房、脚手架工程、模板工程为典型,将安全生产标准化纳入水利工程建设全过程,力求通过标准化建设,不断规范现场安全生产各项工作。

2. 加强安全生产制度建设。完善安全生产规章制度,组织编制《安全生产责任制》《安全教育培训管理制度》《施工用电安全管理制度》《安全检查及隐患排查治理制度》《安全生产考核奖惩制度》等,抓好《中华人民共和国安全生产法》《建设工程安全生产管理条例》《江苏省水利工程建设安全生产管理规定》、《江苏省水利基本建设项目危险性较大工程安全专项施工方案编制实施办法》等贯彻落实。

3. 狠抓安全设施"三同时"落实。明确本工程安全设施内容,以及如何在施工图、施工建设、运行管理等各阶段落实"三同时"制度。

4. 加强水利安全生产信息化管理。运用视频监控系统,实现远程监控,对施工现场重点部位实行全天候监控,及时发现并消除隐患。明确专人负责填报水利部水利安全生产信息报送系统。

5. 强化安全生产应急管理。严格落实事故应急管理处责任,完善水利安全生产应急管理体制机制,加强事故应急预案体系建设,做好事故应急管理与救援工作,定期开展应急救援培训和演练,有效防范和应对各类安全事故。

(三) 实例3

安全生产目标完成情况监督检查记录表(季度)

安全生产总目标	(一)事故控制目标 1. 无等级以上生产安全事故; 2. 轻伤人数控制在3人以内; 3. 无重大设备事故; 4. 无重大交通责任事故; 5. 无火灾事故; 6. 无食物中毒事故; 7. 确保不发生重大环境投诉,重大环境事故、事件。 (二)隐患治理目标 1. 无重大事故隐患; 2. 一般事故隐患排查率95%,治理率100%。

安全生产总目标	（三）安全生产管理目标 1. 安全投入保障率100％； 2. 安全教育覆盖率100％； 3. 安全制度完整率100％； 4. 重要设备检查率100％； 5. 安全设施完好率100％； 6. 危险性较大作业检查率100％； 7. 安全警示标志完整率100％； 8. 重大危险源辨识、监控率100％； 9. 汛前检查率100％； 10. 应急预案演练覆盖率100％； 11. 事故报告及时率100％； 12. 各类事故"四不放过"处理率100％； 13. 安全管理督促检查覆盖率100％； 14. 安全责任书考核奖惩兑现率100％； 15. 单位主要负责人、项目经理、安全管理人员、兼职安全员、特种作业人员持证上岗率达100％； 16. 劳动防护用品配发（或配戴）率100％，员工体检覆盖率90％，职业病发生率控制在职工人数的1.5‰以内； 17. 工伤保险、意外伤害保险参保率达100％		
部门	**目标**	**目标完成情况**	**纠偏调整**
安全科	（一）事故控制目标 1. 无等级以上生产安全事故； 2. 轻伤人数控制在3人以内； 3. 无重大设备事故； 4. 无重大交通责任事故； 5. 无火灾事故； 6. 无食物中毒事故； 7. 确保不发生重大环境投诉，重大环境事故、事件。 （二）隐患治理目标 1. 无重大事故隐患； 2. 一般事故隐患排查率95％，治理率100％。 （三）安全生产管理目标 1. 安全投入保障率100％； 2. 安全教育覆盖率100％； 3. 安全制度完整率100％； 4. 重要设备检查率100％； 5. 危险性较大作业检查率100％； 6. 安全警示标志完整率100％； 7. 重大危险源辨识、监控率100％； 8. 汛前检查率100％； 9. 应急预案演练覆盖率100％；		

部门	目标	目标完成情况	纠偏调整
安全科	10. 事故报告及时率100%； 11. 各类事故"四不放过"处理率100%； 12. 安全管理督促检查覆盖率100%； 13. 安全责任书考核奖惩兑现率100%； 14. 单位主要负责人、项目经理、安全管理人员、兼职安全员、特种作业人员持证上岗率达100%； 15. 劳动防护用品配发（戴）率100%，员工体检覆盖率90%，职业病发生率控制在职工人数的1.5‰以内		
工程科	（一）事故控制目标 1. 无等级以上生产安全事故； 2. 轻伤人数控制在3人以内； （二）隐患治理目标 1. 无重大事故隐患； 2. 一般事故隐患排查率95%，治理率100%。 （三）安全生产管理目标 1. 安全投入保障率100%； 2. 安全教育覆盖率100%； 3. 安全制度完整率100%； 4. 重要设备检查率100%； 5. 危险性较大作业检查率100%； 6. 安全警示标志完整率100%； 7. 重大危险源辨识、监控率100%； 8. 汛前检查率100%； 9. 应急预案演练覆盖率100%； 10. 事故报告及时率100%； 11. 各类事故"四不放过"处理率100%； 12. 安全管理督促检查覆盖率100%； 13. 安全责任书考核奖惩兑现率100%； 14. 单位主要负责人、项目经理、安全管理人员、兼职安全员、特种作业人员持证上岗率达100%		
综合科	（一）事故控制目标 1. 无等级以上生产安全事故； 2. 轻伤人数控制在3人以内； 3. 无重大设备事故； 4. 无重大交通责任事故； 5. 无火灾事故； 6. 无食物中毒事故； 7. 确保不发生重大环境投诉，重大环境事故、事件。 （二）隐患治理目标 1. 无重大事故隐患； 2. 一般事故隐患排查率95%，治理率100%。		

部门	目标	目标完成情况	纠偏调整
综合科	(三) 安全生产管理目标 1. 安全教育覆盖率 100%； 2. 安全制度完整率 100%； 3. 重要设备检查率 100%； 4. 安全设施完好率 100%； 5. 安全警示标志完整率 100%； 6. 应急预案演练覆盖率 100%； 7. 事故报告及时率 100%； 8. 各类事故"四不放过"处理率 100%； 9. 安全管理督促检查覆盖率 100%； 10. 安全责任书考核奖惩兑现率 100%； 11. 单位主要负责人、项目经理、安全管理人员、兼职安全员、特种作业人员持证上岗率达 100%； 12. 劳动防护用品配发(戴)率 100%，员工体检覆盖率 90%，职业病发生率控制在职工人数的 1.5‰ 以内； 13. 工伤保险、意外伤害保险参保率达 100%		
财务科	(一) 事故控制目标 1. 无等级以上生产安全事故； 2. 轻伤人数控制在 3 人以内。 (二) 隐患治理目标 1. 无重大事故隐患； 2. 一般事故隐患排查率 95%，治理率 100%。 (三) 安全生产管理目标 1. 安全投入保障率 100%； 2. 安全教育覆盖率 100%； 3. 安全制度完整率 100%； 4. 安全责任书考核奖惩兑现率 100%； 5. 工伤保险、意外伤害保险参保率达 100%		
勘察设计单位	(一) 事故控制目标 1. 无等级以上生产安全事故； 2. 无轻伤事故； 3. 无重大交通责任事故； 4. 无火灾事故； 5. 无因设计不当导致的生产安全事故； 6. 无食物中毒事故； 7. 确保不发生重大环境投诉、重大环境事故、事件。 (二) 隐患治理目标 1. 无重大事故隐患； 2. 一般事故隐患排查率 95%，治理率 100%； 3. 设计文件中设置安全专章，注明设计安全的重点部位		

续表

部门	目标	目标完成情况	纠偏调整
勘察设计单位	和环节,提出防范生产安全事故的指导意见; 4. 考虑项目周边环境对施工安全的影响,并将相应的工程措施列入工程设计范围; 5. 对采用新结构、新材料、新工艺以及特殊结构的工程,应当提出保障作业人员安全和预防生产安全事故的措施建议。 (三)安全生产管理目标 1. 安全投入保障率 100%; 2. 安全教育覆盖率 100%; 3. 安全制度完整率 100%; 4. 汛前检查率 100%; 5. 事故报告及时率 100%; 6. 各类事故"四不放过"处理率 100%; 7. 安全管理督促检查覆盖率 100%; 8. 安全责任书考核奖惩兑现率 100%; 9. 工伤保险、意外伤害保险参保率达 100%		
监理单位	(一)事故控制目标 1. 无等级以上生产安全事故; 2. 轻伤人数控制在 3 人以内; 3. 无重大设备事故; 4. 无重大交通责任事故; 5. 无火灾事故; 6. 无食物中毒事故; 7. 确保不发生重大环境投诉,重大环境事故、事件。 (二)隐患治理目标 1. 无重大事故隐患; 2. 一般事故隐患排查率 95%,治理率 100%。 (三)安全生产管理目标 1. 安全投入保障率 100%; 2. 安全教育覆盖率 100%; 3. 安全制度完整率 100%; 4. 重要设备检查率 100%; 5. 安全设施完好率 100%; 6. 危险性较大作业检查率 100%; 7. 安全警示标志完整率 100%; 8. 重大危险源辨识、监控率 100%; 9. 汛前检查率 100%; 10. 应急预案演练覆盖率 100%; 11. 事故报告及时率 100%; 12. 各类事故"四不放过"处理率 100%; 13. 安全管理督促检查覆盖率 100%;		

续表

部门	目标	目标完成情况	纠偏调整
监理单位	14. 安全责任书考核奖惩兑现率 100％； 15. 单位主要负责人、项目经理、安全管理人员、兼职安全员、特种作业人员持证上岗率达 100％； 16. 劳动防护用品配发(戴)率 100％，员工体检覆盖率 90％，职业病发生率控制在职工人数的 1.5‰以内； 17. 工伤保险、意外伤害保险参保率达 100％		
施工单位	(一)事故控制目标 1. 无等级以上生产安全事故； 2. 轻伤人数控制在 3 人以内； 3. 无重大设备事故； 4. 无重大交通责任事故； 5. 无火灾事故； 6. 无食物中毒事故； 7. 确保不发生重大环境投诉,重大环境事故、事件。 (二)隐患治理目标 1. 无重大事故隐患； 2. 一般事故隐患排查率 95％,治理率 100％。 (三)安全生产管理目标 1. 安全投入保障率 100％； 2. 安全教育覆盖率 100％； 3. 安全制度完整率 100％； 4. 重要设备检查率 100％； 5. 安全设施完好率 100％； 6. 危险性较大作业检查率 100％； 7. 安全警示标志完整率 100％； 8. 重大危险源辨识、监控率 100％； 9. 汛前检查率 100％； 10. 应急预案演练覆盖率 100％； 11. 事故报告及时率 100％； 12. 各类事故"四不放过"处理率 100％； 13. 安全管理督促检查覆盖率 100％； 14. 安全责任书考核奖惩兑现率 100％； 15. 单位主要负责人、项目经理、安全管理人员、兼职安全员、特种作业人员持证上岗率达 100％； 16. 劳动防护用品配发(戴)率 100％,员工体检覆盖率 90％,职业病发生率控制在职工人数的 1.5‰以内； 17. 工伤保险、意外伤害保险参保率达 100％		

检查人：　　　　　　　　　　　　　　　　　　　　　　　　　　　日期：

　　本表一式　份,由项目法人填写,项目法人、参建单位各 1 份,用于检查部门和参建单位安全生产目标执行情况

（四）实例4

×××拆建工程建设处安全生产责任状

（20××年度）

为全面落实安全生产责任制,强化安全管理,有效防范和遏制重特大事故的发生,维护正常的生产、工作和生活秩序,确保人民生命和财产安全,根据《中华人民共和国安全生产法》、水利部和省政府关于落实安全生产责任制以及《省水利厅安全生产委员会工作规则》的要求,签订20××年度安全生产责任状。

责任单位	×××拆建工程建设处	
单位主要负责人	电话号码	
分管负责人	电话号码	
部门负责人	电话号码	

一、责任目标

贯彻"安全第一,预防为主,综合治理"的工作方针,坚持"以人为本、科学发展、安全发展"的理念,树立和强化安全生产红线意识,依法强化安全生产主体责任,督促落实各项安全措施,全面落实安全生产责任制,全力以赴做好安全生产各项工作。确保不发生安全生产责任事故。

二、主要工作任务

1. 严格执行《中华人民共和国安全生产法》等法律法规,贯彻落实党和国家领导关于安全生产的一系列重要指示精神,树立和强化安全生产红线意识,始终把安全作为一切工作的"底线",正确处理好发展与安全的关系。

2. 严格落实主要领导安全生产第一责任人的责任和领导班子成员安全生产"一岗双责、失职追责",加强工作协调和检查督促,落实建设各方安全生产责任,进一步强化项目安全管理和监督。

3. 建立健全安全生产管理机构。根据职能调整和机构人员变动,及时建立、调整、充实安全生产领导机构,定期召开安全生产专题会议,分析研判安全形势,研究决定重大问题,切实加强对安全生产工作的领导;及时组建或指定安全生产管理机构,落实安全生产管理职能;根据安全生产工作需要,配备安全生产监管人员;严格落实部门监管责任,"谁主管、谁负责",切实做到守土有责、守土负责、守土尽责。

4. 充分发挥安全生产机构功能,加强工作协调和督促指导,建立并落实部门安全生产承诺和建设项目参建各方安全生产责任状制度,进一步强化水利工程建设安全管理和监督。

5. 强化岗位安全责任,认真落实各项规章制度,严查违章指挥、违章作业、违反劳动纪律行为;加强参建单位安全生产目标考核,健全完善与水利建设相适应的安全生产考核机制,严格"一票否决"制度,实行安全生产与考核结果与单位和部门评先、建设项目评奖挂钩;严肃事故查处,坚持"四不放过"原则;完善并严格落实安全问责制度,对责任不落实、监管不到位、失职渎职的,依法依规严厉问责、从严处罚。

6. 严格执行《江苏省水利工程建设安全管理规定》《水利工程建设安全生产监督检查导则》,加强招投标过程安全生产资质审查和施工过程安全生产监督。

7. 深入开展汛前准备。按照工程建设防汛安全责任制要求,全方位开展汛前各项准备工作,落实各项防汛安全措施,特别是工程施工围堰,要按照防大汛要求严格落实汛期安全措施,彻底消除防洪安全隐患和管理薄弱环节。

8. 大力加强安全生产文化建设。以开展"安全生产月"活动为总抓手,围绕"安全生产月"活动主题,广泛组织多种形式的安全发展公益宣传活动,不断创新宣传教育方式,大力开展学习宣贯《中华人民共和国安全生产法》,开展安全生产知识竞赛、征文和演讲比赛,开展安全进单位、进工地、进班组等活动,营造人人懂安全、人人讲安全、人人做安全的安全生产浓厚氛围,进一步提高安全意识。

9. 继续加大隐患排查力度,紧紧抓住起重、高空、脚手架搭设等作业环节,以及危化品、输油(气)管线使用等事故多发领域,加强安全隐患排查治理,坚持日常检查与定期检查相结合,重点抽查与飞行检查相结合,全面推进隐患排查治理体系建设;抓好重要时段和重大活动期间的安全生产工作,及时做好工作部署、安全检查和工作巡查;认真做好水利安全生产信息填报工作。

10. 完善隐患登记销号和重大隐患挂牌督办制度。组织开展重大隐患排查治理专项行动。建立隐患台账,及时分析研判隐患产生规律,研究发现和治理隐患的途径和办法。

11. 开展施工现场危险源识别和登记工作,进行危险源普查、识别,根据国家规定,规范危险源管理。

12. 着力开展安全生产标准化建设工作,促进水利工程建设安全生产管理工作的规范化、标准化,逐步实现安全生产常态化管理。

13. 加强安全生产应急管理体系建设。进一步完善应急预案,做好不同层级应急预案的衔接,提高应急预案的针对性、有效性和可操作性;强化应急救援协调联动和事故联合处置机制,发挥专业部门、专业技术人员在事故处置中的作用;开展应急救援演练,增强应急处置能力。

14. 进一步加强安全教育培训。认真贯彻落实《国务院关于进一步加强安全培训工作的决定》和省厅工作部署,扎实开展水利施工"三类人员"、特种作业人员、新工人和一线操作人员培训,做到三个100%;加强培训管理和评估;及时选送安全管理骨干参加部、省安全生产培训。

15. 开展水利工程建设管理安全生产技术研究,积极引进安全生产优秀科研成果并推广应用,努力提高安全生产信息化水平。

16. 进一步加大安全生产投入。完善安全生产投入机制,确保隐患治理、安全工作经费,改善安全生产条件。

责任单位(印章):

单位主要负责人(签字):

主管部门分管领导(签字):

日期: 年   月   日

(五) 实例5

×××拆建工程建设处安全生产目标责任书

(安全科)

为加强×××拆建工程安全生产工作,进一步明确安全生产职责目标,落实安全生产责任主体,有效防范各×××类生产安全事故发生,根据《中华人民共和国安全生产法》《水利工程建设安全生产管理规定》《×××拆建工程安全生产目标管理制度》等规定,签订20××年度安全生产目标责任书。

一、职责

1. 组织制定安全生产管理制度、安全生产目标、保证安全生产措施方案,建立健全安全生产责任制;

2. 组织审查重大安全技术措施;

3. 审查施工单位安全生产许可证及有关人员的职业资格;

4. 监督检查施工单位安全生产费用使用情况;

5. 组织开展安全检查,组织召开安全例会,组织年度安全考核、评比,提出安全奖惩的建议;

6. 负责日常安全管理工作,做好施工重大危险源、重大生产安全事故隐患及事故统计、报告工作,监理安全生产档案;

7. 负责办理安全监督手续;

8. 协助生产安全事故调查处理工作；

9. 监督检查监理单位的安全监理工作；

10. 负责安全生产领导小组的日常工作等。

二、目标

（一）事故控制目标

1. 无等级以上生产安全事故；

2. 无重大设备事故；

3. 无重大交通责任事故；

4. 无火灾事故；

5. 无食物中毒事故；

6. 确保不发生重大环境投诉，重大环境事故、事件。

（二）隐患治理目标

1. 无重大事故隐患；

2. 一般事故隐患排查率95％，治理率100％。

（三）安全生产管理目标

1. 安全投入保障率100％；

2. 安全教育覆盖率100％；

3. 安全制度完整率100％；

4. 重要设备检查率100％；

5. 危险性较大作业检查率100％；

6. 安全警示标志完整率100％；

7. 重大危险源辨识、监控率100％；

8. 汛前检查率100％；

9. 应急预案演练覆盖率100％；

10. 事故报告及时率100％；

11. 各类事故"四不放过"处理率100％；

12. 安全管理督促检查覆盖率100％；

13. 安全责任书考核奖惩兑现率100％；

14. 单位主要负责人、项目经理、安全管理人员、兼职安全员、特种作业人员持证上岗率达100％；

15. 劳动防护用品配发（戴）率100％，员工体检覆盖率90％，职业病发生率控制在职工人数的1.5‰以内。

项目法人代表（签字）：　　　　　　　　　　安全科长（签字）：

　　　　　　　　　　　　　　　　　　　　签订日期：　　年　　月　　日

×××拆建工程建设处安全生产目标责任书

（工程科）

为加强×××拆建工程安全生产工作，进一步明确安全生产职责目标，落实安全生产责任主体，有效防范各类生产安全事故发生，根据《中华人民共和国安全生产法》《水利工程建设安全生产管理规定》《×××拆建工程安全生产目标管理制度》等规定，签订20××年度安全生产目标责任书。

一、职责

1. 参与招投标，对投标单位的主要负责人、项目负责人以及安全生产管理人员是否经水行政主管部门安全生产考核合格进行审查；

2. 具体负责向施工单位提供施工现场及施工可能影响的毗邻区域内的供水、排水、供电、通信等地下资料，气象和水文观测资料，拟建工程可能影响的相邻建筑物和构筑物、地下工程的有关资料，并保证有关资料的真实、准确、完整，满足有关技术规范的要求；

3. 参与编制安全技术措施或方案，审定季节性安全技术措施；

4. 参加重要或特殊安全防护设施、施工现场重要设备的验收；

5. 组织开展安全技术工作，推广先进安全防护技术和安全防护措施。

二、目标

（一）事故控制目标

1. 无等级以上生产安全事故；

2. 无重大设备事故；

3. 无重大交通责任事故；

4. 无火灾事故；

5. 无食物中毒事故；

6. 确保不发生重大环境投诉，重大环境事故、事件。

（二）隐患治理目标

1. 无重大事故隐患；

2. 一般事故隐患排查率95％，治理率100％。

（三）安全生产管理目标

1. 安全投入保障率100％；

2. 安全教育覆盖率100％；

3. 安全制度完整率100％；

4. 重要设备检查率100％；

5. 危险性较大作业检查率 100%；

6. 安全警示标志完整率 100%；

7. 重大危险源辨识、监控率 100%；

8. 汛前检查率 100%；

9. 应急预案演练覆盖率 100%；

10. 事故报告及时率 100%；

11. 各类事故"四不放过"处理率 100%；

12. 安全管理督促检查覆盖率 100%；

13. 单位主要负责人、项目经理、安全管理人员、兼职安全员、特种作业人员持证上岗率达 100%。

项目法人代表(签字)：　　　　　　　　工程科长(签字)：

　　　　　　　　　　　　　　　　　　签订日期：　　年　　月　　日

×××拆建工程建设处安全生产目标责任书

(综合科)

为加强×××拆建工程安全生产工作,进一步明确安全生产职责目标,落实安全生产责任主体,有效防范各类生产安全事故发生,根据《中华人民共和国安全生产法》《水利工程建设安全生产管理规定》《×××拆建工程安全生产目标管理制度》等规定,签订 20××年度安全生产目标责任书。

一、职责

1. 认真贯彻执行国家安全生产的方针、政策,做好安全活动的宣传和报道工作；

2. 负责消防、公务用车、食堂等安全管理工作,组织相关人员接受安全教育培训,督促参建单位开展此项工作；

3. 购置的劳动防护用品应符合国家及有关行业规定；

4. 协助开展安全生产月宣传教育活动；

5. 配合做好事故应急救援后勤保障工作；

6. 组织参加办公区、生活区临时用房、消防设施的验收。

二、目标

(一)事故控制目标

1. 无等级以上生产安全事故；

2. 无重大设备事故；

3. 无重大交通责任事故；

4. 无火灾事故；

5. 无食物中毒事故；

6. 确保不发生重大环境投诉,重大环境事故、事件。

（二）隐患治理目标

1. 无重大事故隐患；

2. 一般事故隐患排查率95％,治理率100％。

（三）安全生产管理目标

1. 安全教育覆盖率100％；

2. 安全制度完整率100％；

3. 重要设备检查率100％；

4. 安全设施完好率100％；

5. 安全警示标志完整率100％；

6. 应急预案演练覆盖率100％；

7. 事故报告及时率100％；

8. 各类事故"四不放过"处理率100％；

9. 安全管理督促检查覆盖率100％；

10. 单位主要负责人、项目经理、安全管理人员、兼职安全员、特种作业人员持证上岗率达100％；

11. 劳动防护用品配发（戴）率100％,员工体检覆盖率90％,职业病发生率控制在职工人数的1.5‰以内；

12. 工伤保险、意外伤害保险参保率达100％。

项目法人代表（签字）： 综合科长（签字）：

签订日期： 年 月 日

×××拆建工程建设处安全生产目标责任书

（财务科）

为加强×××拆建工程安全生产工作,进一步明确安全生产职责目标,落实安全生产责任主体,有效防范各类生产安全事故发生,根据《中华人民共和国安全生产法》《水利工程建设安全生产管理规定》《×××拆建工程安全生产目标管理制度》等规定,签订20××年度安全生产目标责任书。

一、职责

1. 按规定支付安全专项经费,确保专款专用；

2. 做好资金安全管理工作；

3. 督促检查参建单位安全资金使用情况。

二、目标

（一）事故控制目标

1. 无等级以上生产安全事故；

2. 轻伤人数控制在 3 人以内。

（二）隐患治理目标

1. 无重大事故隐患；

2. 一般事故隐患排查率 95%，治理率 100%。

（三）安全生产管理目标

1. 安全投入保障率 100%；

2. 安全教育覆盖率 100%；

3. 安全制度完整率 100%；

4. 安全责任书考核奖惩兑现率 100%；

5. 工伤保险、意外伤害保险参保率达 100%。

项目法人代表（签字）：　　　　　　　　　　财务科长（签字）：

　　　　　　　　　　　　　　　　　　　　签订日期：　　年　　月　　日

（六）实例 6

×××拆建工程安全生产目标责任书

（监理单位）

为加强×××拆建工程安全生产工作，进一步明确安全生产职责目标，落实安全生产责任主体，有效防范各类生产安全事故发生，根据《中华人民共和国安全生产法》《水利工程建设安全生产管理规定》《×××拆建工程安全生产目标管理制度》等规定，签订 20×× 年度安全生产目标责任书。

一、职责

1. 根据施工现场监理工作需要，监理机构应为现场监理人员配备必要的安全防护用具。

2. 监理机构应审查承包人和施工组织设计中的安全技术措施、施工现场临时用电方案，以及其他应急预案、危险性较大的分部工程或单元工程专项施工方案是否符合工程建设标准强制性条文（水利工程部分）及相关规定的要求。

3. 监理机构编制的监理规划应包括安全监理方案，明确安全监理的范围、内容、制度和措施，以及人员配备计划和职责。监理机构对危险性较大的分部工程或单元工程应编制安全监理实施细则，明确安全监理的方法、措施和控制要点，以及对承包人安全技术措施的检查方案。

4. 监理机构应按照相关规定核查承包人的安全生产管理机构,以及安全生产管理人员的安全资格证书和特种作业人员的特种作业操作资格证书,并检查安全生产教育培训情况。

5. 施工过程中监理机构的施工安全监理应包括下列内容:

(1) 督促承包人对作业人员进行安全交底,监督承包人按照批准的施工方案组织施工,检查承包人安全技术措施的落实情况,及时制止违规施工作业;

(2) 定期和不定期巡视检查施工过程中危险性较大的施工作业情况;

(3) 定期和不定期巡视检查承包人的用电安全、消防措施、危险品管理和场内交通管理等情况;

(4) 核查施工现场施工起重机械、整体提升脚手架和模板等自升式架设设施和安全设施等手续;

(5) 检查承包人的度汛方案中对洪水、暴雨、台风等自然灾害的防护措施和应急措施;

(6) 检查施工现场各种安全标志和安全防护措施是否符合工程建设标准强制性条文(水利工程部分)及相关规定的要求;

(7) 督促承包人进行安全自查工作,并对承包人自查情况进行检查;

(8) 参加发包人和有关部门组织的安全生产专项检查;

(9) 检查灾害应急救助投资和器材的配备情况;

(10) 检查承包人安全防护用品的配备情况。

6. 监理机构发现施工安全隐患时,应要求承包人立即整改;必要时,指示承包人暂停施工,并及时向发包人报告。

7. 当发生安全事故时,监理机构应指示承包人采取有效措施防止损失扩大,并接有关规定立即上报,配合安全事故调查组的调查工作,监督承包人按调查处理意见处理安全事故。

8. 监理机构应监督承包人将列入合同安全施工措施的费用按照合同的约定专款专用。

二、目标

(一)事故控制目标

1. 无等级以上生产安全事故;

2. 轻伤人数控制在 3 人以内;

3. 无重大设备事故;

4. 无重大交通责任事故;

5. 无火灾事故;

6. 无食物中毒事故；

7. 确保不发生重大环境投诉,重大环境事故、事件。

（二）隐患治理目标

1. 无重大事故隐患；

2. 一般事故隐患排查率95％,治理率100％。

（三）安全生产管理目标

1. 安全投入保障率100％；

2. 安全教育覆盖率100％；

3. 安全制度完整率100％；

4. 重要设备检查率100％；

5. 安全设施完好率100％；

6. 危险性较大作业检查率100％；

7. 安全警示标志完整率100％；

8. 重大危险源辨识、监控率100％；

9. 汛前检查率100％；

10. 应急预案演练覆盖率100％；

11. 事故报告及时率100％；

12. 各类事故"四不放过"处理率100％；

13. 安全管理督促检查覆盖率100％；

14. 单位主要负责人、项目经理、安全管理人员、兼职安全员、特种作业人员持证上岗率达100％；

15. 劳动防护用品配发（戴）率100％,员工体检覆盖率90％,职业病发生率控制在职工人数的1.5‰以内；

16. 工伤保险、意外伤害保险参保率达100％。

三、考核办法

年终由建设处按安全目标考核细则,先自行考核评分,由安全生产领导小组组织考核。

项目法人代表（签字）：　　　　　　　　　项目总监（签字）：

签订日期：　　年　　月　　日

×××拆建工程安全生产管理协议

（勘察设计单位）

为加强×××拆建工程安全生产工作,进一步明确安全生产职责目标,落实安全生产责任主体,有效防范各类生产安全事故发生,根据《中华人民共和国安全生产法》《水利工程建设安全生产管理规定》《×××拆建工程安全生产目标管理制度》等规定,签订20××年度安全生产管理协议。

一、职责

1. 明确专人负责安全生产管理工作,完善安全生产制度,落实安全生产措施,开展安全生产教育培训,制定生产安全事故应急预案,加强安全生产检查、隐患排查和治理,以及重大危险源监控,将安全生产工作落实到工程建设各个环节。

2. 应当按照法律、法规和工程建设强制性标准进行勘察,提供的勘察文件应当真实、准确,满足建设工程需要。

3. 在勘察作业时,应当严格执行操作规程,采取措施保证各类管线、设施和周边建筑物、构筑物和作业人员的安全。

4. 实行安全设施与主体工程同时设计、同时施工、同时投入生产和使用制度。

5. 对设计成果负责,并承担因设计不当导致的生产安全事故的责任。

6. 在设计文件中设置安全用章,注明涉及安全的重点部位和环节,提出防范生产安全事故的指导意见。

7. 考虑项目周边环境对施工安全的影响,并将相应的工程措施列入工程设计范围,防止因设计不合理导致生产安全事故发生。

8. 对采用新结构、新材料、新工艺以及特殊结构的工程,应当提出保障作业人员安全和预防生产安全事故的措施建议。

9. 勘察设计单位和注册建筑师等注册执业人员应当对其设计负责。

10. 勘察设计单位应当参加超过一定规模的危险性较大的分部分项工程专项方案的专家论证会。

11. 将安全台账收集整理与安全生产工作、工程建设档案同步进行,做到完整、准确、系统、安全。

二、目标

(一)事故控制目标

1. 无等级以上生产安全事故;

2. 无轻伤事故;

3. 无重大交通责任事故;

4. 无火灾事故;

5. 无因设计不当导致的生产安全事故;

6. 无食物中毒事故;

7. 确保不发生重大环境投诉,重大环境事故、事件。

（二）隐患治理目标

1. 无重大事故隐患；

2. 一般事故隐患排查率95％，治理率100％。

3. 设计文件中设置安全专章，注明设计安全的重点部位和环节，提出防范生产安全事故的指导意见；

4. 考虑项目周边环境对施工安全的影响，并将相应的工程措施列入工程设计范围；

5. 对采用新结构、新材料、新工艺以及特殊结构的工程，应当提出保障作业人员安全和预防生产安全事故的措施建议。

（三）安全生产管理目标

1. 安全投入保障率100％；

2. 安全教育覆盖率100％；

3. 安全制度完整率100％；

4. 重要设备检查率100％；

5. 安全设施完好率100％；

6. 危险性较大作业检查率100％；

7. 安全警示标志完整率100％；

8. 重大危险源辨识、监控率100％；

9. 应急预案演练覆盖率100％；

10. 事故报告及时率100％；

11. 各类事故"四不放过"处理率100％；

12. 安全管理督促检查覆盖率100％；

13. 单位主要负责人、项目经理、安全管理人员、兼职安全员、特种作业人员持证上岗率达100％；

14. 劳动防护用品配发（戴）率100％，员工体检覆盖率90％，职业病发生率控制在职工人数的1.5‰以内；

15. 工伤保险、意外伤害保险参保率达100％。

三、考核办法

年终由建设处按安全目标考核细则，先自行考核评分，由安全生产领导小组组织考核。

项目法人代表（签字）：　　　　　　　勘察设计项目负责人（签字）：

　　　　　　　　　　　　　　　　签订日期：　　年　　月　　日

×××拆建工程安全生产目标责任书

（土建及设备安装施工单位）

为加强×××拆建工程安全生产工作,进一步明确安全生产职责目标,落实安全生产责任主体,有效防范各类生产安全事故发生,根据《中华人民共和国安全生产法》《水利工程建设安全生产管理规定》《×××拆建工程安全生产目标管理制度》等规定,签订20××年度安全生产目标责任书。

一、职责

1. 施工单位主要负责人、项目负责人依法对承建工程的安全施工负责;依法将工程分包给其他单位的,总承包单位和分包单位对分包工程的安全生产承担连带责任。

2. 施工单位应当按照国家规定和合同文件要求,配备专职安全生产管理人员和用于安全管理、检测检验的仪器设备。

施工单位主要负责人、项目负责人、专职安全生产管理人员必须持有安全生产考核合格证书;特种作业人员必须持有特种作业操作证。

施工作业人员必须按规定经过培训,考核合格后方可上岗。

3. 施工单位安全生产投入应当满足安全生产需要。施工单位应当建立健全安全生产费用管理制度,明确安全生产费用提取、使用、管理的程序、职责和权限。安全生产费用应当规范使用,专款专用。

4. 对危险性较大的分部分项工程,施工单位应当编制专项施工方案;对超过一定规模的,应当组织专家论证、审查。危险性较大的分部分项工程施工前,施工单位应当进行安全技术交底。

5. 施工单位对现场使用的设备、设施安全性能负责。主要设备以及施工围堰、施工脚手架、安全防护等设施投入使用前,应当验收合格。特种设备验收前,应当经有相应资质的检验检测机构检验合格。

6. 施工现场总体布局与分区应当合理。施工单位应当加强现场安全管理。消防安全、施工用电、危险场所及危险部位管理、职业健康、环境保护、安全保卫等工作应当符合国家有关规定,满足安全生产需要。

作业人员应当遵守安全施工的有关规定,有权拒绝违章指挥和冒险作业指令、对施工现场安全隐患举报,情况紧急时有权采取避险措施。

7. 施工单位应当根据建设处编制并经防汛指挥机构批准或者报备的导流、度汛方案,制定度汛应急预案,经建设处同意后实施。

二、目标

（一）事故控制目标

1. 无等级以上生产安全事故;

2. 无重大设备事故；

3. 无重大交通责任事故；

4. 无火灾事故；

5. 无食物中毒事故；

6. 确保不发生重大环境投诉,重大环境事故、事件。

（二）隐患治理目标

1. 无重大事故隐患；

2. 一般事故隐患排查率 95％,治理率 100％。

（三）安全生产管理目标

1. 安全投入保障率 100％；

2. 安全教育覆盖率 100％；

3. 安全制度完整率 100％；

4. 重要设备检查率 100％；

5. 安全设施完好率 100％；

6. 危险性较大作业检查率 100％；

7. 安全警示标志完整率 100％；

8. 重大危险源辨识、监控率 100％；

9. 汛前检查率 100％；

10. 应急预案演练覆盖率 100％；

11. 事故报告及时率 100％；

12. 各类事故"四不放过"处理率 100％；

13. 安全管理督促检查覆盖率 100％；

14. 安全责任书考核奖惩兑现率 100％；

15. 单位主要负责人、项目经理、安全管理人员、兼职安全员、特种作业人员持证上岗率达 100％；

16. 劳动防护用品配发（戴）率 100％,员工体检覆盖率 90％,职业病发生率控制在职工人数的 1.5‰以内；

17. 工伤保险、意外伤害保险参保率达 100％。

三、考核办法

设立安全生产目标保证金,由建设处按照合同价的 1％在前六个月的工程进度款中等额预留。考核工作组成员由建设处安全生产领导小组同监理部、项目部相关人员组成。考核工作组成员在考核工作中应当诚信公正、恪尽职守。

四、惩罚办法

考评得分率达到 85％时,支付当月全部进度款；得分率低于 85％时,项目部应按照监理部提出的整改要求,在规定期限内对不足的部位进行整改,并提交整改报告,经建设处和监理部确认达到整改要求的,建设处在整改后的当月支付全部进度款,如项目部未在规定时间内整改或整改不到位的,由监理部督促承包人继续进行整改,直至建设处及监理部认可为止。如项目部拒绝整改,视为项目部违约,扣除当月进度款的 15%,如工程范围内发生等级安全事故或造成人员伤亡事故,则扣罚中标人合同价的 1%。

项目法人代表(签字):   项目经理(签字):

签订日期: 年   月   日

第二节　机构和职责

一、考核内容及赋分标准

【水利部考核内容】

1.2.1　成立由主要负责人、其他领导班子成员、有关部门负责人和各参建单位现场负责人等为成员的项目安全生产委员会(安全生产领导小组),人员变化及时调整发布。监督检查参建单位开展此项工作。

1.2.2　按规定设置安全生产管理机构。监督检查参建单位开展此项工作。

1.2.3　按规定配备专(兼)职安全生产管理人员,建立健全安全生产管理网络。监督检查参建单位开展此项工作。

1.2.4　安全生产责任制度应明确各级单位、部门及人员的安全生产职责、权限和考核奖惩等内容。主要负责人全面负责安全生产工作,并履行相应责任和义务;分管负责人应对各自职责范围内的安全生产工作负责;各级管理人员应按照安全生产责任制的相关要求,履行其安全生产职责;其他从业人员按规定履行安全生产职责。监督检查参建单位制定该项制度。

1.2.5　安全生产委员会(安全生产领导小组)每季度至少召开一次会议,跟踪落实上次会议要求,分析安全生产形势,研究解决安全生产工作的重大问题。会议应形成纪要并印发各参建单位。监督检查参建单位开展此项工作。

【水利部赋分标准】40分

1. 查相关文件和记录。未成立或未以正式文件发布,扣5分;成员不全,每缺一位领导、相关部门负责人或参建单位现场负责人,扣1分;人员发生变化,未及时调整发布,扣 2 分;未监督检查,扣 5 分;检查单位不全,每缺一个单位扣 2 分;对监督检查中发现的问题未采取措施或未督促落实,每处扣 1 分。

2. 查相关文件和记录。未按规定设置,扣 5 分;未监督检查,扣 5 分;检查单位不全,每缺一个单位扣 2 分;对监督检查中发现的问题未采取措施或未督促落实,每处扣 1 分。

3. 查相关文件和记录。安全生产管理网络不健全,扣 2 分;人员不符合要求,每人扣 2 分;未监督检查,扣 5 分;检查单位不全,每缺一个单位扣 2 分;对监督检查中发现的问题未采取措施或未督促落实,每处扣 1 分。

4. 查制度文本和记录。未以正式文件发布,扣 20 分;责任制不全,每缺一项扣 2 分;责任制内容与安全生产职责不符,每项扣 1 分;未监督检查,扣 20 分;检查单位不全,每缺一个单位扣 2 分;对监督检查中发现的问题未采取措施或未督促落实,每处扣 1 分。

5. 查相关文件和记录。会议频次不够,每少一次扣 1 分;未跟踪落实上次会议要求,每次扣 1 分;重大问题未经安全生产委员会(安全生产领导小组)研究解决,每项扣 1 分;未形成会议纪要,每次扣 1 分;会议纪要未印发参建单位,每缺一个单位扣 1 分;未监督检查,扣 5 分;检查单位不全,每缺一个单位扣 2 分;对监督检查中发现的问题未采取措施或未督促落实,每处扣 1 分。

【江苏省考核内容】

1.2.1 成立由主要负责人、其他领导班子成员、有关部门负责人等组成的安全生产委员会(安全生产领导小组),人员变化及时调整发布。

1.2.2 按规定设置或明确安全生产管理机构。

1.2.3 按规定配备专(兼)职安全生产管理人员,建立健全安全生产管理网络。

1.2.4 安全生产责任制度应明确各级单位、部门及人员的安全生产职责、权限和考核奖惩等内容。主要负责人全面负责安全生产工作,并履行相应责任和义务;分管负责人应对各自职责范围内的安全生产工作负责;各级管理人员应按照安全生产责任制的相关要求,履行其安全生产职责。

1.2.5 安全生产委员会(安全生产领导小组)每季度至少召开一次会议,跟踪落实上次会议要求,总结分析本单位的安全生产情况,评估本单位存在的风险,研究解决安全生产工作中的重大问题,并形成会议纪要。

【江苏省赋分标准】40 分

1. 查相关文件。未成立或未以正式文件发布,扣 5 分;成员不全,每缺一位领导或相关部门负责人扣 1 分;人员发生变化,未及时调整发布,扣 2 分。

2. 查相关文件。未按规定设置,扣 5 分。

3. 查相关文件。安全管理人员配备不全,每少一人扣 2 分;人员不符合要求,每人扣 2 分。

4. 查制度文本。未以正式文件发布,扣 3 分;责任制不全,每缺一项扣 3 分;责任制内容与安全生产职责不符,每项扣 1 分。

5. 查相关文件和记录。会议频次不够,每少一次扣 2 分;未跟踪落实上次会议要求,每次扣 2 分;重大问题全未经安全生产委员会(安全生产领导小组)研究解决,每项扣 2 分;未形成会议纪要,每次扣 2 分。

二、法规要点

1.《中华人民共和国安全生产法》

第二十二条　生产经营单位的安全生产管理机构以及安全生产管理人员履行下列职责:

(一) 组织或者参与拟订本单位安全生产规章制度、操作规程和生产安全事故应急救援预案;

(二) 组织或者参与本单位安全生产教育和培训,如实记录安全生产教育和培训情况;

(三) 督促落实本单位重大危险源的安全管理措施;

(四) 组织或者参与本单位应急救援演练;

(五) 检查本单位的安全生产状况,及时排查生产安全事故隐患,提出改进安全生产管理的建议;

(六) 制止和纠正违章指挥、强令冒险作业、违反操作规程的行为;

(七) 督促落实本单位安全生产整改措施。

第二十三条　生产经营单位的安全生产管理机构以及安全生产管理人员应当恪尽职守,依法履行职责。

生产经营单位作出涉及安全生产的经营决策,应当听取安全生产管理机构以及安全生产管理人员的意见。

生产经营单位不得因安全生产管理人员依法履行职责而降低其工资、福利等待遇或者解除与其订立的劳动合同。

危险物品的生产、储存单位以及矿山、金属冶炼单位的安全生产管理人员的任免,应当告知主管的负有安全生产监督管理职责的部门。

2.《建设工程安全生产管理条例》(国务院令第 393 号)

第二十三条　施工单位应当设立安全生产管理机构,配备专职安全生产管理人员。专职安全生产管理人员负责对安全生产进行现场监督检查。发现安全事故隐患,应当及时向项目负责人和安全生产管理机构报告;对违章指挥、违章操作的,应当立即制止。专职安全生产管理人员的配备办法由国务院建设行政主管部门会同国务院其他有关部门制定。

三、实施要点

1. 由项目法人牵头成立现场安全生产领导小组,明确安全生产管理机构,应以正式文件发布,不得缺少任一相关部门负责人;如果人员发生调整变化,需及时以正式文件通知传达。

2. 按要求安全生产领导小组每季度至少召开一次安全生产委员会会议,会上总结前一段时间的工作情况,解决实践中遇到的问题,并在会后形成会议纪要存档。

四、材料实例

(一)实例1

×××拆建工程建设处文件

×××〔20××〕×号

关于成立×××拆建工程安全生产领导小组的通知

各部门、各参建单位:

为加强×××拆建工程安全生产工作的组织领导,根据工作实际需要,经研究决定成立×××拆建工程安全生产领导小组。

组　　长:×××(建设处主要负责人)

副组长:×××(建设处分管安全负责人)

成　　员:×××(各参建单位项目负责人)

特此通知。

×××拆建工程建设处(印章)

20××年×月×日

（二）实例 2

安全生产会议记录表

工程名称：×××拆建工程

会议名称		时间	
会议地点		主持人	
参会人员：见会议签到表			
会议内容：			

说明：本表一式 份，由会议组织单位填写，用于归档和备查。

（三）实例 3

安全生产责任制建立情况监督检查表

被检查单位名称： 检查日期： 年 月 日

序号	检查内容	检查结果		
		项目法人	监理单位	施工单位
1	是否建立安全生产责任制			
2	安全生产责任制是否以正式文件颁布			
3	安全生产责任制内容是否齐全			
4	是否成立安全生产领导小组			
5	项目法人、施工单位是否设置安全生产管理机构，按规定配备专职安全生产管理人员			

续表

序号	检查内容	检查结果		
		项目法人	监理单位	施工单位
6	施工单位是否明确项目安全生产主要负责人,监理单位是否明确专人负责安全生产管理工作			
7	是否明确各部分、各岗位安全生产管理职责			

参加检查人员:

(四)实例4

安全生产责任制考核表

被考核部门(人)		考核时间	
责任制考核情况			

续表

存在 问题	
考核 意见	考核单位：　　　　　　　　考核负责人： 　　　　　　　　　　　　　　　　　　　年　　月　　日

说明:本表一式　　份,由考核单位填写,用于考核单位内部各部分和人员的安全生产目标管理完成情况。

第三节　全　员　参　与

一、考核内容及赋分标准

【水利部考核内容】

1.3.1　定期对各部门(单位)、从业人员和参建单位的安全生产职责的适宜性、履职情况进行评估和监督考核。监督检查参建单位开展此项工作。

1.3.2　建立激励约束机制,鼓励从业人员积极建言献策,建言献策应有回复。监督检查参建单位开展此项工作。

【水利部赋分标准】10 分

　　1. 查相关文件和记录。未进行评估和监督考核,扣 5 分;评估和监督考核不全,每缺一个部门、个人或单位扣 1 分;未监督检查,扣 5 分;检查单位不全,每缺一个单位扣 2 分;对监督检查中发现的问题未采取措施或未督促落实,每处扣 1 分。

　　2. 查相关文件和记录。未建立激励约束机制,扣 5 分;未对建言献策回复,每少一次扣 1 分;未监督检查,扣 5 分;检查单位不全,每缺一个单位扣 2 分;对监督检查中发现的问题未采取措施或未督促落实,每处扣 1 分。

　　【江苏省考核内容】

　　1.3.1　定期对部门、所属单位和从业人员的安全生产职责的适宜性、履职情况进行评估和监督考核。

　　1.3.2　建立激励约束机制,鼓励从业人员积极建言献策,建言献策应有回复。

　　【江苏省赋分标准】15 分

　　1. 查相关记录。未进行评估和监督考核,扣 8 分;评估和监督考核不全,每缺一个部门、单位或个人扣 2 分。

　　2. 查相关文件和记录。未建立激励约束机制,扣 7 分;未对建言献策回复,每少一次扣 1 分。

二、法规要点

《中华人民共和国安全生产法》

　　第三条　安全生产工作应当以人为本,坚持安全发展,坚持安全第一、预防为主、综合治理的方针,强化和落实生产经营单位的主体责任,建立生产经营单位负责、职工参与、政府监管、行业自律和社会监督的机制。

　　第四十九条　生产经营单位与从业人员订立的劳动合同,应当载明有关保障从业人员劳动安全、防止职业危害的事项,以及依法为从业人员办理工伤保险的事项。

　　生产经营单位不得以任何形式与从业人员订立协议,免除或者减轻其对从业人员因生产安全事故伤亡依法应承担的责任。

　　第五十条　生产经营单位的从业人员有权了解其作业场所和工作岗位存在的危险因素、防范措施及事故应急措施,有权对本单位的安全生产工作提出建议。

三、实施要点

　　鼓励职工从自己的角度对工程安全提出问题,建立激励约束机制,促进职工对安全问题的思考,对其提出的问题进行回复。

四、材料实例

×××拆建工程安全生产建言献策表

部门		职位	
"一句话"说安全			
存在问题			
整改措施			

第四节 安全生产投入

一、考核内容及赋分标准

【水利部考核内容】

1.4.1 在工程概算、招标文件和承包合同中明确建设工程安全生产措施费，不得删减。

1.4.2 安全生产费用保障制度应明确费用的提取、使用、管理的程序、职责及权限。监督检查参建单位制定该项制度。

1.4.3 根据安全生产需要编制安全生产费用计划，并严格审批程序，建立安全生产费用使用台账。监督检查参建单位开展此项工作。

1.4.4 按规定及时支付安全生产费用，不得调减或挪用。

1.4.5 每年对安全生产费用的落实情况进行检查、总结和考核，并以适当方式公开安全生产费用提取和使用情况。监督检查参建单位开展此项工作。

1.4.6 按照有关规定，为从业人员及时办理相关保险。监督检查参建单位开展此项工作。

【水利部赋分标准】 60 分

1. 查相关文件。未明确安全生产措施费，扣 10 分；调减安全费用，扣 10 分。

2. 查制度文本和记录。未以正式文件发布，扣 2 分；制度内容不全，每缺一项扣 1 分；制度内容不符合有关规定，每项扣 1 分；未监督检查，扣 10 分；检查单位不全，每缺一个单位扣 2 分；对监督检查中发现的问题未采取措施或未督促落实，每处扣 1 分。

3. 查相关记录。未编制安全生产费用计划，扣 10 分；审批程序不符合规定，扣 5 分；未建立安全生产费用使用台账，扣 10 分；台账不全，每缺一项扣 2 分；未监督检查，扣 10 分；检查单位不全，每缺一个单位扣 2 分；对监督检查中发现的问题未采取措施或未督促落实，每处扣 1 分。

4. 查相关记录。未按规定及时支付安全生产费用，扣 10 分；调减或挪用安全生产费用，扣 10 分。

5. 查相关记录。未进行检查、总结和考核，扣 10 分；未公开安全生产费用提取和使用情况，扣 5 分；未监督检查，扣 10 分；检查单位不全，每缺一个单位扣 2 分；对监督检查中发现的问题未采取措施或未督促落实，每处扣 1 分。

6. 查相关记录。未办理相关保险,扣 10 分;参保人员不全,每缺一人扣 1 分;未监督检查,扣 10 分;检查单位不全,每缺一个单位扣 2 分;对监督检查中发现的问题未采取措施或未督促落实,每处扣 1 分。

【江苏省考核内容】

1.4.1 安全生产费用保障制度应明确费用的提取、使用、管理的程序、职责及权限。

1.4.2 按有关规定保证具备安全生产条件所必需的资金投入。

1.4.3 根据安全生产需要编制安全生产费用使用计划,并严格审批程序,建立安全生产费用使用台账。

1.4.4 落实安全生产费用使用计划,并保证专款专用。

1.4.5 每年对安全生产费用的落实情况进行检查、总结和考核,并以适当方式公开安全生产费用提取和使用情况。

1.4.6 按照有关规定,为从业人员及时办理相关保险。

【江苏省赋分标准】

1. 查制度文本。未以正式文件发布,扣 3 分;制度内容不全,每缺一项扣 1 分。

2. 制度内容不符合有关规定,每项扣 1 分。

3. 查相关文件和记录。资金投入不足,扣 5 分。

4. 查相关记录。未编制安全生产费用使用计划,扣 3 分;审批程序不符合规定,扣 1 分;未建立安全生产费用使用台账,扣 3 分;台账不全,每缺一项扣 1 分。

5. 查相关记录。未落实安全生产费用使用计划,每项扣 2 分;未专款专用,每项扣 2 分。

6. 查相关记录。未进行检查、总结和考核,扣 3 分;未公开安全生产费用提取和使用情况,扣 1 分。

7. 查相关记录。未办理相关保险,扣 5 分;参保人员不全,每缺一人扣 1 分。

二、法规要点

1.《中华人民共和国安全生产法》

第二十八条 生产经营单位新建、改建、扩建工程项目(以下统称建设项目)的安全设施,必须与主体工程同时设计、同时施工、同时投入生产和使用。安全设施投资应当纳入建设项目概算。

2.《水利工程建设安全生产管理规定》(中华人民共和国水利部令第 26 号)

第八条 项目法人不得调减或挪用批准概算中所确定的水利工程建设有关安全作业环境及安全施工措施等所需费用。工程承包合同中应当明确安全作业环境及安全施工措施所需费用。

　　第十九条　施工单位在工程报价中应当包含工程施工的安全作业环境及安全施工措施所需费用。对列入建设工程概算的上述费用,应当用于施工安全防护用具及设施的采购和更新、安全施工措施的落实、安全生产条件的改善,不得挪作他用。

三、实施要点

　　1. 安全生产措施费需在工程概算、招标文件和承包合同中单独列项,明确费用,后期不得调减、挪作他用,且需要指定措施费的使用、管理程序,明确负责人的职责和权限;使用过程中,严格按照制定的审批程序,建立使用台账,便于监督检查。

　　2. 每年需对安全生产措施费使用情况进行审核,适当方式可进行公开。

　　3. 按照要求需对从业人员办理相关保险,制定《×××拆建工程安全生产费用保障制度》。

四、材料实例

(一) 实例1

×××拆建工程安全生产费用使用计划表

年　　月　　日

序号	项目内容	金额(万元)			
		项目法人	施工单位	监理单位	小计
1	完善、改造和维护安全防护设施设备支出(不含"三同时"要求初期投入的安全设施);包括施工现场临时用电系统、洞口、临边、机械设备、高处作业防护、交叉作业防护、防火、防爆、防尘、防毒、防雷、防台风、防地质灾害、地下工程有害气体监测、通风、临时安全防护等设施设备支出				
2	配备、维护、保养应急救援器材、设备支出和应急演练支出				
3	开展重大危险源和事故隐患评估、监控和整改支出				
4	安全生产检查、评价(不包括新建改建、扩建项目安全评价)、咨询和标准化建设支出				

续表

序号	项目内容	金额(万元)			
		项目法人	施工单位	监理单位	小计
5	配备和更新现场作业人员安全防护用品支出				
6	安全生产宣传教育、培训支出				
7	安全生产适用的新技术、新标准、新工艺、新装备的推广应用支出				
8	安全设施及特种设备检测检验支出				
9	其他与安全生产直接相关的支出				

说明:本表一式　份,由项目法人填写,用于归档和备查。

(二)实例 2

×××拆建工程参建单位安全生产费用管理情况监督检查表

被检查单位名称:　　　　　　　　　　　　　检查日期:　　年　　月　　日

序号	检查内容	检查结果		
		项目法人	监理单位	施工单位
1	是否建立安全生产费用保障制度			
2	安全生产费用保障制度是否以正式文件颁布			
3	安全生产费用保障制度内容是否齐全			
4	是否编制安全生产费用计划			
5	是否建立安全生产费用台账			
6	是否按规定足额提取安全生产所需费用			
7	安全生产费用的用途是否符合相关规定			
8	是否定期检查安全生产费用使用情况			
参加检查人员:				

（三）实例3

×××拆建工程施工单位安全生产费用使用情况监督检查表

被检查单位名称：　　　　　　　　　　检查日期：　　年　　月　　日

序号	检查内容	检查结果
1	完善、改造和维护安全防护设施、设备支出情况	
2	配备、维护、保养应急救援器材、设备和应急演练支出情况	
3	开展重大危险源和事故隐患评估、监控和整改支出情况	
4	安全生产检查、评价、咨询和标准化建设支出情况	
5	配备和更新现场作业人员安全防护用品支出情况	
6	安全生产宣传、教育、培训支出情况	
7	安全生产适用的新技术、新标准、新工艺、新装备的推广应用支出情况	
8	安全设施及特种设备检测检验支出情况	
9	其他与安全生产直接相关的支出情况	
参加检查人员：		

第五节　安全文化建设

一、考核内容及赋分标准

【水利部考核内容】

1.5.1　确立安全生产和职业病危害防治理念及行为准则，并教育、引导全体人员贯彻执行。监督检查参建单位开展此项工作。

1.5.2　制订安全文化建设规划和计划，开展安全文化建设活动。监督检查参建单位开展此项工作。

【水利部赋分标准】10分

1. 查相关文件。未确立理念或行为准则,扣5分;未教育、引导全体人员贯彻执行,扣5分。

2. 未监督检查,扣5分;检查单位不全,每缺一个单位扣2分;对监督检查中发现的问题未采取措施或未督促落实,每处扣1分。

3. 查相关文件和记录。未制订安全文化建设规划或计划,扣5分;未按计划实施,每项扣2分;主要负责人未参加安全文化建设活动,扣2分;未监督检查,扣5分;检查单位不全,每缺一个单位扣2分;对监督检查中发现的问题未采取措施或未督促落实,每处扣1分。

【江苏省考核内容】

1.5.1　确立本单位安全生产和职业病危害防治理念及行为准则,并教育、引导全体人员贯彻执行。

1.5.2　制订安全文化建设规划和计划,开展安全文化建设活动。

【江苏省赋分标准】10分

1. 查相关文件和记录。未确立理念或行为准则,扣5分;未教育、引导全体人员贯彻执行,扣5分。

2. 查相关文件和记录。未制订安全文化建设规划或计划,扣5分;未按计划实施,每项扣2分;单位主要负责人未参加安全文化建设活动,扣2分。

二、法规要点

1.《中华人民共和国安全生产法》

第三十六条　生产经营单位应当建立健全生产安全事故隐患排查治理制度,采取技术、管理措施,及时发现并消除事故隐患。事故隐患排查治理情况应当如实记录,并向从业人员通报。

县级以上地方各级人民政府安全生产监督管理职责部门应当建立健全重大事故隐患治理督办制度,督促生产经营单位消除重大事故隐患。

第三十八条　生产经营单位对重大危险源应当登记建档,进行定期检测、评估、监控,并制定应急预案,告知从业人员和相关人员在紧急情况下应当采取的应急措施。

生产经营单位应当按照国家有关规定将本单位重大危险源及有关安全措施、应急措施报有关地方人民政府负责安全生产监督管理的部门和有关部门备案。

2.《中华人民共和国职业病防治法》

第三十四条　用人单位的主要负责人和职业卫生管理人员应当接受职业卫生培训,遵守职业病防治法律、法规,依法组织本单位的职业病防治工作。

用人单位应当对劳动者进行上岗前的职业卫生培训和在岗期间的定期职业卫生培训,普及职业卫生知识,督促劳动者遵守职业病防治法律、法规、规章和操作规程,指导劳动者正确使用职业病防护设备和个人使用的职业病防护用品。

劳动者应当学习和掌握相关的职业卫生知识,增强职业病防范意识,遵守职业病防治法律、法规、规章和操作规程,正确使用、维护职业病防护设备和个人使用的职业病防护用品,发现职业病危害事故隐患应当及时报告。

劳动者不履行前款规定义务的,用人单位应当对其进行教育。

第三十五条　对从事接触职业病危害的作业的劳动者,用人单位应当按照国务院卫生行政部门的规定组织上岗前、在岗期间和离岗时的职业健康检查,并将检查结果书面告知劳动者。职业健康检查费用由用人单位承担。

用人单位不得安排未经上岗前职业健康检查的劳动者从事接触职业病危害的作业;不得安排有职业禁忌的劳动者从事其所禁忌的作业;对在职业健康检查中发现有与所从事的职业相关的健康损害的劳动者,应当调离原工作岗位,并妥善安置;对未进行离岗前职业健康检查的劳动者不得解除或者终止与其订立的劳动合同。

职业健康检查应当由取得《医疗机构执业许可证》的医疗卫生机构承担。卫生行政部门应当加强对职业健康检查工作的规范管理,具体管理办法由国务院卫生行政部门制定。

第三十六条　用人单位应当为劳动者建立职业健康监护档案,并按照规定的期限妥善保存。

职业健康监护档案应当包括劳动者的职业史、职业病危害接触史、职业健康检查结果和职业病诊疗等有关个人健康资料。

劳动者离开用人单位时,有权索取本人职业健康监护档案复印件,用人单位应当如实、无偿提供,并在所提供的复印件上签章。

第三十七条　发生或者可能发生急性职业病危害事故时,用人单位应当立即采取应急救援和控制措施,并及时报告所在地卫生行政部门和有关部门。卫生行政部门接到报告后,应当及时会同有关部门组织调查处理;必要时,可以采取临时控制措施。卫生行政部门应当组织做好医疗救治工作。

对遭受或者可能遭受急性职业病危害的劳动者,用人单位应当及时组织救治、进行健康检查和医学观察,所需费用由用人单位承担。

第三十八条　用人单位不得安排未成年工从事接触职业病危害的作业;不得安排孕期、哺乳期的女职工从事对本人和胎儿、婴儿有危害的作业。

三、实施要点

工程开始前,向从业人员告知可能存在的职业病及其危害,并与其签订职业病危害告知书,不得遗漏。

四、材料实例

职业病危害告知书

根据《中华人民共和国职业病防治法》第三十四条的规定,×××拆建工程建设处(甲方)在与劳动者(乙方)订立劳动合同时应告知工作过程中可能产生的职业病危害及其后果、职业病防护措施和待遇等。现告知如下内容:

一、所在工作岗位、可能产生的职业病危害、后果及职业病防护措施:

所在部门及岗位名称	职业病危害因素	职业禁忌症	可能导致的职业病危害	职业病防护措施

二、甲方应依照《中华人民共和国职业病防治法》及《职业健康监护技术规范》(GBZ188—2014)的要求,做好乙方上岗前、在岗期间、离岗时的职业健康检查和应急检查。一旦发生职业病,甲方必须按照国家有关法律、法规的要求,为乙方如实提供职业病诊断、鉴定所需的劳动者职业史和职业病危害接触史、工作场所职业病危害因素检测结果等资料及相应待遇。

三、乙方应自觉遵守甲方的职业卫生管理制度和操作规程,正确使用维护职业病防护设施和个人职业病防护用品,积极参加职业卫生知识培训,按要求参加上岗前、在岗期间和离岗时的职业健康检查。若被检查出职业禁忌症或发现与所从事的职业相关的健康损害的,必须服从甲方为保护乙方职业健康而调离原岗位并妥善安置的工作安排。

四、当乙方工作岗位或者工作内容发生变更,从事告知书中未告知的存在职业病危害的作业时,甲方应与其协商变更告知书相关内容,重新签订职业病危害告知书。

五、甲方未履行职业病危害告知义务,乙方有权拒绝从事存在职业病危害的作业,甲方不得因此解除与乙方所订立的劳动合同。

六、本《职业病危害告知书》作为甲方与乙方签订劳动合同的附件,具有同等的法律效力。

甲方(签章)　　　　　　　　　　　　　　乙方(签字)

年　　月　　日　　　　　　　　　　年　　月　　日

第六节　安全生产信息化建设

一、考核内容及赋分标准

【水利部考核内容】

1.6.1　根据实际情况,建立安全生产电子台账管理、重大危险源监控、职业病危害防治、应急管理、安全风险管控和隐患自查自报、安全生产预测预警等信息系统,利用信息化手段加强安全生产管理工作。监督检查参建施工单位开展此项工作。

【水利部赋分标准】20分

1. 查相关系统和记录。未建立信息系统,扣20分;信息系统内容不全,每缺一项扣4分;未监督检查,扣20分;检查单位不全,每缺一个单位扣4分;对监督检查中发现的问题未采取措施或未督促落实,每处扣1分。

【江苏省考核内容】

1.6.1　根据实际情况,建立安全生产电子台账管理、重大危险源监控、职业病危害防治、应急管理、安全风险管控和隐患自查自报、安全生产预测预警等信息系统,利用信息化手段加强安全生产管理工作。

【江苏省赋分标准】10分

查相关系统。未建立信息系统,扣10分;信息系统内容不全,每缺一项扣2分。

二、法规要点

1. 全国安全生产信息化标准体系

(1)总体标准

总体标准是标准体系中其他标准制定的基础,包括安全生产信息化建设、应用和运维管理所需的总体性、基础性和通用性标准规范,是其他标准间互相关联、互相协调、互相适应的基础。总体标准包括标准化工作、总体技术、基本术语等方面的标准。

（2）信息资源标准

信息资源标准是安全生产信息化标准体系中的基础核心内容。信息资源标准主要依据信息资源标准化的基本原理和方法,全面和规范地描述各类安全生产信息,使得各级安全监管监察机构及负有安全监管职责的部门人员对业务数据概念达成一致性理解。同时,对信息进行分类与编码,统一数据口径。信息资源标准包括数据描述、资源目录、数据字典、信息分类与编码、统计图表、基础业务数据规范、数据采集等方面的标准与规范。

（3）业务应用标准

业务应用标准是安全生产业务应用系统的建设、信息共享交换、业务协同等工作进行规范的标准集合,包括安全生产业务系统的基本功能、业务流程、对外接口等内容,重点支持业务流程的统一和协同工作,支持应用系统开发的一致性、开放性和可扩展性。业务应用标准包括业务系统技术规范、移动执法终端、重点企业在线监测联网等方面的标准与规范。

（4）应用支撑标准

应用支撑标准在安全生产信息化标准框架中起着承上启下的作用。应用支撑标准适用于安全生产信息化所有业务应用系统的开发和建设,提供安全、可靠、统一的信息交换渠道、基础平台等,使业务应用系统能够在统一的支撑环境中运行。应用支撑标准包括信息交换与共享、基础服务平台、基础资源目录目录和 Web 服务等方面的标准与规范。

（5）基础设施标准

基础设施标准主要对安全生产信息化建设中的基础工作进行规范,为应用系统、数据库（数据中心）等建设提供安全、规范的运行环境,为安全生产信息资源的采集、传输、存储、分析、处理等提供基础性服务。基础设施标准包括物理环境、网络系统和信息安全等方面的标准与规范。

（6）管理标准

管理标准贯穿整个安全生产信息化建设、应用和运维管理工作。管理标准主要包括项目管理、运维管理等方面的标准与规范。

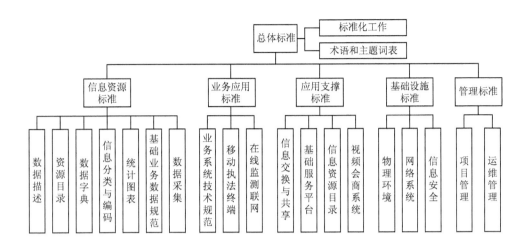

三、实施要点

项目法人应督促建设单位建立健全安全生产电子台账,将重大危险源监控、职业病危害防治、应急管理、安全风险管控和隐患自查自报、安全生产预测预警等进行数据化,统一管理,利用数字化手段对工程进行管控。

四、材料实例

×××拆建工程生产设备设施监督检查表

被检查单位名称： 检查日期： 年 月 日

序号	检查内容	检查结果
1	是否建立健全安全生产电子台账	
2	是否建立重大危险源监控系统	
3	是否建立职业病危害防治系统	
4	是否建立应急管理机制	
5	是否建立安全风险管控和隐患自查自报系统	
6	是否将安全生产预测预警数据化	
参加检查人员：		

第二章 ‖ 制度化管理

第一节　法规标准识别

一、考核内容及赋分标准

【水利部考核内容】

2.1.1　安全生产法律法规、标准规范管理制度,应明确归口管理部门、识别、获取、评审、更新等内容。监督检查参建单位制定该项制度。

2.1.2　职能部门和所属单位应及时识别和获取适用的安全生产法律法规和其他要求,归口管理部门每年发布一次适用的清单,建立文本数据库。监督检查参建单位开展此项工作。

2.1.3　及时向员工传达并配备适用的安全生产法律法规和其他要求。监督检查参建单位开展此项工作。

【水利部赋分标准】20 分

1. 查制度文本和记录。未以正式文件发布,扣 2 分;制度内容不全,每缺一项扣 1 分;制度内容不符合有关规定,每项扣 1 分;未监督检查,扣 10 分;检查单位不全,每缺一个单位扣 2 分;对监督检查中发现的问题未采取措施或未督促落实,每处扣 1 分。

2. 查相关文件和记录。未发布清单,扣 5 分;识别和获取不全,每缺一项扣 1 分;法律法规或其他要求失效,每项扣 1 分;未建立文本数据库,扣 5 分;未监督检查,扣 5 分;检查单位不全,每缺一个单位扣 2 分;对监督检查中发现的问题未采取措施或未督促落实,每处扣 1 分。

3. 查相关文件和记录。未及时传达或配备,扣 5 分;传达或配备不到位,每少一人扣 1 分;未监督检查,扣 5 分;检查单位不全,每缺一个单位扣 2 分;对监督检查中发现的问题未采取措施或未督促落实,每处扣 1 分。

【江苏省考核内容】

2.1.1　安全生产法律法规、标准规范管理制度,应明确归口管理部门、识别、获取、评审、更新等内容。

2.1.2　职能部门和所属单位应及时识别、获取适用的安全生产法律法规和其他要求,归口管理部门每年发布一次适用的清单,建立文本数据库。

2.1.3　及时向员工传达并配备适用的安全生产法律法规和其他要求。

【江苏省赋分标准】15分

1. 查制度文本和记录。未以正式文件发布,扣2分;制度内容不全,每缺一项扣1分;制度内容不符合有关规定,每项扣1分;未监督检查,扣10分;检查单位不全,每缺一个单位扣2分;对监督检查中发现的问题未采取措施或未督促落实,每处扣1分。

2. 查相关文件和记录。未发布清单,扣5分;识别和获取不全,每缺一项扣1分;法律法规或其他要求失效,每项扣1分;未建立文本数据库,扣5分;未监督检查,扣5分;检查单位不全,每缺一个单位扣2分;对监督检查中发现的问题未采取措施或未督促落实,每处扣1分。

3. 查相关文件和记录。未及时传达或配备,扣5分;传达或配备不到位,每少一人扣1分;未监督检查,扣5分;检查单位不全,每缺一个单位扣2分;对监督检查中发现的问题未采取措施或未督促落实,每处扣1分。

二、法规要点

1.《中华人民共和国安全生产法》

第四条　生产经营单位必须遵守本法和其他有关安全生产的法律、法规,加强安全生产管理,建立健全安全生产责任制和安全生产规章制度,改善安全生产条件,推进安全生产标准化建设,提高安全生产水平,确保安全生产。

第十八条　生产经营单位的主要负责人对本单位安全生产工作负有下列职责:(一)建立、健全本单位安全生产责任制;(二)组织制定本单位安全生产规章制度和操作规程;(三)组织制定并实施本单位安全生产教育和培训计划;(四)保证本单位安全生产投入的有效实施;(五)督促、检查本单位的安全生产工作,及时消除生产安全事故隐患;(六)组织制定并实施本单位的生产安全事故应急救援预案;(七)及时、如实报告生产安全事故。

2.《水利水电工程施工安全管理导则》(SL721—2015)

5.1.1　工程开工前,各参建单位应组织识别适用的安全生产法律、法规、规章、制度和标准,报项目法人。

5.1.2　项目法人应及时组织有关参建单位识别适用的安全生产法律、法规、规章、制度和标准,并于工程开工前将《适用的安全生产法律、法规、规章、制度和标准清单》书面通知各参建单位。各参建单位应将法律、法规、规章、制度和标准的相关要求转化为内部管理制度贯彻执行。

对国家、行业主管部门新发布的安全生产法律、法规、规章、制度和标准,项目法人应及时组织参建单位识别,并将适用的文件清单及时通知有关参建单位。

3.《江苏省安全生产条例》(江苏省人大常委会公告第45号)

第四条 生产经营单位是安全生产的责任主体,必须遵守本条例和有关安全生产法律、法规,加强安全生产管理,建立健全安全生产责任制和安全生产规章制度,加大安全生产投入,改善安全生产条件,推进安全生产标准化建设,落实安全生产保障措施,提高安全生产水平,确保安全生产。

三、实施要点

1. 管理部门应建立健全本单位的安全生产法律法规、标准规范等,应以正式文件下发给参建单位。及时更新内容,并发布清单,建立数据库,便于参建单位及时查询。

2. 及时向职工传达符合本工程的法律法规,并向其发放相应的文本。

四、材料实例

(一)实例1

关于印发《×××拆建工程适用的安全生产法律法规标准规范清单》的通知

×××〔20××〕×号

各部门、各参建单位:

为进一步加强×××工程安全生产工作,根据水利部《水利安全生产标准化评审管理暂行办法》、《江苏省水利工程项目法人安全生产标准化评价标准》要求,建设处组织对本工程适用的安全生产法律法规标准规范进行了辨识、获取,编制《×××拆建工程适用的安全生产法律法规标准规范清单》。执行过程中,有新规定出台的,应及时更新,并提供给我处汇总。

附件1:×××拆建工程适用的安全生产法律法规标准规范清单

附件2:×××拆建工程安全生产法律法规和其他要求适用条款

×××拆建工程建设处(章)

20××年×月×日

附件 1：

×××拆建工程适用的安全生产法律法规标准规范清单（表格内补充内容）

序号	名称	文件号（标准号）	发布机构	发布日期	实施时间	备注
1	中华人民共和国安全生产法	第十二届全国人大主席令第 13 号	全国人大	2014.8.31	2014.12.1	2021.6.10修正
2	中华人民共和国职业病防治法	第十二届全国人大主席令第 81 号	全国人大	2017.11.4	2017.11.5	2018.12.29修正
3	中华人民共和国突发事件应对法	第十届全国人大主席令第 69 号	全国人大	2007.8.30	2007.11.1	
4	中华人民共和国劳动法	第十一届全国人大主席令第 65 号	全国人大	2009.8.27	2009.8.27	2018.12.29修正
5	中华人民共和国劳动合同法	第十届全国人大主席令第 65 号	全国人大	2007.6.29	2008.1.1	2012.12.28修正
6	中华人民共和国消防法	第十一届全国人大主席令第 6 号	全国人大	2008.10.28	2009.5.1	2021.4.29修正
7	中华人民共和国刑法	第八届全国人大主席令第 83 号	全国人大	1997.7.1	1997.10.1	2020.12.26修正
8	中华人民共和国建筑法	第八届全国人大主席令第 46 号	全国人大	1997.11.1	1998.3.1	2019.4.23修正
9	……					

附件 2：

×××工程安全生产法律法规和其他要求适用条款

序号	名称	实施时间	适用条款
1	中华人民共和国安全生产法	2014.12.1	第三条、第四条、第五条、第六条、第七条、第十条、第十七条、第十八条、第十九条、第二十条、第二十一条、第二十二条、第二十三条、第二十四条、第二十五条、第二十六条、第二十七条
2	中华人民共和国职业病防治法	2017.11.5	第三条、第四条、第五条、第六条、第七条、第十三条、第十四条、第十五条、第十七条、第十八条、第二十一条、第二十二条、第二十三条、第二十四条、第二十五条、第二十六条、第二十七条
3	中华人民共和国突发事件应对法	2007.11.1	第二十二条、第二十三条、第二十四条、第三十九条、第五十四条、第五十五条、第五十六条、第五十七条、第六十一条、第六十四条、第六十六条、第六十七条

序号	名称	实施时间	适用条款
4	中华人民共和国劳动法	2009.8.27	第三条、第四条、第七条、第八条、第十五条、第十六条、第十七条、第十八条、第十九条,第二十条、第二十条、第二十二条、第二十三条、第二十四条、第二十五条、第二十六条、第二十七条、第二十八条、第二十九条、第三十条、第三十一条、第三十二条、第三十三条、第三十四条、第三十五条
5	……		

（二）实例 2

关于报送《×××拆建工程适用的安全生产法律法规标准规范清单》备案的报告

×××〔20××〕×号

×××管理处：

　　根据省水利厅印发的《省水利重点工程建设安全生产专项整治三年行动实施细则》（苏水督〔2019〕7 号），以及省水利工程建设局关于印发《江苏省水利重点工程安全生产项目法人工作清单》（苏水建安监〔2020〕8 号）文件要求，建设处安全科编制了《×××拆建工程适用的安全生产法律法规标准规范清单》，现随文上报备案。

　　附件 1：×××拆建工程适用的安全生产法律法规标准规范清单。

×××拆建工程建设处（章）
20××年×月×日

附件：

×××拆建工程适用的安全生产法律法规标准规范清单

序号	名称	文件号、标准号	发布机构	发布日期	实施时间	备注
1	中华人民共和国安全生产法	第十二届全国人大主席令第 13 号	全国人大	2014.8.31	2014.12.1	2021.6.10 修正
2	中华人民共和国职业病防治法	第十二届全国人大主席令第 81 号	全国人大	2017.11.4	2017.11.5	2018.12.29 修正
3	中华人民共和国突发事件应对法	第十届全国人大主席令第 69 号	全国人大	2007.8.30	2007.11.1	

序号	名称	文件号、标准号	发布机构	发布日期	实施时间	备注
4	中华人民共和国劳动法	第十一届全国人大主席令第65号	全国人大	2009.8.27	2009.8.27	2018.12.29修正
5	中华人民共和国劳动合同法	第十届全国人大主席令第65号	全国人大	2007.6.29	2008.1.1	2012.12.28修正
6	中华人民共和国消防法	第十一届全国人大主席令第6号	全国人大	2008.10.28	2009.5.1	2021.4.29修正
7	中华人民共和国刑法	第八届全国人大主席令第83号	全国人大	1997.7.1	1997.10.1	2020.12.26修正
8	中华人民共和国建筑法	第八届全国人大主席令第46号	全国人大	1997.11.1	1998.3.1	2019.4.23修正
9	……					

第二节　规 章 制 度

一、考核内容及赋分标准

【水利部考核内容】

2.2.1　及时将识别、获取的安全生产法律法规和其他要求转化为本单位规章制度,结合本单位实际,建立健全安全生产规章制度体系。规章制度应包括但不限于:

1.安全目标管理;2.安全生产责任制;3.安全生产费用管理;4.安全技术措施审查;5.安全设施"三同时"管理;6.安全生产教育培训;7.安全风险管理;8.生产安全事故隐患排查治理;9.重大危险源和危险物品管理;10.安全防护设施、生产设施及设备、危险性较大的单项工程、重大事故隐患治理验收;11.安全例会;12.消防管理;13.文件、记录、档案管理;14.应急管理;15.事故管理;等。监督检查参建单位开展此项工作。

2.2.2　将安全生产规章制度发放到相关工作岗位。监督检查参建单位开展此项工作。

【水利部赋分标准】15分

1.查制度文本和记录。未以正式文件发布,每项扣2分;制度内容不符合有关规定,每项扣 1 分;未监督检查,扣 10 分;检查单位不全,每缺一个单位扣 2 分;对监督检查中发现的问题未采取措施或未督促落实,每处扣 1 分。

2. 查相关文件和记录。工作岗位发放不全,每缺一个扣 1 分;规章制度发放不全,每缺一项扣 1 分;未监督检查,扣 5 分;检查单位不全,每缺一个单位扣 2 分;对监督检查中发现的问题未采取措施或未督促落实,每处扣 1 分。

【江苏省考核内容】

2.2.1　及时将识别、获取的安全生产法律法规和其他要求转化为本单位规章制度,结合本单位实际,建立健全安全生产规章制度体系。规章制度应包含但不限于:

1.目标管理;2.安全生产承诺;3.安全生产责任制;4.安全生产会议;5.安全生产奖惩管理;6.安全生产投入;7.教育培训;8.安全生产信息化;9.新技术、新工艺、新材料、新设备设施、新材料管理;10.法律法规标准规范管理;11.文件、记录和档案管理;12.重大危险源辨识与管理;13.安全风险管理、隐患排查治理;14.班组安全活动;15.特种作业人员管理;16.建设项目安全设施、职业病防护设施"三同时"管理;17.设备设施管理;18.安全设施管理;19.作业活动管理;20.危险物品管理;21.警示标志管理;22.消防安全管理;23.交通安全管理;24.防洪度汛安全管理;25.工程安全监测;26.调度管理;27.工程维修养护;28.用电安全管理;29.仓库管理;30.安全保卫;31.工程巡查巡检;32.变更管理;33.职业健康管理;34.劳动防护用品(具)管理;35.安全预测预警;36.应急管理;37.事故管理;38.相关方管理;39.安全生产报告;40.绩效评定管理。

2.2.2　及时将安全生产规章制度发放到相关工作岗位,并组织培训。

【江苏省赋分标准】25 分

1. 查制度文本和记录。未以正式文件发布,每项扣 2 分;制度内容不符合有关规定,每项扣 1 分;未监督检查,扣 10 分;检查单位不全,每缺一个单位扣 2 分;对监督检查中发现的问题未采取措施或未督促落实,每处扣 1 分。

2. 查相关文件和记录。工作岗位发放不全,每缺一个扣 1 分;规章制度发放不全,每缺一项扣 1 分;未监督检查,扣 5 分;检查单位不全,每缺一个单位扣 2 分;对监督检查中发现的问题未采取措施或未督促落实,每处扣 1 分。

二、法规要点

1.《中华人民共和国安全生产法》

第十八条　生产经营单位的主要负责人对本单位安全生产工作负有下列职责:

(一)建立、健全本单位安全生产责任制;

(二)组织制定本单位安全生产规章制度和操作规程;

(三)组织制定并实施本单位安全生产教育和培训计划;

（四）保证本单位安全生产投入的有效实施；

（五）督促、检查本单位的安全生产工作，及时消除生产安全事故隐患；

（六）组织制定并实施本单位的生产安全事故应急救援预案；

（七）及时、如实报告生产安全事故。

第十九条　生产经营单位的安全生产责任制应当明确各岗位的责任人员、责任范围和考核标准等内容。

生产经营单位应当建立相应的机制，加强对安全生产责任制落实情况的监督考核，保证安全生产责任制的落实。

2.《水闸工程管理规程》(DB 32/T 3259—2017)

4.11　水闸工程管理单位应健全管理制度体系、明晰管理工作标准、规范管理作业流程、强化管理效能考核，推进水利工程精细化管理。

三、实施要点

1. 单位需整合安全生产方面的法律法规，根据本单位的实际情况，转化为适合本单位的规章制度，使其具备可操作性。编制过程中不得漏项。编制完成后，需将规章制度发放到职工手中，督促其学习。

2. 工程安全生产管理制度应包括：安全目标管理制度、安全生产责任制度、安全生产费用管理制度、安全技术措施审查制度、安全设施"三同时"管理制度、安全生产教育培训制度、生产安全事故隐患排查治理制度、重大危险源和危险物品管理制度、安全例会制度、安全生产档案管理制度等。

四、材料实例

（一）实例 1

×××拆建工程建设处文件
××〔20××〕×号

关于印发《×××拆建工程安全生产管理制度汇编》的通知

各参建单位：

为切实加强×××拆建工程安全生产工作，根据《中华人民共和国安全生产法》《水利工程建设安全生产管理规定》《水利安全生产标准化评审暂行管理办法》有关要求,建设处安全科组织编制了《×××拆建工程安全生产管理制度汇编》,现印发给你们,请遵照执行。

　　附件:×××拆建工程安全生产管理制度汇编

×××拆建工程建设处(印章)

20××年×月×日

附件

×××拆建工程安全生产管理制度汇编

安全生产管理制度目录

1. 总则
2. 安全生产责任制
3. 安全生产目标管理制度
4. ××工程安全生产目标实现情况监督检查和考核的管理办法
5. 安全生产法律法规、标准规范管理制度
6. 安全生产费用保障制度
7. 文件和档案管理制度
8. 工伤保险管理制度
9. 安全教育培训制度
10. 施工机械和器具(含特种设备)管理制度
11. 安全防护设施管理规定
12. 消防安全管理制度
13. 防洪度汛管理规定
14. 警示标志管理制度
15. 施工脚手架管理规定
16. 施工现场临时用电安全管理规定
17. 易燃易爆物品管理规定
18. 工程分包安全管理
19. 相关方管理制度
20. 职业健康管理制度
21. 劳动防护用品配备及使用管理制度
22. 生产安全事故隐患排查治理制度
23. 施工现场文明施工管理规定

24. 生产安全事故应急预案管理办法

25. 作业行为管理规定

26. 事故报告及调查处理制度

27. 绩效评定和持续改进管理制度

说明:本示例仅提供目录,具体制度文本分布在各章节中

(二) 实例 2

×××拆建工程安全生产管理制度监督表

检查日期: 年 月 日

序号	检查内容	检查结果
1	是否建立安全生产管理制度	
2	制度内容是否齐全	
3	安全生产管理制度是否以正式文件颁发	
4	是否将安全生产管理制度分发到各部门,有无遗漏	
5	是否结合执行情况对安全生产法律法规标准规范、规章制度、操作规程的适应性进行检查评估	
6	是否建立安全生产记录管理制度	
7	是否严格执行安全生产文件管理制度	
参加人员:		

（三）实例 3

×××拆建工程文件领用(发放)清单

序号	文件名称	文号	领用部门	领用日期	签字

第三节 操 作 规 程

一、考核内容及赋分标准

【水利部考核内容】

2.3.1 监督检查参建单位引用或编制安全操作规程,确保从业人员参与安全操作规程编制和修订工作。

2.3.2 监督检查参建单位在新技术、新材料、新工艺、新设备、新设施投入使用前,组织编制或修订相应的安全操作规程,并确保其适宜性和有效性。

2.3.3 监督检查参建单位将安全操作规程发放到相关作业人员。

【水利部赋分标准】 15 分

1. 查相关记录。未监督检查,扣 5 分;检查单位不全,每缺一个单位扣 2 分;对监督检查中发现的问题未采取措施或未督促落实,每处扣 1 分。

2. 查相关记录。未监督检查,扣 5 分;检查单位不全,每缺一个单位扣 2 分;对监督检查中发现的问题未采取措施或未督促落实,每处扣 1 分。

3. 查相关记录并查看现场。未监督检查,扣 5 分;检查单位不全,每缺一个单位扣 2 分;对监督检查中发现的问题未采取措施或未督促落实,每处扣 1 分。

【江苏省考核内容】

2.3.1 引用或编制安全操作规程,确保从业人员参与安全操作规程的编制和修订工作。

2.3.2　新技术、新材料、新工艺、新设备、设施投入使用前,组织编制或修订相应的安全操作规程,并确保其适宜性和有效性。

2.3.3　安全操作规程应发放到相关作业人员。

【江苏省赋分标准】25 分

1. 查规程文本和记录。未以正式文件发布,每项扣 3 分;规程内容不符合有关规定,每项扣 2 分;规程的编制和修订工作无从业人员参与,每项扣 1 分

2. 查规程文本和记录。"四新"投入使用前,未组织编制或修订安全操作规程,每项扣 2 分。

3. 查相关记录并查看现场。未及时发放到相关作业人员,每缺一人扣 1 分。

二、法规要点

1.《中华人民共和国安全生产法》

第二十一条　生产经营单位的主要负责人对本单位安全生产工作负有下列职责:

(二)组织制定并实施本单位安全生产规章制度和操作规程。

第二十五条　生产经营单位的安全生产管理机构以及安全生产管理人员履行下列职责:

(一)组织或者参与拟定本单位安全生产规章制度、操作规程和生产安全事故应急救援预案。

第二十八条　生产经营单位应当对从业人员进行安全生产教育和培训,保证从业人员具备必要的安全生产知识,熟悉有关的安全生产规章制度和安全操作规程,掌握本岗位的安全操作技能,了解事故应急处理措施,知悉自身在安全生产方面的权利和义务。未经安全生产教育和培训合格的从业人员,不得上岗作业。

2.《建设工程安全生产管理条例》(中华人民共和国国务院令第 393 号)

第二十一条　施工单位主要负责人依法对本单位的安全生产工作全面负责。施工单位应当建立健全安全生产责任制度和安全生产教育培训制度,制定安全生产规章制度和操作规程,保证本单位安全生产条件所需资金的投入,对所承担的建设工程进行定期和专项安全检查,并做好安全检查记录。

施工单位的项目负责人应当由取得相应执业资格的人员担任,对建设工程项目的安全施工负责,落实安全生产责任制度、安全生产规章制度和操作规程,确保安全生产费用的有效使用,并根据工程的特点组织制定安全施工措施,消除安全事故隐患,及时、如实报告生产安全事故。

三、实施要点

1. 项目法人应对操作规程的制定、发放过程进行监督,不得遗漏。
2. 项目法人应对参建单位编制的安全生产操作规程的内容进行审查,确保规程内容全面、准确、符合实际。

四、材料实例

(一) 实例 1

×××拆建工程操作规程制度监督表

检查日期: 年 月 日

序号	检查内容	检查结果
1	是否建立完善的操作规程	
2	规程内容是否齐全	
3	操作规程是否以正式文件颁发	
4	是否结合岗位实际编制规程	
5	是否确保从业人员参与安全操作规程的编制和修订工作	
6	是否将操作规程分发到各部门,有无遗漏	
7	是否建立操作规程领用管理制度	
8	是否严格执行操作规程	
9	是否及时更新操作规程内容	
参加人员:		

（二）实例 2

×××拆建工程操作规程领用(发放)清单

序号	文件名称	文号	领用部门	领用日期	签字

第四节　文　档　管　理

一、考核内容及赋分标准

【水利部考核内容】

2.4.1　文件管理制度应明确文件的编制、审批、标识、收发、使用、评审、修订、保管、废止等内容,并严格执行。监督检查参建单位制定该项制度。

2.4.2　记录管理制度应明确记录管理职责及记录的填写、收集、标识、保管和处置等内容,并严格执行。监督检查参建单位制定该项制度。

2.4.3　档案管理制度应明确档案管理职责及档案的收集、整理、标识、保管、使用和处置等内容,并严格执行。监督检查参建单位制定该项制度。

2.4.4　每年至少评估一次安全生产法律法规、标准规范、规范性文件、规章制度、操作规程的适用性、有效性和执行情况。监督检查参建单位开展此项工作。

2.4.5　根据评估、检查、自评、评审、事故调查等发现的相关问题,及时修订安全生产规章制度、操作规程。监督检查参建单位开展此项工作。

【水利部赋分标准】30 分

1. 查制度文本和记录。未以正式文件发布,扣 2 分;制度内容不全,每缺一项扣 1 分;制度内容不符合有关规定,每项扣 1 分;未按规定执行,每项扣 1 分;未监督检查,扣 6 分;检查单位不全,每缺一个单位扣 2 分;对监督检查中发现的问题未采取措施或未督促落实,每处扣 1 分。

2. 查制度文本和记录。未以正式文件发布,扣 2 分;制度内容不全,每缺一项扣 1 分;制度内容不符合有关规定,每项扣 1 分;未按规定执行,每项扣 1 分;未监督检查,扣 6 分;检查单位不全,每缺一个单位扣 2 分;对监督检查中发现的问题未采取措施或未督促落实,每处扣 1 分。

3. 查制度文本和记录。未以正式文件发布,扣 2 分;制度内容不全,每缺一项扣 1 分;制度内容不符合有关规定,每项扣 1 分;未按规定执行,每项扣 1 分;未监督检查,扣 6 分。检查单位不全,每缺一个单位扣 2 分;对监督检查中发现的问题未采取措施或未督促落实,每处扣 1 分。

4. 查相关记录。未按时进行评估或无评估结论,扣 6 分;评估结果与实际不符,扣 2 分;未监督检查,扣 6 分;检查单位不全,每缺一个单位扣 2 分;对监督检查中发现的问题未采取措施或未督促落实,每处扣 1 分。

5. 查相关记录。未及时修订,每项扣 1 分;未监督检查,扣 6 分;检查单位不全,每缺一个单位扣 2 分;对监督检查中发现的问题未采取措施或未督促落实,每处扣 1 分。

【江苏省考核内容】

2.4.1 文件管理制度应明确文件的编制、审批、标识、收发、使用、评审、修订、保管、废止等内容,并严格执行。

2.4.2 记录管理制度应明确记录管理职责及记录的填写、收集、标识、保管和处置等内容,并严格执行。

2.4.3 档案管理制度应明确档案管理职责及档案的收集、整理、标识、保管、使用和处置等内容,并严格执行。

2.4.4 每年至少评估一次安全生产法律法规、标准规范、规范性文件、规章制度、操作规程的适用性、有效性和执行情况。

2.4.5 根据评估、检查、自评、评审、事故调查等发现的相关问题,及时修订安全生产规章制度、操作规程。

【江苏省赋分标准】15 分

1. 查制度文本和记录。未以正式文件发布,扣 3 分;制度内容不全,每缺一项扣 1 分;制度内容不符合有关规定,每项扣 1 分;未按规定执行,每项扣 1 分。

2. 查制度文本和记录。未以正式文件发布,扣 3 分;制度内容不全,每缺一项扣 1 分;制度内容不符合有关规定,每项扣 1 分;未按规定执行,每项扣 1 分。

3. 查制度文本和记录。未以正式文件发布,扣 3 分;制度内容不全,每缺一项扣 1 分;制度内容不符合有关规定,每项扣 1 分;未按规定执行,每项扣 1 分。

4. 查相关记录。未按时进行评估或无评估结论,扣 3 分;评估结果与实际不符,扣 2 分。

5. 查相关记录。未及时修订,每项扣 1 分。

二、法规要点

1.《水利工程建设项目档案管理规定》(水办〔2005〕480 号)

第五条　水利工程档案工作应贯穿于水利工程建设程序的各个阶段。即从水利工程建设前期就应进行文件材料的收集和整理工作;在签订有关合同、协议时,应对水利工程档案的收集、整理、移交提出明确要求;检查水利工程进度与施工质量时,要同时检查水利工程档案的收集、整理情况;在进行项目成果评审、鉴定和水利工程重要阶段验收与竣工验收时,要同时审查、验收工程档案的内容与质量,并作出相应的鉴定评语。

第六条　各级建设管理部门应积极配合档案业务主管部门,认真履行监督、检查和指导职责,共同抓好水利工程档案工作。

第七条　项目法人对水利工程档案工作负总责,须认真做好自身产生档案的收集、整理、保管工作,并应加强对各参建单位归档工作的监督、检查和指导。大中型水利工程的项目法人,应设立档案室,落实专职档案人员;其他水利工程的项目法人也应配备相应人员负责工程档案工作。项目法人的档案人员对各职能处室归档工作具有监督、检查和指导职责。

第八条　勘察设计、监理、施工等参建单位,应明确本单位相关部门和人员的归档责任,切实做好职责范围内水利工程档案的收集、整理、归档和保管工作;属于向项目法人等单位移交的应归档文件材料,在完成收集、整理、审核工作后,应及时提交项目法人。项目法人应认真做好有关档案的接收、归档和向流域机构档案馆的移交工作。

第九条　工程建设的专业技术人员和管理人员是归档工作的直接责任人,须按要求将工作中形成的应归档文件材料,进行收集、整理、归档,如遇工作变动,须先交清原岗位应归档的文件材料。

第十条　水利工程档案的质量是衡量水利工程质量的重要依据,应将其纳入工程质量管理程序。质量管理部门应认真把好质量监督检查关,凡参建单位未按规定要求提交工程档案的,不得通过验收或进行质量等级评定。工程档案达不到规定要求的,项目法人不得返还其工程质量保证金。

第十一条　大中型水利工程均应建设与工作任务相适应的、符合规范要求的专用档案库房,配备必要的档案装具和设备;其他建设项目,也应有满足档案工作需要的库房、装具和设备。所需费用可分别列入工程总概算的管理房屋建设工程项目类和生产准备费中。

2.《江苏省水利厅水利基本建设项目(工程)档案资料管理规定》(苏水办〔2003〕1号)

第九条 水利项目档案工作的进程要与工程建设进程同步。基本建设项目从立项开始就应进行文件材料的收集、积累和整理工作;签订勘测、设计、施工、监理等协议(合同)时,要对水利项目档案(包括竣工图)的质量、份数和移交工作提出明确要求;检查工程进度与施工质量时,要同时检查水利项目档案的收集、整理情况;进行单元与分部工程质量等级评定和工程验收(包括单位工程验收和阶段工程验收)时,要同时验收应归档文件材料的完整程度与整理质量,并在验收后,及时整理归档。整个项目的归档工作,应在竣工验收后3个月内完成(项目尾工的归档工作,应在尾工完成后的1个月内完成)。

三、材料实例

×××拆建工程建设处文件

××〔20××〕×号

关于印发《×××拆建工程档案管理办法》的通知

各参建单位:

为切实加强×××拆建工程档案资料管理工作,确保工程项目档案的完整、准确、系统和安全,根据《水利工程建设项目档案管理规定》(水办〔2005〕480号)、《江苏省水利厅水利基本建设项目(工程)档案资料管理规定》(苏水办〔2003〕1号),结合工程建设情况,现制定《×××拆建工程档案管理办法》,印发给你们,请各参建单位认真组织学习,并严格按照规范要求做好工程档案资料整理归档工作,确保档案收集、整理、归档与工程建设同步。

附件:×××拆建工程档案管理办法

×××拆建工程建设处(印章)

20××年×月×日

附件：

水利基本建设档案管理情况登记表

项目名称				
项目法人				
主要设计单位				
主要施工单位				
主要设备安装单位				
主要监理单位				
批准概算总投资	万元	计划工期	年 月—	年 月
项目档案资料管理情况（项目法人）				
档案资料管理部门	隶属部门		负责人	联系电话
联系地址			邮编	
库房面积		档案工作其他用房面积		
设备	档案柜架（套/组）	计算机（台）	复印机（台）	空调机（台）	其他设备
现有档案资料数量	档案正本（卷/册）	资料（卷/册）	竣工图（张/卷）	

项目法人代表

（公章）

年 月 日

附件 2-1:

建设单位归档文件和保管期限

序号	归档文件	保管期限	备注
1	地质勘察报告、可行性研究报告、初步设计文件及相关批准文件	永久	
2	规划许可、土地预审、环境影响评价、水土保持方案批准文件及相关资料	永久	
3	工程建设中的有关咨询报告;重大技术问题专题报告;安全、技术鉴定报告	永久	
4	项目法人组建及批准文件,内设机构、人员、职责;质量、安全、财务、档案管理等规章制度	长期	
5	工程招投标资料(招标文件及图纸、投标文件、评标备案报告、中标通知书);非公开招标项目批准文件	永久	未中标短期
6	合同协议书(咨询、代理、勘测、设计、施工、监理、设备采购、质量检测、水文监测、环保监测、供电线路、征地拆迁有关政策规定等)及各单位资质文件	永久	
7	质量监督申请、安全监督申请及批准文件;质量、安全管理组织、人员网络及责任制资料;质量、防汛、度汛、安全管理资料;质量、安全、廉政合同	长期	
8	开工报告及批准文件、项目划分	永久	
9	施工图审查意见;重大设计变更批准文件	永久	
10	建设单位主持的有关协调会议纪要、活动资料	永久	
11	施工图设计、工期、进度管理、月报等	长期	
12	历次验收的工作报告、检测报告、质量和安全监督报告、鉴定书	永久	
13	环境保护、水土保持、移民安置、档案专项验收资料	永久	
14	投资计划与资金到位;审计及稽查存在问题的整改资料	永久	
15	大事记	永久	
16	建设工作报告等其他有关资料	永久	
17	照片、光盘等声像资料	永久	

附件 2-2：

监理单位归档文件和保管期限

序号	归档文件	保管期限	备注
1	监理大纲、监理规划、监理实施细则	长期	
2	监理工程师指令(通知)、批复及来往函件	长期	
3	技术交底、技术专题会	长期	
4	工程例会会议纪要	长期	
5	原材料监理抽检资料	长期	
6	施工质量监理抽检资料	长期	
7	监理平行检测	长期	
8	监理旁站记录	长期	
9	设备监造、出厂记录	长期	
10	设备开箱验收记录单	长期	
11	监理日志、监理月报	长期	
12	监理大事记	长期	
13	各项测控量成果及复核文件、外观、质量、文件等检查、抽查记录	长期	
14	计量支付(付款与结算)	长期	
15	变更价格审查、支付审批、索赔处理文件	长期	
16	工程进度计划、实施、分析统计文件	长期	
17	单元工程检查及开工(开仓)签证、工程分部部分项质量认证、评估	长期	
18	主要材料及工程投资计划、完成报表	长期	
19	监理声像资料(照片档案、光盘档案)	长期	

附件 2-3:

施工单位归档文件和保管期限

序号	归档文件	保管期限	备注
1	进场通知、开工报告(开工令)、工程技术要求、技术交底、图纸会审纪要	长期	
2	施工组织设计,施工计划、方案、工艺、措施、内部管理规章制度、质量、安全申报表	长期	
3	施工图签发单及附图	永久	
4	设计变更,工程更改洽商单、通知单	永久	
5	建筑材料进场报验、试验报告等(砂石、水泥及土工布等检测报告,水泥、土工布等出厂证明,混凝土配合比、混凝土抗压强度报告等)	长期	
6	土建施工定位测量、施工测量(放样)记录	永久	
7	设备说明书、图纸	永久	
8	单元、分部、单位工程质检、质评及报验资料	永久	
9	分部工程验收签证	永久	
10	单位、合同验收、合同结算	永久	
11	质量缺陷备案、事故处理报告及缺陷处理后的检查记录	永久	
12	施工日记	长期	
13	施工大事记	长期	
14	交工验收记录、工程质量评定	永久	
15	施工总结(单位工程施工管理工作报告)、技术总结(如沉降变形观测技术总结)	永久	
16	竣工图	永久	
17	记载施工重要阶段过程与重大事故的声像材料及有关文字说明(包括照片录音录像)	永久	
在建设过程中,若产生归档范围以外的文件资料,参照《江苏省水利厅水利基本建设项目(工程)档案资料管理规定》(苏水办〔2003〕1号)的通知要求进行收集、整理和归档。			

附件 3

_____工 程

档 案 交 接 单

本单附有目录_____张,包含工程档案资料_____卷(其中永久_____卷,长期_____卷,短期_____卷;在永久卷中包含竣工图_____张)。

照片档案_____卷,其中照片_____张。

光盘档案_____卷,其中光盘_____张。

归档或移交单位(签章)

经手人: 日期: 年 月 日

接受单位(签章)

经手人: 日期: 年 月 日

附件 4

江苏省基本建设项目档案专项验收申报表

编号:

项目名称							
建设单位或项目法人							
地址					邮编		
项目总投资		万元	建设工期	年 月—		年	月
主要设计单位							
主要施工单位							
主要设备安装单位							
主要监理单位							
档案资料管理部门名称				隶属部门			

续表

联系电话			负责人	
专职档案人员数量			档案数量(卷)	
图纸张数			排架长度(米)	
库房/档案工作其他用房面积(平方米)				
档案管理主要设施设备				
专项验收时间				
验收组成员及单位				
验收意见	1	档案管理体制评价(网络建设、制度建设)		
	2	文件材料形成 情况评价		
	3	档案收集积累情况评价		
	4	竣工图编制情况评价		
	5	档案系统整理情况评价		
	6	现代化管理情况评价		
	7	档案在项目建设及试运行中发挥作用情况评价		
	8	档案保管条件评价		
	9	存在的主要问题及整改期限		
	10	总体评价		
验收主持单位确认意见			(签 章) 年 月 日	

（二）实例 2

×××拆建工程文件管理情况考核表

被考核各部门(人)		考核时间	
文件管理情况			
存在问题			
考核意见	考核单位：　　　　　　　　　　考核负责人： 　　　　　　　　　　　　　　　　年　月　日		

说明：本表一式　　份，由考核单位填写，用于考核单位内部各部门和人员的安全生产目标管理完成情况。

第一节　教育培训管理

一、考核内容及赋分标准

【水利部考核内容】

3.1.1　安全教育培训制度应明确归口管理部门、培训的对象与内容、组织与管理、检查和考核等要求。监督检查参建单位制定该项制度。

3.1.2　定期识别安全教育培训需求,编制培训计划,按计划进行培训,对培训效果进行评价,并根据评价结论进行改进,建立教育培训记录、档案。监督检查参建单位开展此项工作。

【水利部赋分标准】10分

1. 查制度文本和记录。未以正式文件发布,扣2分;制度内容不全,每缺一项扣1分;制度内容不符合有关规定,每项扣1分;未监督检查,扣5分;检查单位不全,每缺一个单位扣2分;对监督检查中发现的问题未采取措施或未督促落实,每处扣1分。

2. 查相关文件和记录。未编制年度培训计划,扣5分;培训计划不合理,扣2分;未进行培训效果评价,每次扣1分;未根据评价结论进行改进,每次扣1分;记录、档案资料不完整,每项扣1分;未监督检查,扣5分;检查单位不全,每缺一个单位扣2分;对监督检查中发现的问题未采取措施或未督促落实,每处扣1分。

【江苏省考核内容】

3.1.1　安全教育培训制度应明确归口管理部门、培训的对象与内容、组织与管理、检查和考核等要求。

3.1.2　定期识别安全教育培训需求,编制培训计划,按计划进行培训,对培训效果进行评价,并根据评价结论进行改进,建立教育培训记录、档案。

【江苏省赋分标准】20分

1. 查制度文本。未以正式文件发布,扣 3 分;制度内容不全,每缺一项扣 1 分;制度内容不符合有关规定,每项扣 1 分。

2. 查相关文件和记录。未编制年度培训计划,扣 17 分;培训计划不合理,扣 3 分;未进行培训效果评价,每次扣 2 分;未根据评价结论进行改进,每次扣 2 分;记录、档案资料不完整,每项扣 2 分。

二、法规要点

1.《中华人民共和国安全生产法》

第二十四条　生产经营单位的主要负责人和安全生产管理人员必须具备与本单位所从事的生产经营活动相应的安全生产知识和管理能力。

危险物品的生产、经营、储存单位以及矿山、金属冶炼、建筑施工、道路运输单位的主要负责人和安全生产管理人员,应当由主管的负有安全生产监督管理职责的部门对其安全生产知识和管理能力考核合格。考核不得收费。

危险物品的生产、储存单位以及矿山、金属冶炼单位应当有注册安全工程师从事安全生产管理工作。鼓励其他生产经营单位聘用注册安全工程师从事安全生产管理工作。注册安全工程师按专业分类管理,具体办法由国务院人力资源和社会保障部门、国务院安全生产监督管理部门会同国务院有关部门制定。

第二十五条　生产经营单位应当对从业人员进行安全生产教育和培训,保证从业人员具备必要的安全生产知识,熟悉有关的安全生产规章制度和安全操作规程,掌握本岗位的安全操作技能,了解事故应急处理措施,知悉自身在安全生产方面的权利和义务。未经安全生产教育和培训合格的从业人员,不得上岗作业。

生产经营单位使用被派遣劳动者的,应当将被派遣劳动者纳入本单位从业人员统一管理,对被派遣劳动者进行岗位安全操作规程和安全操作技能的教育和培训。劳务派遣单位应当对被派遣劳动者进行必要的安全生产教育和培训。

生产经营单位接收中等职业学校、高等学校学生实习的,应当对实习学生进行相应的安全生产教育和培训,提供必要的劳动防护用品。学校应当协助生产经营单位对实习学生进行安全生产教育和培训。

生产经营单位应当建立安全生产教育和培训档案,如实记录安全生产教育和培训的时间、内容、参加人员以及考核结果等情况。

2.《水利部关于进一步加强水利安全培训工作的实施意见》(水安监〔2013〕88 号)

(四)完善培训制度,建立长效机制。各级水行政主管部门、各水利生产经营单位要建立健全安全培训制度体系,完善安全培训的岗位职责、绩效考核、奖惩办法、信息档案等管理制度,规范安全培训的课程设置、学时安排、教学考试、成绩评判、档案管理等工作。有关水行政主管部门要加强安全培训教材建设,分专业组织编写安全生产知识应知应会读本;强化培训机构管理,严格落实教考分离制度;严格执行水利安全生产条件准入制度,加强水利水电工程施工企业"三类人员"考核管理,严格落实"三类人员"持证上岗、先培训后上岗制度。水利水电工程施工企业要严格班前安全培训制度,有针对性地讲述岗位安全生产与应急救援知识、安全隐患和注意事项等。

(五)制定培训计划,强化培训管理。各级水行政主管部门、各水利生产经营单位要结合发展规划合理制定"十二五"期间安全培训规划和年度培训计划,把"三类人员"、特种作业人员和班组长、新工人、农民工的安全培训放在突出位置,强化水利安全培训管理,保证培训学时,建立安全培训、持证上岗和考试档案制度。要严格安全培训过程管理,严格考试、发证制度,加强安全培训监督检查工作,把安全培训检查作为安全检查、隐患排查等日常监督检查的重要内容,并加大"三违"行为处罚力度。

3.《生产经营单位安全培训规定》(国家安全生产监督管理总局令第80号)

第四条 生产经营单位应当进行安全培训的从业人员包括主要负责人、安全生产管理人员、特种作业人员和其他从业人员。

生产经营单位从业人员应当接受安全培训,熟悉有关安全生产规章制度和安全操作规程,具备必要的安全生产知识,掌握本岗位的安全操作技能,了解事故应急处理措施,知悉自身在安全生产方面的权利和义务。

未经安全生产培训合格的从业人员,不得上岗作业。

第六条 生产经营单位主要负责人和安全生产管理人员应当接受安全培训,具备与所从事的生产经营活动相适应的安全生产知识和管理能力。

第九条 生产经营单位主要负责人和安全生产管理人员初次安全培训时间不得少于32学时。每年再培训时间不得少于12学时。

煤矿、非煤矿山、危险化学品、烟花爆竹、金属冶炼等生产经营单位主要负责人和安全生产管理人员初次安全培训时间不得少于48学时,每年再培训时间不得少于16学时。

第十三条 生产经营单位新上岗的从业人员,岗前培训时间不得少于24学时。

煤矿、非煤矿山、危险化学品、烟花爆竹、金属冶炼等生产经营单位新上岗的从业人员安全培训时间不得少于72学时,每年再培训的时间不得少于20学时。

第二十条 具备安全培训条件的生产经营单位,应当以自主培训为主;可以委托具备安全培训条件的机构,对从业人员进行安全培训。

三、实施要点

1. 以正式文件形式下发安全教育培训制度,内容包括归口管理部门、培训的对象与内容、组织与管理、检查和考核等,结合本单位实际,不得缺项漏项,并具有可行性。

2. 项目法人须编制年度培训计划,计划内容需合理且全面。在实施工程中,建立培训档案,并对发现问题及时整改,将整改内容进行整理记录,存档备查。

四、材料实例

(一) 实例 1

×××拆建工程建设处文件

××〔20××〕×号

关于印发《×××拆建工程建设处安全教育培训管理制度》的通知

各部门、各参建单位:

为确保×××拆建工程建设处安全教育培训工作顺利进行,现将《×××拆建工程建设处安全教育培训管理制度》印发给你们,请各参建单位认真组织学习,并贯彻执行。

特此通知。

附件:安全教育培训管理制度

×××拆建工程建设处(印章)

20××年×月×日

附件:

×××拆建工程建设处

安全教育培训管理制度

第一章　总　则

第一条　为贯彻"安全第一,预防为主"的安全生产方针,加强职工安全教育培训,增强职工的安全意识、自我防护能力和遵章守纪的自觉性,预防和减少各类安全事故的发生,维护稳定的生产、工作秩序,确保安全生产,结合本处实际情况,特制订本制度。

第二条 本制度依据国务院安委会《关于进一步加强安全培训工作的决定》《水利部关于进一步加强水利安全培训工作的实施意见》等制定。

第三条 各参建单位(部门)×××、×××、×××等的安全教育,适用本制度。

第二章 管理职责

第四条 ×××拆建工程建设处负责审批本处年度安全教育培训计划。

第五条 安全科负责把安全教育培训计划纳入处职工教育培训体系,制定建设处《年度安全教育培训计划》,落实上级及相关行业组织的各类安全培训,指导各参建单位(部门)教育培训工作。编制本处职工安全教育培训年报,上报上级主管单位。

第六条 安全科负责组织实施建设处安全教育培训,建立安全教育培训台账和安全教育培训档案,对各参建单位(部门)安全教育培训工作进行检查。

第七条 建设处财务科负责安全教育计划经费管理。

第八条 各参建单位负责制订本单位的年度安全教育培训计划,组织对新进人员进行部门级安全教育培训,建立安全教育培训台账和安全教育培训档案。

第三章 培训对象与内容

第九条 各参建单位主要负责人和专(兼)职安全生产管理人员,应参加与本单位所从事的生产经营活动相适应的安全生产知识、管理能力和资格培训,按规定进行复审培训,获取由培训机构颁发的合格证书。

第十条 安全生产管理人员初次安全培训时间不得少于 32 学时,每年再培训时间不得少于 20 学时,一般在岗作业人员每年安全生产教育和培训时间不得少于 12 学时。教育培训情况由人事科负责记入《员工安全生产教育培训档案》。

第十一条 各单位(部门)主要负责人安全培训应当包括下列内容:

1. 国家安全生产方针、政策和有关安全生产的法律、法规、规章和标准;

2. 安全生产管理基本知识、安全生产技术、安全生产专业知识;

3. 重大危险源管理、重大事故防范、应急管理和救援组织以及事故调查处理的有关规定;

4. 职业危害及其预防措施;

5. 国内外先进的安全生产管理经验;

6. 典型事故和应急救援案例分析;

7. 其他需要培训的内容。

第十二条 各参建单位安全生产管理人员安全培训应当包括下列内容:

1. 国家安全生产方针、政策和有关安全生产的法律、法规、规章和标准；

2. 安全生产管理、安全生产技术、职业卫生等知识；

3. 伤亡事故统计、报告及职业危害的调查处理方法；

4. 应急管理、应急预案编制以及应急处置的内容和要求；

5. 国内外先进的安全生产管理经验；

6. 典型事故和应急救援案例分析；

7. 其他需要培训的内容。

第十三条　职工一般性培训通常要接受的教育培训内容：

1. 安全生产方针、政策、法律法规、标准及规章制度等；

2. 作业现场及工作岗位存在的危险因素、防范及事故应急措施；

3. 有关事故案例、通报等；

4. 其他需要培训的内容。

第十四条　在新工艺、新技术、新材料、新装备、新流程投入使用之前，应当对有关从业人员重新进行针对性的安全培训。学习与本单位（部门）从事的生产经营活动相适应的安全生产知识，了解、掌握安全技术特性，采用有效的安全防护措施。对有关管理、操作人员进行有针对性的安全技术和操作规程培训，经考核合格后方可上岗操作。

第十五条　转岗、离岗作业人员培训内容及要求

作业人员转岗、离岗一年以上，重新上岗前需进行部门、班组安全教育培训，经考核合格后方可上岗。培训情况记入《安全生产教育培训台账》。

第十六条　特种作业人员培训内容及要求

特种作业人员应按照国家有关法律、法规接受专门的安全培训，经考核合格，取得特种作业操作资格证书后，方可上岗作业。并按照规定参加复审培训，未按期复审或复审不合格的人员，不得从事特种作业工作。

离岗六个月以上的特种作业人员，各部门应对其进行实际操作考核，经考核合格后方可上岗工作。

第十七条　相关方作业人员培训内容及要求

本着"谁用工、谁负责"的原则，对项目承包方、被派遣劳动者进行安全教育培训；

督促项目承包方按照规定对其员工进行安全生产教育培训，经考核合格后方可进入施工现场；

需持证上岗的岗位，不得安排无证人员上岗作业；

项目承包方应建立分包单位进场作业人员的验证资料档案，做好监督检查记录，定期开展安全培训考核工作。

第十八条　外来参观、学习人员培训内容及要求

外来参观、学习人员到工程现场进行参观学习时，由接待单位对外来参观、学习人员可能接触到的危险和应急知识等内容进行安全教育和告知。

接待部门应向外来参观、学习人员提供相应的劳保用品，安排专人带领并做好监护工作。接待部门应填写并保留对外来参观、学习人员的安全教育培训记录和提供相应的劳动保护用品记录。

第四章　组织与管理

第十九条　培训计划的编制

参建单位应编制年度安全教育培训计划，报×××拆建工程安全生产领导小组审批通过后，以正式文件发送至各单位（部门）。

各参建单位按照下发的年度安全教育培训计划，组织制定本单位的年度安全教育培训实施方案，报×××拆建工程建设处备案。

第二十条　培训计划的实施

1. 安全教育培训由×××拆建工程安全生产领导小组负责组织实施，并建立《安全教育培训记录》。

2. 当教育培训涉及多个单位（部门）时，由×××拆建工程安全生产领导小组制订培训实施计划，落实培训对象、经费、师资、教材以及场地等，组织实施教育培训。

3. 外部培训由×××拆建工程安全生产领导小组组织实施。培训结束后获取的相关证件由××工程安全生产领导小组备案保存。

4. 列入各单位计划的自行培训，由各单位制订培训实施计划，落实培训对象、经费、师资、教材以及场地等，组织实施教育培训。

如需外聘师资等，由×××拆建工程安全生产领导小组协调解决，并填写《安全教育培训记录》。

第二十一条　计划外的各项培训，实施前均应向×××拆建工程安全生产领导小组提出培训申请，报处分管领导批准后组织实施。培训结束后保存相关记录。

第五章　检查与考核

第二十二条　安全教育培训结束后，教育培训主办单位（部门）应对本次教育培训效果作出评估，并根据评估结果对培训内容、方式不断进行改进，确保培训质量和效果。效果评估结果填写在《安全教育培训记录》中。

第二十三条　×××拆建工程安全生产领导小组定期对各单位（部门）安全教育培训工作进行检查，对安全教育培训工作作出评估，并按照有关考核办法进行考核奖惩。

第六章　附　则

第二十四条　安全教育培训记录按管理要求规范存档，记录表样见附件。

第二十五条　本制度由×××拆建工程安全生产领导小组负责解释。

第二十六条　本制度自发文之日起执行。

（二）实例2

××年度职工安全生产教育培训计划表

序号	培训班名称	培训内容	培训范围	培训方式	办班期数	办班时间（年月）	办班天数（天）	办班地点
1	消防演练	消防知识学习、灭火器使用	全体职工	集中学习	1	3月	0.5	建设处
2	新《安全生产法》学习	学习新《安全生产法》具体条规、条例	全体职工	集中学习	1	3月	0.5	建设处
3	观看安全警示教育片	近年来重点行业领域的典型案例	全体职工	集中学习	2	4月、6月	1	建设处
4	××××	××××	××××	××××	××	××	××	××

（三）实例3

×××拆建工程安全生产教育培训台账

会议主题			
会议时间		主持人	
参加人员			
会议内容			
活动效果			

第二节　人员教育培训

一、考核内容及赋分标准

【水利部考核内容】

3.2.1　对各级管理人员进行教育培训,确保其具备正确履行岗位安全生产职责的知识与能力,每年按规定进行再培训。监督检查参建单位开展此项工作,相关人员按规定持证上岗。

3.2.2　新员工上岗前应接受三级安全教育培训,培训时间满足规定学时要求。监督检查参建单位开展此项工作。

3.2.3　监督检查参建单位特种作业人员持证上岗。

3.2.4　每年对在岗作业人员进行安全生产教育和培训,培训时间和内容应符合有关规定。监督检查参建单位开展此项工作。

3.2.5　监督检查参建单位对其分包单位进行安全教育培训管理。

3.2.6　对外来人员进行安全教育,主要内容应包括:安全规定、可能接触到的危险有害因素、职业病危害防护措施、应急知识等。由专人带领做好相关监护工作。监督检查参建单位开展此项工作。

【水利部赋分标准】50 分

1. 查相关文件、记录并查看现场。培训不全,每缺一人扣 1 分;对岗位安全生产职责不熟悉,每人扣 1 分;未监督检查,扣 15 分;检查单位不全,每缺一个单位扣 2 分;对监督检查中发现的问题未采取措施或未督促落 2 实,每处扣 1 分。

2. 查相关文件、记录并查看现场。新员工未经培训考核合格上岗,每人扣 2 分;未监督检查,扣 8 分;检查单位不全,每缺一个单位扣 2 分;对监督检查中发现的问题未采取措施或未督促落实,每处扣 1 分。

3. 查相关记录并查看现场。未监督检查,扣 10 分;检查单位不全,每缺一个单位扣 2 分;对监督检查中发现的问题未采取措施或未督促落实,每处扣 1 分。

4. 查相关记录并查看现场。未按规定进行培训,每人扣 1 分;未监督检查,扣 7 分;检查单位不全,每缺一个单位扣 2 分;对监督检查中发现的问题未采取措施或未督促落实,每处扣 1 分。

5. 查相关记录并查看现场。未监督检查,扣 5 分;检查单位不全,每缺一个单位扣 2 分;对监督检查中发现的问题未采取措施或未督促落实,每处扣 1 分。

6. 查相关记录。未进行安全教育,扣 5 分;安全教育内容不符合要求,扣 3 分;无专人带领,扣 5 分;未监督检查,扣 5 分;检查单位不全,每缺一个单位扣 2 分;对监督检查中发现的问题未采取措施或未督促落实,每处扣 1 分。

【江苏省考核内容】

3.2.1 应对各级管理人员进行教育培训,确保其具备正确履行岗位安全生产职责的知识与能力,每年按规定进行再培训。按规定经有关部门考核合格。

3.2.2 新员工上岗前应接受三级安全教育培训,教育培训时间满足规定学时要求;在新工艺、新技术、新材料、新设备、新设施投入使用前,应根据技术说明书、使用说明书、操作技术要求等,对有关管理、操作人员进行培训;作业人员转岗、离岗一年以上重新上岗前,应经部门(站、所)、班组安全教育培训,经考核合格后上岗。

3.2.3 特种作业人员接受规定的安全作业培训,并取得特种作业操作资格证书后上岗作业;特种作业人员离岗 6 个月以上重新上岗,应经实际操作考核合格后上岗工作;建立健全特种作业人员档案。

3.2.4 每年对在岗作业人员进行安全生产教育和培训,培训时间和内容应符合有关规定。

3.2.5 督促检查相关方的作业人员进行安全生产教育培训及持证上岗情况。

3.2.6 对外来人员进行安全教育,主要内容应包括:安全规定、可能接触到的危险有害因素、职业病危害防护措施、应急知识等,并由专人带领做好相关监护工作。

【江苏省赋分标准】50 分

1. 查相关文件、记录并查看现场。培训不全,每少一人扣 1 分;对岗位安全生产职责不熟悉,每人扣 1 分;未按规定考核合格,每人扣 2 分。

2. 查相关记录并查看现场。新员工未经培训考核合格上岗,每人扣 2 分;新工艺、新技术、新材料、新设备、新设施投入使用前,未按规定进行培训,每人扣 1 分;转岗、离岗复工人员未经培训考核合格上岗,每人扣 2 分。

3. 查相关文件、记录并查看现场。未持证上岗,每人扣 3 分;离岗 6 个月以上,未经考核合格上岗,每人扣 3 分;特种作业人员档案资料不全,每少一人扣 2 分。

4. 查相关记录。未按规定进行培训,每人扣 1 分。

5. 查相关记录。未督促检查,扣 5 分;督促检查不全,每缺一个单位扣 2 分。

6. 查相关记录。未进行安全教育,扣 5 分;安全教育内容不符合要求,扣 3 分。

7. 查相关记录。无专人带领,扣 5 分。

二、法规要点

1.《中华人民共和国安全生产法》

第二十五条 生产经营单位应当对从业人员进行安全生产教育和培训,保证从业人员具备必要的安全生产知识,熟悉有关的安全生产规章制度和安全操作规程,掌握本岗位的安全操作技能,了解事故应急处理措施,知悉自身在安全生产方面的权利和义务。未经安全生产教育和培训合格的从业人员,不得上岗作业。

生产经营单位使用被派遣劳动者的,应当将被派遣劳动者纳入本单位从业人员统一管理,对被派遣劳动者进行岗位安全操作规程和安全操作技能的教育和培训。劳务派遣单位应当对被派遣劳动者进行必要的安全生产教育和培训。

生产经营单位应当建立安全生产教育和培训档案,如实记录安全生产教育和培训的时间、内容、参加人员以及考核结果等情况。

第二十六条 生产经营单位采用新工艺、新技术、新材料或者使用新设备,必须了解、掌握其安全技术特性,采取有效的安全防护措施,并对从业人员进行专门的安全生产教育和培训。

第二十七条 生产经营单位的特种作业人员必须按照国家有关规定经专门的安全作业培训,取得相应资格,方可上岗作业。

特种作业人员的范围由国务院安全生产监督管理部门会同国务院有关部门确定。

2.《水利工程建设安全生产管理规定》(中华人民共和国水利部令第 26 号)

第六条 项目法人在对施工投标单位进行资格审查时,应当对投标单位的主要负责人、项目负责人以及专职安全生产管理人员是否经水行政主管部门安全生产考核合格进行审查。有关人员未经考核合格的,不得认定投标单位的投标资格。

第二十二条 垂直运输机械作业人员、安装拆卸工、爆破作业人员、起重信号工、登高架设作业人员等特种作业人员,必须按照国家有关规定经过专门的安全作业培训,并取得特种作业操作资格证书后,方可上岗作业。

3.《生产经营单位安全培训规定》(国家安全生产监督管理总局令第 80 号)

第三条 生产经营单位负责本单位从业人员安全培训工作。

生产经营单位应当按照安全生产法和有关法律、行政法规和本规定,建立健全安全培训工作制度。

第四条 生产经营单位应当进行安全培训的从业人员包括主要负责人、安全生产管理人员、特种作业人员和其他从业人员。

生产经营单位从业人员应当接受安全培训,熟悉有关安全生产规章制度和安全操作规程,具备必要的安全生产知识,掌握本岗位的安全操作技能,了解事故应急处理措施,知悉自身在安全生产方面的权利和义务。

未经安全生产培训合格的从业人员,不得上岗作业。

第六条 生产经营单位主要负责人和安全生产管理人员应当接受安全培训,具备与所从事的生产经营活动相适应的安全生产知识和管理能力。

第七条 生产经营单位主要负责人安全培训应当包括下列内容:

(一)国家安全生产方针、政策和有关安全生产的法律、法规、规章及标准;

(二)安全生产管理基本知识、安全生产技术、安全生产专业知识;

(三)重大危险源管理、重大事故防范、应急管理和救援组织以及事故调查处理的有关规定;

(四)职业危害及其预防措施;

(五)国内外先进的安全生产管理经验;

(六)典型事故和应急救援案例分析;

(七)其他需要培训的内容。

第八条 生产经营单位安全生产管理人员安全培训应当包括下列内容:

(一)国家安全生产方针、政策和有关安全生产的法律、法规、规章及标准;

(二)安全生产管理、安全生产技术、职业卫生等知识;

(三)伤亡事故统计、报告及职业危害的调查处理方法;

(四)应急管理、应急预案编制以及应急处置的内容和要求;

(五)国内外先进的安全生产管理经验;

(六)典型事故和应急救援案例分析;

(七)其他需要培训的内容。

第九条 生产经营单位主要负责人和安全生产管理人员初次安全培训时间不得少于 32 学时。每年再培训时间不得少于 12 学时。

煤矿、非煤矿山、危险化学品、烟花爆竹、金属冶炼等生产经营单位主要负责人和安全生产管理人员初次安全培训时间不得少于 48 学时,每年再培训时间不得少于 16 学时。

第十条 生产经营单位主要负责人和安全生产管理人员的安全培训必须依照安全生产监管监察部门制定的安全培训大纲实施。

非煤矿山、危险化学品、烟花爆竹、金属冶炼等生产经营单位主要负责人和安全生产管理人员的安全培训大纲及考核标准由国家安全生产监督管理总局统一制定。

煤矿、非煤矿山、危险化学品、烟花爆竹、金属冶炼以外的其他生产经营单位主要负责人和安全管理人员的安全培训大纲及考核标准,由省、自治区、直辖市安全生产监督管理部门制定。

第十一条 煤矿、非煤矿山、危险化学品、烟花爆竹、金属冶炼等生产经营单位必须对新上岗的临时工、合同工、劳务工、轮换工、协议工等进行强制性安全培训，保证其具备本岗位安全操作、自救互救以及应急处置所需的知识和技能后，方能安排上岗作业。

第十二条　加工、制造业等生产单位的其他从业人员，在上岗前必须经过厂（矿）、车间（工段、区、队）、班组三级安全培训教育。

生产经营单位应当根据工作性质对其他从业人员进行安全培训，保证其具备本岗位安全操作、应急处置等知识和技能。

第十三条　生产经营单位新上岗的从业人员，岗前培训时间不得少于 24 学时。

煤矿、非煤矿山、危险化学品、烟花爆竹、金属冶炼等生产经营单位新上岗的从业人员安全培训时间不得少于 72 学时，每年接受再培训的时间不得少于 20 学时。

三、实施要点

1. 单位应对全体职工进行安全生产制度培训，确保员工具有履行岗位职责的能力，培训时间符合相关规定。对于新进员工，需要接受三级教育培训；针对特种作业人员须持证上岗。

2. 对于外来人员，需对其进行安全教育，并与外来人员签订安全告知书，由专人带领，做好防护工作，方可进入现场。

四、材料实例

（一）实例 1

×××拆建工程建设处文件

××〔20××〕×号

关于印发《×××拆建工程安全生产教育培训制度》的通知

各参建单位：

为切实做好×××拆建工程安全生产教育培训工作，增强职工安全意识，提升安全技能，我处组织编制了《×××拆建工程安全生产教育培训制度》，现印发给你们，请认真组织学习，并结合实际，编制本单位安全生产教育培训制度，一并抓好贯彻落实。

附件:×××拆建工程安全生产教育培训制度

×××拆建工程建设处(印章)
20××年×月×日

附件:

×××拆建工程安全生产教育培训制度

第一章　总则

第一条　为加强和规范×××拆建工程安全教育培训工作,提高从业人员安全素质,防范事故,根据《中华人民共和国安全生产法》《水利工程建设安全生产管理规定》《生产经营单位安全培训规定》,结合本工程实际,特制定本制度。

第二条　各参建单位应建立安全生产教育培训制度,明确安全生产教育培训的对象与内容、组织与管理、检查与考核等要求。

第三条　各参建单位应定期识别安全生产教育培训需求,制订教育培训计划,保障教育培训费用、场地、教材、教师等资源,按计划进行教育培训,建立教育培训记录、台账和档案,并对教育培训效果进行评估和改进。

第四条　各参建单位应定期对从业人员进行安全生产教育和培训,保证从业人员具备必要的安全生产知识,熟悉安全生产有关法律、法规、规章、制度和标准,掌握本岗位的安全操作技能。

各参建单位每年至少应对管理人员和作业人员进行一次安全生产教育培训,并经考试确认其能力符合岗位要求,其教育培训情况记入个人工作档案。安全生产教育培训考核不合格的人员,不得上岗。

第二章　安全生产管理人员的教育培训

第五条　各参建单位的现场主要负责人和安全生产管理人员应接受安全教育培训,具备与其所从事的生产经营活动相应的安全生产知识和管理能力。

施工单位的主要负责人、项目负责人、专职安全生产管理人员必须取得省级以上水行政主管部门颁发的安全生产考核合格证书,方可参与水利水电工程投标,从事施工管理工作。

第六条　各参建单位主要负责人安全生产教育培训应当包括下列内容:

1. 国家安全生产方针、政策和有关安全生产的法律、法规、规章;

2. 安全生产管理基本知识、安全生产技术;

3. 重大危险源管理、重大生产安全事故防范、应急管理及事故管理的有关规定；

4. 职业危害及其预防措施；

5. 国内外先进的安全生产管理经验；

6. 典型事故和应急救援案例分析；

7. 其他需要培训的内容等。

第七条 安全生产管理人员安全生产教育培训应当包括下列内容：

1. 国家安全生产方针、政策和有关安全生产的法律、法规、规章及标准；

2. 安全生产管理、安全生产技术、职业卫生等知识；

3. 伤亡事故统计、报告及职业危害防范、调查处理方法；

4. 危险源管理、专项方案及应急预案编制、应急管理及事故管理知识；

5. 国内外先进的安全生产管理经验；

6. 典型事故和应急救援案例分析；

7. 其他需要培训的内容等。

第八条 施工单位主要负责人、项目负责人每年接受安全生产教培训的时间不得少于30学时；专职安全生产管理人员每年接受安全生产教育培训的时间不得少于40学时，其他安全生产管理人员每年接受安全生产教育培训的时间不得少于20学时。

其他参建单位主要负责人和安全生产管理人员初次安全生产教育培训时间不得少于32学时。每年接受再培训时间不得少于12学时。

第三章 其他从业人员的安全生产教育培训

第九条 施工单位对新进场的工人，必须进行公司、项目、班组三级安全教育培训，经考核合格后，方能允许上岗。三级安全教育培训应包括下列主要内容：

公司安全教育培训：国家和地方有关安全生产法律、法规、规章、制度、标准、企业安全管理制度和动纪律、从业人员安全生产权利和义务等，教育培训的时间不得少于15学时；

项目安全教育培训：工地安全生产管理制度、安全职责和劳动纪律、个人防护用品的使用和维护场作业环境特点、不安全因素的识别和处理、事故防范等，教育培训的时间不得少于15学时；

班组安全教育培训：本工种的安全操作规程和技能、劳动纪律、安全作业与职业卫生要求、作业质量与安全标准、岗位之间衔接配合注意事项、危险源识别、事故防范和紧急避险方法等，教育培训的时间不得少于20学时。

第十条 施工单位应每年对全体从业人员进行安全生产教育培训，时间不得少于20学时；待岗、转岗的职工，上岗前必须经过安全生产教育培训，时间不得少于 20 学时。

特种作业人员应按规定取得特种作业资格证书;离岗 3 个月以上重新上岗的,应经实际操作考核其他参建单位新上岗的从业人员,岗前教育培训时间不得少于 24 学时,以后每年接受教育培训的时间不得少于 8 学时。

第十一条　施工单位采用新技术、新工艺、新设备、新材料时,应根据技术说明书、使用说明书、操作技术要求等,对有关作业人员进行安全生产教育培训。

第四章　组织管理

第十二条　各参建单位应将安全生产教育培训工作纳入本单位年度工作计划,并保证安全生产教育培训工作所需的费用。

各参建单位安排从业人员进行安全生产教育培训期间,应当支付工资和必要的费用。

第十三条　各参建单位应建立健全从业人员安全培训档案,详细、准确记录培训考核情况。无培训记录的,视同未培训。

实行分包的,总承包单位应统一管理分包单位的安全生产教育培训工作。分包单位应服从总承包单位的管理。

各参建单位应当对外来参观、学习的人员进行可能接触到的危害及应急知识的教育和告知。

第五章　检查考核与奖罚

第十四条　建设处应定期组织对各参建单位安全生产教育培训情况进行检查,主要包括下列内容:

1. 安全生产教育培训制度、计划的制订及落实情况;

2. 施工单位主要负责人和安全生产管理人员、特种作业人员持证上岗情况,三级安全教育、年度教育、岗前教育落实情况;其他参建单位主要负责人和安全生产管理人员的安全生产教育培训情况;

3. 安全生产教育培训档案建立情况;

4. 其他需要检查的内容等。

第十五条　各参建单位应及时统计、汇总从业人员的安全生产教育培训和资格认定等相关记录,定期对从业人员持证上岗情况进行审核、检查。

第十六条　建设处应将安全生产教育培训工作纳入安全生产目标管理考核,并根据《安全生产考核管理办法》进行奖惩。因安全教育培训不到位,引发生产安全事故的,按照国家有关法规执行。

（二）实例2

安全生产教育培训情况考核表

被考核各部门（人）		考核时间	
安全生产教育培训情况			
存在问题			
考核意见			
	考核单位：	考核负责人：年　　月　　日	

说明：本表一式　　份，由考核单位填写，用于考核单位内部各部门和人员的安全生产目标管理完成情况。

（三）实例3

×××拆建工程建设处外来人员安全告知书

为确保人身、设备安全，提高人员安全意识，杜绝安全事故的发生，现对进入××工程建设处需要注意的事项告知如下：

1. 请严格服从我处工作人员的管理和安排，并在工作人员的陪同下有序进入中控室、柴油发电机房、配电间、启闭机房等生产区域，严禁在无人陪同的情况下在生产区域活动，严禁未经准许触摸任何设备；

2. 进入生产作业现场请严格遵守各种安全标识的提示，参观过程中若有疑问请咨询陪同人员，严禁同现场作业人员交谈，主动避让作业人员及作业设备工具，以免影响作业人员正常作业；

3. 进入生产作业现场前应严格按照陪同人员要求佩戴安全防护用品，进入生产作业现场后严禁擅自解除安全防护用品；

4. 严禁酒后进入生产作业现场，严禁在生产作业现场大闹、嬉戏、追逐，禁止各种不文明行为，确保参观学习过程安静有序；

5. 若遇紧急突发情况，请保持镇静，请相信陪同人员并服从陪同人员的安排，有序疏散至安全区域；

6. 参观学习结束后，请将安全防护用品及时归还，确保安全防护用品无损毁、无遗漏；

7. 参观学习过程中请相互监督、提醒、关照，做到安全、文明、有序地参观学习。

第四章 | 现场管理

第一节 设备设施管理

一、评审标准及评分标准

【国家评审标准内容】

4.1.1 向施工单位提供现场及施工可能影响的毗邻区域内供水、排水、供电、供气、供热、通讯、广播电视等地下管线资料,拟建工程可能影响的相邻建筑物和构筑物、地下工程的有关资料,并确保有关资料真实、准确、完整,满足有关技术规范要求。

4.1.2 明确设备设施管理的责任部门和专(兼)职管理人员。监督检查参建单位开展此项工作。

4.1.3 监督检查参建单位购买、租赁、使用符合安全施工要求的安全防护用具、机械设备、施工机具及配件、消防设施和器材。

4.1.4 监督检查参建单位对设备设施运行前及运行中实施必要的检查。

4.1.5 自有设备设施完好有效。监督检查参建单位设备设施防护措施落实情况。

4.1.6 监督检查作业人员按操作规程操作设备设施。

4.1.7 监督检查设备设施维护保养情况,确保设备设施安全运行。

4.1.8 监督检查参建单位将租赁的设备和分包方的设备纳入本单位的安全管理范围,实施统一管理。

4.1.9 监督检查监理单位按规定对进入现场的设备设施进行查验。

4.1.10 监督检查特种设备安装、拆除的人员资格、单位资质,以及定期检测、运行管理情况。

4.1.11 监督检查参建单位对安全设备设施的使用、检维修、拆除等实施有效控制和管理。

4.1.12 监督检查参建单位实施设备设施报废管理。

【国家评分标准】90 分

1. 查相关文件和记录。未向施工单位提供相关资料,扣 10 分;提供资料不全或不符合要求,每项扣 2 分。

2. 查相关文件和记录。未明确责任部门和专(兼)职管理人员,扣 7 分;未监督检查,扣 7 分;检查单位不全,每缺一个单位扣 2 分;对监督检查中发现的问题未采取措施或未督促落实,每处扣 1 分。

3. 查相关记录并查看现场。未监督检查,扣 7 分;检查单位不全,每缺一个单位扣 2 分;对监督检查中发现的问题未采取措施或未督促落实,每处扣 1 分。

4. 查相关记录并查看现场。未监督检查,扣 10 分;检查单位不全,每缺一个单位扣 2 分;对监督检查中发现的问题未采取措施或未督促落实,每处扣 1 分。

5. 查相关记录并查看现场。自有设备设施有缺陷的,每处扣 1 分;未监督检查,扣 7 分;检查单位不全,每缺一个单位扣 2 分;对监督检查中发现的问题未采取措施或未督促落实,每处扣 1 分。

6. 查相关记录并查看现场。未监督检查,扣 7 分;检查单位不全,每缺一个单位扣 2 分;对监督检查中发现的问题未采取措施或未督促落实,每处扣 1 分。

7. 查相关记录并查看现场。未监督检查,扣 7 分;检查单位不全,每缺一个单位扣 2 分;对监督检查中发现的问题未采取措施或未督促落实,每处扣 1 分。

8. 查相关记录并查看现场。未监督检查,扣 7 分;检查单位不全,每缺一个单位扣 2 分;对监督检查中发现的问题未采取措施或未督促落实,每处扣 1 分。

9. 查相关记录并查看现场。未监督检查,扣 7 分;检查单位不全,每缺一个单位扣 2 分;对监督检查中发现的问题未采取措施或未督促落实,每处扣 1 分。

10. 查相关记录并查看现场。未监督检查,扣 7 分;检查单位不全,每缺一个单位扣 2 分;对监督检查中发现的问题未采取措施或未督促落实,每处扣 1 分。

11. 查相关记录并查看现场。未监督检查,扣 7 分;检查单位不全,每缺一个单位扣 2 分;对监督检查中发现的问题未采取措施或未督促落实,每处扣 1 分。

12. 查相关记录并查看现场。未监督检查,扣 7 分;检查单位不全,每缺一个单位扣 2 分;对监督检查中发现的问题未采取措施或未督促落实,每处扣 1 分。

【江苏省评审标准内容】

4.1.1　向施工单位提供现场及施工可能影响的毗邻区域内供水、排水、供电、供气、供热、通讯、广播电视等地下管线资料,拟建工程可能影响的相邻建筑物和构筑物、地下工程的有关资料,并确保有关资料真实、准确、完整,满足有关技术规范要求。

4.1.2　明确设备设施管理的责任部门和专(兼)职管理人员。监督检查参建单位开展此项工作。

4.1.3 监督检查参建单位购买、租赁、使用符合安全施工要求的安全防护用具、机械设备、施工机具及配件、消防设施和器材。

4.1.4 监督检查参建单位对设备设施运行前及运行中实施必要的检查。

4.1.5 自有设备设施完好有效。监督检查参建单位设备设施防护措施落实情况。

4.1.6 监督检查作业人员按操作规程操作设备设施。

4.1.7 监督检查设备设施维护保养情况,确保设备设施安全运行。

4.1.8 监督检查参建单位将租赁的设备和分包方的设备纳入本单位的安全管理范围,实施统一管理。

4.1.9 监督检查监理单位按规定对进入现场的设备设施进行查验。

4.1.10 监督检查特种设备安装、拆除的人员资格、单位资质,以及定期检测、运行管理情况。

4.1.11 监督检查参建单位对安全设备设施的使用、检维修、拆除等实施有效控制和管理。

4.1.12 监督检查参建单位实施设备设施报废管理。

【江苏省评分标准】90 分

1. 查相关文件和记录。未向施工单位提供相关资料,扣 10 分;提供资料不全或不符合要求,每项扣 2 分。

2. 查相关文件和记录。未明确责任部门和专(兼)职管理人员,扣 7 分;未监督检查,扣 7 分;检查单位不全,每缺一个单位扣 2 分;对监督检查中发现的问题未采取措施或未督促落实,每处扣 1 分。

3. 查相关记录并查看现场。未监督检查,扣 7 分;检查单位不全,每缺一个单位扣 2 分;对监督检查中发现的问题未采取措施或未督促落实,每处扣 1 分。

4. 查相关记录并查看现场。未监督检查,扣 10 分;检查单位不全,每缺一个单位扣 2 分;对监督检查中发现的问题未采取措施或未督促落实,每处扣 1 分。

5. 查相关记录并查看现场。自有设备设施有缺陷的,每处扣 1 分;未监督检查,扣 7 分;检查单位不全,每缺一个单位扣 2 分;对监督检查中发现的问题未采取措施或未督促落实,每处扣 1 分。

6. 查相关记录并查看现场。未监督检查,扣 7 分;检查单位不全,每缺一个单位扣 2 分;对监督检查中发现的问题未采取措施或未督促落实,每处扣 1 分。

7. 查相关记录并查看现场。未监督检查,扣 7 分;检查单位不全,每缺一个单位扣 2 分;对监督检查中发现的问题未采取措施或未督促落实,每处扣 1 分。

8. 查相关记录并查看现场。未监督检查,扣 7 分;检查单位不全,每缺一个单位扣 2 分;对监督检查中发现的问题未采取措施或未督促落实,每处扣 1 分。

9. 查相关记录并查看现场。未监督检查,扣 7 分;检查单位不全,每缺一个单位扣 2 分;对监督检查中发现的问题未采取措施或未督促落实,每处扣 1 分。

10. 查相关记录并查看现场。未监督检查,扣 7 分;检查单位不全,每缺一个单位扣 2 分;对监督检查中发现的问题未采取措施或未督促落实,每处扣 1 分。

11. 查相关记录并查看现场。未监督检查,扣 7 分;检查单位不全,每缺一个单位扣 2 分;对监督检查中发现的问题未采取措施或未督促落实,每处扣 1 分。

12. 查相关记录并查看现场。未监督检查,扣 7 分;检查单位不全,每缺一个单位扣 2 分;对监督检查中发现的问题未采取措施或未督促落实,每处扣 1 分。

二、法规要点

1.《中华人民共和国特种设备安全法》

第十三条 特种设备生产、经营、使用单位及其主要负责人对其生产、经营、使用的特种设备安全负责。

特种设备生产、经营、使用单位应当按照国家有关规定配备特种设备安全管理人员、检测人员和作业人员,并对其进行必要的安全教育和技能培训。

第十四条 特种设备安全管理人员、检测人员和作业人员应当按照国家有关规定取得相应资格,方可从事相关工作。特种设备安全管理人员、检测人员和作业人员应当严格执行安全技术规范和管理制度,保证特种设备安全。

第三十二条 特种设备使用单位应当使用取得许可生产并经检验合格的特种设备。

禁止使用国家明令淘汰和已经报废的特种设备。

第三十三条 特种设备使用单位应当在特种设备投入使用前或者投入使用后三十日内,向负责特种设备安全监督管理的部门办理使用登记,取得使用登记证书。登记标志应当置于该特种设备的显著位置。

第三十四条 特种设备使用单位应当建立岗位责任、隐患治理、应急救援等安全管理制度,制定操作规程,保证特种设备安全运行。

第三十五条 特种设备使用单位应当建立特种设备安全技术档案。安全技术档案应当包括以下内容:

(一)特种设备的设计文件、产品质量合格证明、安装及使用维护保养说明、监督检验证明等相关技术资料和文件;

(二)特种设备的定期检验和定期自行检查记录;

(三)特种设备的日常使用状况记录;

(四)特种设备及其附属仪器仪表的维护保养记录;

（五）特种设备的运行故障和事故记录。

2.《建设工程安全生产管理条例》（国务院令第 393 号）

第六条　建设单位应当向施工单位提供施工现场及毗邻区域内供水、排水、供电、供气、供热、通信、广播电视等地下管线资料，气象和水文观测资料，相邻建筑物和构筑物、地下工程的有关资料，并保证资料的真实、准确、完整。

建设单位因建设工程需要，向有关部门或者单位查询前款规定的资料时，有关部门或者单位应当及时提供。

第九条　建设单位不得明示或者暗示施工单位购买、租赁、使用不符合安全施工要求的安全防护用具、机械设备、施工机具及配件、消防设施和器材。

第十六条　出租的机械设备和施工机具及配件，应当具有生产（制造）许可证、产品合格证。

出租单位应当对出租的机械设备和施工机具及配件的安全性能进行检测，在签订租赁协议时，应当出具检测合格证明。

禁止出租检测不合格的机械设备和施工机具及配件。

第十八条　施工起重机械和整体提升脚手架、模板等自升式架设设施的使用达到国家规定的检验检测期限的，必须经具有专业资质的检验检测机构检测。经检测不合格的，不得继续使用。

第十九条　检验检测机构对检测合格的施工起重机械和整体提升脚手架、模板等自升式架设设施，应当出具安全合格证明文件，并对检测结果负责。

第三十三条　作业人员应当遵守安全施工的强制性标准、规章制度和操作规程，正确使用安全防护用具、机械设备等。

第三十四条　施工单位采购、租赁的安全防护用具、机械设备、施工机具及配件，应当具有生产（制造）许可证、产品合格证，并在进入施工现场前进行查验。

施工现场的安全防护用具、机械设备、施工机具及配件必须由专人管理，定期进行检查、维修和保养，建立相应的资料档案，并按照国家有关规定及时报废。

第三十五条　施工单位在使用施工起重机械和整体提升脚手架、模板等自升式架设设施前，应当组织有关单位进行验收，也可以委托具有相应资质的检验检测机构进行验收；使用承租的机械设备和施工机具及配件的，由施工总承包单位、分包单位、出租单位和安装单位共同进行验收。验收合格的方可使用。

《特种设备安全监察条例》规定的施工起重机械，在验收前应当经有相应资质的检验检测机构监督检验合格。

施工单位应当自施工起重机械和整体提升脚手架、模板等自升式架设设施验收合格之日起 30 日内，向建设行政主管部门或者其他有关部门登记。登记标志应当置于或者附着于该设备的显著位置。

3.《水利工程建设安全生产管理规定》(水利部令第 26 号)

第七条　项目法人应当向施工单位提供施工现场及施工可能影响的毗邻区域内供水、排水、供电、供气、供热、通讯、广播电视等地下管线资料,气象和水文观测资料,拟建工程可能影响的相邻建筑物和构筑物、地下工程的有关资料,并保证有关资料的真实、准确、完整,满足有关技术规范的要求。对可能影响施工报价的资料,应当在招标时提供。

第十五条　为水利工程提供机械设备和配件的单位,应当按照安全施工的要求提供机械设备和配件,配备齐全有效的保险、限位等安全设施和装置,提供有关安全操作的说明,保证其提供的机械设备和配件等产品的质量和安全性能达到国家有关技术标准。

第二十四条　施工单位在使用施工起重机械和整体提升脚手架、模板等自升式架设设施前,应当组织有关单位进行验收,也可以委托具有相应资质的检验检测机构进行验收;使用承租的机械设备和施工机具及配件的,由施工总承包单位、分包单位、出租单位和安装单位共同进行验收。验收合格的方可使用。

4.《特种设备安全监察条例》(国务院令第 549 号)

第二十七条　特种设备使用单位应当对在用特种设备进行经常性日常维护保养,并定期自行检查。

特种设备使用单位对在用特种设备应当至少每月进行一次自行检查,并作出记录。特种设备使用单位在对在用特种设备进行自行检查和日常维护保养时发现异常情况的,应当及时处理。

特种设备使用单位应当对在用特种设备的安全附件、安全保护装置、测量调控装置及有关附属仪器仪表进行定期校验、检修,并作出记录。

锅炉使用单位应当按照安全技术规范的要求进行锅炉水(介)质处理,并接受特种设备检验检测机构实施的水(介)质处理定期检验。

从事锅炉清洗的单位,应当按照安全技术规范的要求进行锅炉清洗,并接受特种设备检验检测机构实施的锅炉清洗过程监督检验。

第二十八条　特种设备使用单位应当按照安全技术规范的定期检验要求,在安全检验合格有效期届满前 1 个月向特种设备检验检测机构提出定期检验要求。

检验检测机构接到定期检验要求后,应当按照安全技术规范的要求及时进行安全性能检验和能效测试。

未经定期检验或者检验不合格的特种设备,不得继续使用。

第二十九条　特种设备出现故障或者发生异常情况,使用单位应当对其进行全面检查,消除事故隐患后,方可重新投入使用。

特种设备不符合能效指标的,特种设备使用单位应当采取相应措施进行整改。

第三十九条 特种设备使用单位应当对特种设备作业人员进行特种设备安全、节能教育和培训,保证特种设备作业人员具备必要的特种设备安全、节能知识。

特种设备作业人员在作业中应当严格执行特种设备的操作规程和有关的安全规章制度。

第四十条 特种设备作业人员在作业过程中发现事故隐患或者其他不安全因素,应当立即向现场安全管理人员和单位有关负责人报告。

三、实施要点

1. 项目法人在工程开工前,应充分研究工程可行性研究报告、初步设计报告,实地了解工程毗邻区域内可能影响施工的供水、排水、供电、供气、供热、通讯、广播电视等地下管线资料,气象和水文观测资料,了解拟建工程可能影响的相邻建筑物和构筑物、地下工程的有关资料,保证有关资料真实、准确、完整。并将上述资料通过移交单(表)等形式转交给施工单位。

2. 项目法人应以印发正式文件的形式明确设备设施管理的责任部门和专(兼)职管理人员,并监督检查各施工、监理单位设置设备设施管理的责任部门和专(兼)职管理人员。检查单位要齐全,不应遗漏。

3. 项目法人设备设施管理的责任部门或委托监理单位应检查督促施工单位购买、租赁和使用符合安全施工要求的安全防护用具、机械设备、施工机具及配件、消防设施和器材。

4. 项目法人设备设施管理责任部门或委托监理单位应监督检查施工单位对设备设施运行前、运行中的检查,以消除设备设施自身隐患,对设备采取必要的防护措施、必要的维修保养以确保设备设施良好的安全性。监督检查单位、检查设备设施要求齐全,不应遗漏。

5. 项目法人对施工单位租赁和分包方的设备设施应纳入一并管理,其检查、防护、维修、保养等的管理视同施工单位自有设备。

6. 项目法人应监督检查特种设备安装(拆除)单位相应资质、安装人员相应的资格和能力。

7. 监督检查施工单位对安全设备设施的使用、检维修、拆除等是否实施有效控制和管理,督查检查施工单位对设备是否实施报废管理。以上均需形成监督检查记录。

四、材料实例

（一）实例 1

管线及建（构）筑物资料移交单

工程名称	×××拆建工程	建设单位	×××拆建工程建设处
施工单位		移交日期	
移交内容： ××工程的管线为电力、通讯、管线、燃气、水利等，其中： （1）变压器 1 台，低压柜 3 台、柴油机 1 台； （2）上游水文自记台 1 个； 备注：具体影响实物量以现场影响具体数量为依据。 附件：××工程专项设施汇总表			
建设单位 （名称及盖章） 移交人 （签字）：	施工单位 （名称及盖章） 接收人 （签字）：	监理单位 （名称及盖章） 总监理工程师 （签字）：	

说明：本表一式　份，由项目法人填写，建设单位　份，施工单位　份，监理机构　份。

（二）实例 2

×××拆建工程建设处文件

×××〔20××〕×号

关于明确××工程设备设施管理责任部门的通知

各参建单位：

为加强 ×××拆建工程设备设施管理，落实安全生产责任，经研究决定，明确工程科为××工程设备设施管理责任部门，×××同志为设备设施管理员。

主要职责：检查现场设备设施及各施工、监理单位设备设施管理工程开展情况。

特此通知。

×××拆建工程建设处（章）

20××年××月××日

（三）实例 3

×××拆建工程生产设备设施监督检查表

检查日期： 年 月 日

序号	检查内容	检查结果
1	是否明确设备设施管理的责任部门和专(兼)职管理人员	
2	是否建立设备设施管理制度	
3	购买、租赁、使用的安全防护用具、机械设备、施工机具及配件、消防设施和器材是否符合安全施工要求	
4	对设备设施运行前及运行中是否实施必要的检查,是否及时消除设备设施安全隐患	
5	是否采取必要防护措施,确保设备设施安全性能良好,运行环境适宜	
6	是否按相应操作规程运行设备设施,是否违章使用、带病运行	
7	是否及时对设备设施实施维护保养,确保设备设施安全运行	
8	是否将租赁的设备和分包方的设备纳入本单位的安全管理范围,实施统一管理	
9	施工、监理单位是否对进入现场的拆除分包的施工设备进行检查验收	
10	特种设备安装、拆除的人员资格、单位资质是否符合相关规定	
11	对安全设备设施的检查维修、拆除、使用等是否有效控制和管理	
12	是否实施设备报废管理	

参加人员：

（四）实例 4

×××拆建工程建设处文件

×××〔20××〕×号

关于印发《×××拆建工程设备设施管理制度》的通知

各参建单位：

　　为加强×××拆建工程设备设施管理,保证设备设施安全使用,防止和减少设备设施事故发生,根据《中华人民共和国安全生产法》《中华人民共和国特种设备安全法》《水利安全生产标准化评审管理暂行办法》等法律法规,我处组织编制了《×××拆建工程设备设施管理制度》,现印发给你们,请结合实际,制定本单位的设备设施管理制度,一并抓好贯彻落实。

　　特此通知。

　　附件：×××拆建工程设备设施管理制度

×××拆建工程建设处（章）

20××年××月××日

附件：

×××拆建工程设备设施管理制度

　　一、目的

　　为加强×××拆建工程设备设施管理,保证设备设施安全使用,防止和减少设备设施事故发生,根据《中华人民共和国安全生产法》《中华人民共和国特种设备安全法》《水利安全生产标准化评审管理暂行办法》等法律法规制定本制度。

　　二、范围

　　本制度适用本工程设备设施安装(拆除)、验收、检测、使用、检查、保养维修等。

　　三、设备设施管理机构及职责

　　1. ××拆建工程安全生产领导小组负责设备设施统一管理,各参建单位设备设施由各单位具体负责。

　　2. 建设处设备设施采购(租赁)由各有关部门提出采购计划,由综合科会同财务科统一采购(租赁)。工程科是施工现场生产设备设施安全管理的业务部门,安

101

全科为安全管理综合部门,工程科及安全科各明确一名人员作为设备设施兼职安全管理员。

3. 各参建单位应明确设备设施管理部门,配备管理人员,明确管理职责和岗位职责,对施工设备(设施)的采购、进场、运行、退场实行统一管理。

四、设备设施的检查验收

1. 施工现场所有设备设施应符合有关法律、法规、制度和标准要求;安全设施应与建设项目主体工程同时设计、同时施工、同时投入生产和使用。

2. 施工单位设备设施投入使用前,应报监理单位验收。验收合格后,方可投入使用。进入施工现场设备设施的牌证应齐全、有效。

3. 使用单位应建立设备设施的安全管理台账,应当包括以下内容:

(1) 来源、类型、数量、技术性能、使用年限等信息;

(2) 设备设施进场验收资料;

(3) 使用地点、状态、责任人及监测检验、日常维修保养等信息;

(4) 采购、租赁、改造计划及实施情况等。

4. 特种设备安装(拆除)单位应具备相应的资质,安装(拆除)施工人员具备相应的能力和资格,安装(拆除)特种设备编制技术方案,安排专人进行现场监督,安装完成后组织验收,并报请有关单位检验合格后投入使用,按规定定期进行检验。

5. 特种设备应当建立岗位责任、隐患治理、应急救援等安全管理制度,制定操作规程,保证特种设备安全运行。

6. 特种设备应当建立安全技术档案。安全技术档案应当包括以下内容:

(1) 特种设备的设计文件、产品质量合格证明、安装及使用维护保养说明、监督检验证明等相关技术资料和文件;

(2) 特种设备的定期检验和定期自行检查记录;

(3) 特种设备的日常使用状况记录;

(4) 特种设备及其附属仪器仪表的维护保养记录;

(5) 特种设备的运行故障和事故记录。

五、设备设施的运行

1. 使用单位在设备设施运行前应进行全面检查;运行过程中应定期对安全设施、器具进行维护、更换,每月应对主要施工设备安全状况进行一次全面检查(包括停用一个月以上的起重机械在重新使用前),并做好记录,以确保其可靠运行。

项目法人、监理单位应定期检查施工单位设备设施的运行状况、人员操作情况、运行记录。

2. 设备设施运行管理应符合以下要求：

（1）各种设备设施已履行安装验收手续等；

（2）在使用现场醒目位置悬挂有标识牌、检验合格证、安全操作规程及设备负责人等标牌；

（3）设备设施干净整洁，基础稳固，行走面平整，轨道铺设规范；

（4）金属结构、运转机构、电气控制系统应无缺陷，各部位润滑良好；

（5）制动、限位器、联锁联动、保险等装置齐全、可靠、灵敏；

（6）在传动转动部位设置防护网、罩，无裸露，盖板、梯子、护栏完备可靠；

（7）接地可靠，接地电阻值符合要求；

（8）使用的电缆合格、无破损情况；

（9）灯光、音响、信号齐全可靠，指示仪表准确、灵敏；

（10）作业区域无障碍物，满足安全运行要求；

（11）同一区域有两台以上设备运行可能发生碰撞时，应制定相应的安全措施。

3. 设备使用实行"四定"：定人、定机、定岗、定责。操作人员要做到"四会"：会使用、会保养、会检查、会排除故障。

4. 设备使用要执行"五项纪律"：

（1）特种设备操作人员必须持证上岗；

（2）严格执行安全操作规程，新设备的操作人员要先培训后上岗；

（3）遵守交接班制度，保持设备整洁；

（4）按规定维护保养，发现异常立即停机检查，不得带病操作；

（5）保管好随机工具和附件，不得遗失。

5. 根据设备设施性能及安全状况进行维修、保养；维修结束后组织验收，合格后投入使用，并做好维修保养记录。

六、设备报废

根据设备使用年限及周转材料使用情况，对到龄设备、高耗低能、陈旧设备，存在严重安全隐患、无改造、维修价值或者超过规定使用年限的设备和周转材料组织技术鉴定，以确定是否应淘汰报废处置。同意报废的设备与周转材料应及时拆除，退出施工现场。

第二节　作　业　安　全

一、评审标准及评分标准

【国家评审标准内容】

4.2.1　按规定组织编制《水利水电建设工程安全生产条件和设施综合分析报告》,并报上级主管部门备案。

4.2.2　对施工现场进行全面合理的规划。

监督检查各进场单位对现场进行合理布局与分区,管理规范有序,符合安全文明施工、度汛、交通、消防、职业健康、环境保护等有关规定。

4.2.3　组织编制保证安全生产的措施方案,并按有关规定备案;建设过程中安全生产的情况发生变化时,应当及时对保证安全生产的措施方案进行调整,并报原备案机关。

4.2.4　将拆除工程和爆破工程发包给具有相应资质等级的施工单位;应当在拆除工程或者爆破工程施工 15 日前,按规定向水行政主管部门、流域管理机构或者其委托的安全生产监督机构备案。

4.2.5　监督检查施工单位施工组织设计中的安全措施编制情况,对危险性较大的作业按相关规定编制专项安全技术措施方案,必要时进行论证、备案,实施时安排专人现场监督。

4.2.6　监督检查施工单位在施工前按规定进行安全技术交底,并在交底书上签字确认。

4.2.7　监督检查施工单位对临边、沟槽、坑、孔洞、交通梯道、高处作业、交叉作业、临水和水上作业、机械转动部位、暴风雨雪极端天气的安全防护设施实施管理。

4.2.8　监督检查施工单位按相关规定对现场用电制定专项措施方案并对相关设施的配备、防护和检查验收等实施管理。

4.2.9　监督检查施工单位按相关规定制定脚手架搭设及拆除专项施工方案、方案实施和检查验收等工作。

4.2.10　监督检查参建单位按有关规定实施易燃易爆危险化学品管理。

4.2.11　监督检查参建单位按规定实施现场消防安全管理。

4.2.12　监督检查参建单位按规定实施场内交通安全管理,制定并落实大型设备运输、搬运专项安全措施。

4.2.13　落实并监督检查参建单位:建立安全度汛工作责任制,建立健全工程度汛组织机构,制定完善度汛方案、超标准洪水应急预案和险情应急抢护措施,并报有关防汛指挥机构备案;做好防汛抢险队伍和防汛器材、设备等物资准备工作,及时获取汛情信息,按度汛方案和有关预案要求进行必要的演练;开展汛前、汛中和汛后检查,发现问题及时处理。

4.2.14　监督检查参建单位对从业人员作业行为的安全管理,对设备设施、工艺技术及从业人员作业行为等进行安全风险辨识,采取相应的措施。

对下列(但不限于)高危险作业按有关规定实施有效管理(包括策划、配备资源、组织管理、现场防护、旁站监督等):1.高边坡或深基坑作业;2.高大模板作业;3.洞室作业;4.爆破作业;5.水上或水下作业;6.高处作业;7.起重吊装作业;8.临近带电体作业;9.焊接作业;10.交叉作业;11.有(受)限空间作业等。

4.2.15　监督检查参建单位建立班组安全活动管理制度,开展岗位达标活动。

4.2.16　监督检查承包单位对分包方的安全管理,禁止转包或非法分包。

4.2.17　监督检查现场勘测、检测等作业:严格执行相关安全操作规程,采取措施保证各类管线、设施和周边建筑物、构筑物及作业人员的安全。

4.2.18　监督检查设计单位:在工程设计文件中执行相关强制性标准的有关情况,注明涉及施工安全的重点部位和环节,并提出防范生产安全事故的指导意见;做好施工图设计交底、施工图会审、设计变更审批等设计控制;对采用新结构、新材料、新工艺以及特殊结构的工程,应组织审查、论证设计中保障作业人员安全和预防事故的措施方案。

4.2.19　监督检查工程监理单位:编制监理规划和安全监理实施细则;审查施工组织设计中的安全技术措施或者专项施工方案;实施现场施工安全监理。

4.2.20　监督检查供应商或承包人提供的工程设备和配件等产品的质量和安全性能达到国家有关技术标准要求。

4.2.21　组织交叉作业各方制定协调一致的施工组织措施和安全技术措施,签订安全生产协议,并监督实施。

4.2.22　不得对参建单位提出违反建设工程安全生产法律、法规和强制性标准规定的要求,不得随意压缩合同约定的工期。

【国家评分标准】240 分

1.查相关文件和记录。未组织编制,扣 10 分;报告内容不全,每缺一项扣 1分;报告内容不符合有关规定,每项扣 1 分;未备案,扣 10 分。

2.查相关图纸、记录并查看现场。施工总平面布局与分区不合理,每项扣 2分;未监督检查,扣 10 分;检查单位不全,每缺一个单位扣 2 分;对监督检查中发现的问题未采取措施或未督促落实,每处扣 1 分。

3. 查相关文件和记录。未组织编制措施方案,扣 6 分;未按规定备案,扣 6 分;发生变化未及时调整方案并上报,扣 6 分。

4 查相关文件、合同、记录并查看现场。施工单位不具有相应的资质等级,扣 10 分;未按规定进行备案,扣 10 分。

5. 查相关记录并查看现场。未监督检查,扣 6 分;检查单位不全,每缺一个单位扣 2 分;对监督检查中发现的问题未采取措施或未督促落实,每处扣 1 分。

6. 查相关记录并查看现场。未监督检查,扣 6 分;检查单位不全,每缺一个单位扣 2 分;对监督检查中发现的问题未采取措施或未督促落实,每处扣 1 分。

7. 查相关记录并查看现场。未监督检查,扣 6 分;检查单位不全,每缺一个单位扣 2 分;对监督检查中发现的问题未采取措施或未督促落实,每处扣 1 分。

8. 查相关记录并查看现场。未监督检查,扣 6 分;检查单位不全,每缺一个单位扣 2 分;对监督检查中发现的问题未采取措施或未督促落实,每处扣 1 分。

9. 查相关记录并查看现场。未监督检查,扣 6 分;检查单位不全,每缺一个单位扣 2 分;对监督检查中发现的问题未采取措施或未督促落实,每处扣 1 分。

10. 查相关记录并查看现场。未监督检查,扣 6 分;检查单位不全,每缺一个单位扣 2 分;对监督检查中发现的问题未采取措施或未督促落实,每处扣 1 分。

11. 查相关记录并查看现场。未监督检查,扣 6 分;检查单位不全,每缺一个单位扣 2 分;对监督检查中发现的问题未采取措施或未督促落实,每处扣 1 分。

12. 查相关记录并查看现场。未监督检查,扣 6 分;检查单位不全,每缺一个单位扣 2 分;对监督检查中发现的问题未采取措施或未督促落实,每处扣 1 分。

13. 查相关记录并查看现场。未建立安全度汛工作责任制,或未成立工程度汛组织机构,扣 10 分;度汛方案、超标准洪水应急预案和险情应急抢护措施缺少或不符合规定,每项扣 5 分;防汛器材、设备等物资准备不足,扣 5 分;未及时获取汛情信息,扣 2 分;未进行必要的演练,扣 2 分;未组织开展汛前、汛中和汛后检查或发现问题未及时处理,扣 5 分;未监督检查,扣 25 分;检查单位不全,每缺一个单位扣 5 分;对监督检查中发现的问题未采取措施或未督促落实,每处扣 2 分。

14. 查相关记录并查看现场。未监督检查,扣 60 分;检查单位不全,每缺一个单位扣 5 分;检查内容不全,每缺一项扣 3 分;对监督检查中发现的问题未采取措施或未督促落实,每处扣 2 分。

15. 查相关记录并查看现场。未监督检查,扣 6 分;检查单位不全,每缺一个单位扣 2 分;对监督检查中发现的问题未采取措施或未督促落实,每处扣 1 分。

16. 查相关文件、合同、记录并查看现场。未监督检查,扣 6 分;检查单位不全,每缺一个单位扣 2 分;对监督检查中发现的问题未采取措施或未督促落实,每处扣

1分。

17.查相关记录并查看现场。未监督检查,扣6分;检查单位不全,每缺一个单位扣2分;对监督检查中发现的问题未采取措施或未督促落实,每处扣1分。

18.查设计文件和相关记录。未监督检查,扣10分;检查单位不全,每缺一个单位扣2分;对监督检查中发现的问题未采取措施或未督促落实,每处扣1分。

19.查相关记录并查看现场。未监督检查,扣15分;检查单位不全,每缺一个单位扣3分;对监督检查中发现的问题未采取措施或未督促落实,每处扣1分。

20.查相关记录并查看现场。未监督检查,扣8分;检查单位不全,每缺一个单位扣2分;对监督检查中发现的问题未采取措施或未督促落实,每处扣1分。

21.查相关记录并查看现场。未组织制定措施,或未签订协议,扣8分;措施或协议内容不符合要求,每项扣1分;签订单位不全,每缺一个单位扣2分;对监督检查中发现的问题未采取措施或未督促落实,每处扣1分。

22.查相关文件和记录。提出违反相关规定的要求,扣8分;随意压缩合同工期,扣8分。

【江苏省评审标准内容】

4.2.1　按规定组织编制《水利水电建设工程安全生产条件和设施综合分析报告》,并报上级主管部门备案。

4.2.2　对施工现场进行全面合理的规划。

监督检查各进场单位对现场进行合理布局与分区,管理规范有序,符合安全文明施工、度汛、交通、消防、职业健康、环境保护等有关规定。

4.2.3　组织编制保证安全生产的措施方案,并按有关规定备案;建设过程中安全生产的情况发生变化时,应当及时对保证安全生产的措施方案进行调整,并报原备案机关。

4.2.4　将拆除工程和爆破工程发包给具有相应资质等级的施工单位;应当在拆除工程或者爆破工程施工15日前,按规定向水行政主管部门、流域管理机构或者其委托的安全生产监督机构备案。

4.2.5　监督检查施工单位施工组织设计中的安全措施编制情况,对危险性较大的作业按相关规定编制专项安全技术措施方案,必要时进行论证、备案,实施时安排专人现场监督。

4.2.6　监督检查施工单位在施工前按规定进行安全技术交底,并在交底书上签字确认。

4.2.7　监督检查施工单位对临边、沟槽、坑、孔洞、交通梯道、高处作业、交叉作业、临水和水上作业、机械转动部位、暴风雨雪极端天气的安全防护设施实施管理。

4.2.8 监督检查施工单位按相关规定对现场用电制定专项措施方案并对相关设施的配备、防护和检查验收等实施管理。

4.2.9 监督检查施工单位按相关规定制定脚手架搭设及拆除专项施工方案、方案实施和检查验收等工作。

4.2.10 监督检查参建单位按有关规定实施易燃易爆危险化学品管理。

4.2.11 监督检查参建单位按规定实施现场消防安全管理。

4.2.12 监督检查参建单位按规定实施场内交通安全管理,制定并落实大型设备运输、搬运专项安全措施。

4.2.13 落实并监督检查参建单位:建立安全度汛工作责任制,建立健全工程度汛组织机构,制定完善度汛方案、超标准洪水应急预案和险情应急抢护措施,并报有关防汛指挥机构备案;做好防汛抢险队伍和防汛器材、设备等物资准备工作,及时获取汛情信息,按度汛方案和有关预案要求进行必要的演练;开展汛前、汛中和汛后检查,发现问题及时处理。

4.2.14 监督检查参建单位对从业人员作业行为的安全管理,对设备设施、工艺技术及从业人员作业行为等进行安全风险辨识,采取相应的措施。

对下列(但不限于)高危险作业按有关规定实施有效管理(包括策划、配备资源、组织管理、现场防护、旁站监督等):1.高边坡或深基坑作业;2.高大模板作业;3.洞室作业;4.爆破作业;5.水上或水下作业;6.高处作业;7.起重吊装作业;8.临近带电体作业;9.焊接作业;10.交叉作业;11.有(受)限空间作业等。

4.2.15 监督检查参建单位建立班组安全活动管理制度,开展岗位达标活动。

4.2.16 监督检查承包单位对分包方的安全管理,禁止转包或非法分包。

4.2.17 监督检查现场勘测、检测等作业:严格执行相关安全操作规程,采取措施保证各类管线、设施和周边建筑物、构筑物及作业人员的安全。

4.2.18 监督检查设计单位:在工程设计文件中执行相关强制性标准的有关情况,注明涉及施工安全的重点部位和环节,并提出防范生产安全事故的指导意见;做好施工图设计交底、施工图会审、设计变更审批等设计控制;对采用新结构、新材料、新工艺以及特殊结构的工程,应组织审查、论证设计中保障作业人员安全和预防事故的措施方案。

4.2.19 监督检查工程监理单位:编制监理规划和安全监理实施细则;审查施工组织设计中的安全技术措施或者专项施工方案;实施现场施工安全监理。

4.2.20 监督检查供应商或承包人提供的工程设备和配件等产品的质量和安全性能达到国家有关技术标准要求。

4.2.21 组织交叉作业各方制定协调一致的施工组织措施和安全技术措施,签订安全生产协议,并监督实施。

4.2.22　不得对参建单位提出违反建设工程安全生产法律、法规和强制性标准规定的要求,不得随意压缩合同约定的工期。

【江苏省评分标准】240分

1. 查相关文件和记录。未组织编制,扣10分;报告内容不全,每缺一项扣1分,报告内容不符合有关规定,每项扣1分;未备案,扣10分。

2. 查相关图纸、记录并查看现场。施工总平面布局与分区不合理,每项扣2分;未监督检查,扣10分;检查单位不全,每缺一个单位扣2分;对监督检查中发现的问题未采取措施或未督促落实,每处扣1分。

3. 查相关文件和记录。未组织编制措施方案,扣6分;未按规定备案,扣6分;发生变化未及时调整方案并上报,扣6分。

4. 查相关文件、合同、记录并查看现场。施工单位不具有相应的资质等级,扣10分;未按规定进行备案,扣10分。

5. 查相关记录并查看现场。未监督检查,扣6分;检查单位不全,每缺一个单位扣2分;对监督检查中发现的问题未采取措施或未督促落实,每处扣1分。

6. 查相关记录并查看现场。未监督检查,扣6分;检查单位不全,每缺一个单位扣2分;对监督检查中发现的问题未采取措施或未督促落实,每处扣1分。

7. 查相关记录并查看现场。未监督检查,扣6分;检查单位不全,每缺一个单位扣2分;对监督检查中发现的问题未采取措施或未督促落实,每处扣1分。

8. 查相关记录并查看现场。未监督检查,扣6分;检查单位不全,每缺一个单位扣2分;对监督检查中发现的问题未采取措施或未督促落实,每处扣1分。

9. 查相关记录并查看现场。未监督检查,扣6分;检查单位不全,每缺一个单位扣2分;对监督检查中发现的问题未采取措施或未督促落实,每处扣1分。

10. 查相关记录并查看现场。未监督检查,扣6分;检查单位不全,每缺一个单位扣2分;对监督检查中发现的问题未采取措施或未督促落实,每处扣1分。

11. 查相关记录并查看现场。未监督检查,扣6分;检查单位不全,每缺一个单位扣2分;对监督检查中发现的问题未采取措施或未督促落实,每处扣1分。

12. 查相关记录并查看现场。未监督检查,扣6分;检查单位不全,每缺一个单位扣2分;对监督检查中发现的问题未采取措施或未督促落实,每处扣1分。

13. 查相关记录并查看现场。未建立安全度汛工作责任制,或未成立工程度汛组织机构,扣10分;度汛方案、超标准洪水应急预案和险情应急抢护措施缺少或不符合规定,每项扣5分;防汛器材、设备等物资准备不足,扣5分;未及时获取汛情信息,扣2分;未进行必要的演练,扣2分;未组织开展汛前、汛中和汛后检查或发现问题未及时处理,扣5分;未监督检查,扣25分;检查单位不全,每缺一个单位扣5分;对监督检查中发现的问题未采取措施或未督促落实,每处扣2分。

14. 查相关记录并查看现场。未监督检查,扣 60 分;检查单位不全,每缺一个单位扣 5 分;检查内容不全,每缺一项扣 3 分;对监督检查中发现的问题未采取措施或未督促落实,每处扣 2 分。

15. 查相关记录并查看现场。未监督检查,扣 6 分;检查单位不全,每缺一个单位扣 2 分;对监督检查中发现的问题未采取措施或未督促落实,每处扣 1 分。

16. 查相关文件、合同、记录并查看现场。未监督检查,扣 6 分;检查单位不全,每缺一个单位扣 2 分;对监督检查中发现的问题未采取措施或未督促落实,每处扣 1 分。

17. 查相关记录并查看现场。未监督检查,扣 6 分;检查单位不全,每缺一个单位扣 2 分;对监督检查中发现的问题未采取措施或未督促落实,每处扣 1 分。

18. 查设计文件和相关记录。未监督检查,扣 10 分;检查单位不全,每缺一个单位扣 2 分;对监督检查中发现的问题未采取措施或未督促落实,每处扣 1 分。

19. 查相关记录并查看现场。未监督检查,扣 15 分;检查单位不全,每缺一个单位扣 3 分;对监督检查中发现的问题未采取措施或未督促落实,每处扣 1 分。

20. 查相关记录并查看现场。未监督检查,扣 8 分;检查单位不全,每缺一个单位扣 2 分;对监督检查中发现的问题未采取措施或未督促落实,每处扣 1 分。

21. 查相关记录并查看现场。未组织制定措施,或未签订协议,扣 8 分;措施或协议内容不符合要求,每项扣 1 分;签订单位不全,每缺一个单位扣 2 分;对监督检查中发现的问题未采取措施或未督促落实,每处扣 1 分。

22. 查相关文件和记录。提出违反相关规定的要求,扣 8 分;随意压缩合同工期,扣 8 分。

二、法规要点

1.《中华人民共和国建筑法》

第三十八条　建筑施工企业在编制施工组织设计时,应当根据建筑工程的特点制定相应的安全技术措施;对专业性较强的工程项目,应当编制专项安全施工组织设计,并采取安全技术措施。

2.《中华人民共和国安全生产法》

第三十四条　生产经营单位使用的危险物品的容器、运输工具,以及涉及人身安全、危险性较大的海洋石油开采特种设备和矿山井下特种设备,必须按照国家有关规定,由专业生产单位生产,并经具有专业资质的检测、检验机构检测、检验合格,取得安全使用证或者安全标志,方可投入使用。检测、检验机构对检测、检验结果负责。

第三十六条　生产、经营、运输、储存、使用危险物品或者处置废弃危险物品的,由有关主管部门依照有关法律、法规的规定和国家标准或者行业标准审批并实施监督管理。

生产经营单位生产、经营、运输、储存、使用危险物品或者处置废弃危险物品,必须执行有关法律、法规和国家标准或者行业标准,建立专门的安全管理制度,采取可靠的安全措施,接受有关主管部门依法实施的监督管理。

第三十九条　生产、经营、储存、使用危险物品的车间、商店、仓库不得与员工宿舍在同一座建筑物内,并应当与员工宿舍保持安全距离。

生产经营场所和员工宿舍应当设有符合紧急疏散要求、标志明显、保持畅通的出口。禁止锁闭、封堵生产经营场所或者员工宿舍的出口。

第四十一条　生产经营单位应当教育和督促从业人员严格执行本单位的安全生产规章制度和安全操作规程;并向从业人员如实告知作业场所和工作岗位存在的危险因素、防范措施以及事故应急措施。

第四十五条　两个以上生产经营单位在同一作业区域内进行生产经营活动,可能危及对方生产安全的,应当签订安全生产管理协议,明确各自的安全生产管理职责和应当采取的安全措施,并指定专职安全生产管理人员进行安全检查与协调。

3.《建设工程安全生产管理条例》(国务院令第 393 号)

第七条　建设单位不得对勘察、设计、施工、工程监理等单位提出不符合建设工程安全生产法律、法规和强制性标准规定的要求,不得压缩合同约定的工期。

第十二条　勘察单位应当按照法律、法规和工程建设强制性标准进行勘察,提供的勘察文件应当真实、准确,满足建设工程安全生产的需要。

勘察单位在勘察作业时,应当严格执行操作规程,采取措施保证各类管线、设施和周边建筑物、构筑物的安全。

第十三条　设计单位应当按照法律、法规和工程建设强制性标准进行设计,防止因设计不合理导致生产安全事故的发生。

设计单位应当考虑施工安全操作和防护的需要,对涉及施工安全的重点部位和环节在设计文件中注明,并对防范生产安全事故提出指导意见。

采用新结构、新材料、新工艺的建设工程和特殊结构的建设工程,设计单位应当在设计中提出保障施工作业人员安全和预防生产安全事故的措施建议。

设计单位和注册建筑师等注册执业人员应当对其设计负责。

第二十四条　建设工程实行施工总承包的,由总承包单位对施工现场的安全生产负总责。

总承包单位应当自行完成建设工程主体结构的施工。

总承包单位依法将建设工程分包给其他单位的,分包合同中应当明确各自的安全生产方面的权利、义务。总承包单位和分包单位对分包工程的安全生产承担连带责任。

分包单位应当服从总承包单位的安全生产管理,分包单位不服从管理导致生产安全事故的,由分包单位承担主要责任。

第二十七条 建设工程施工前,施工单位负责项目管理的技术人员应当对有关安全施工的技术要求向施工作业班组、作业人员作出详细说明,并由双方签字确认。

第二十八条 施工单位应当在施工现场入口处、施工起重机械、临时用电设施、脚手架、出入通道口、楼梯口、电梯井口、孔洞口、桥梁口、隧道口、基坑边沿、爆破物及有害危险气体和液体存放处等危险部位,设置明显的安全警示标志。安全警示标志必须符合国家标准。

施工单位应当根据不同施工阶段和周围环境及季节、气候的变化,在施工现场采取相应的安全施工措施。施工现场暂时停止施工的,施工单位应当做好现场防护,所需费用由责任方承担,或者按照合同约定执行。

第二十九条 施工单位应当将施工现场的办公、生活区与作业区分开设置,并保持安全距离;办公、生活区的选址应当符合安全性要求。职工的膳食、饮水、休息场所等应当符合卫生标准。施工单位不得在尚未竣工的建筑物内设置员工集体宿舍。

施工现场临时搭建的建筑物应当符合安全使用要求。施工现场使用的装配式活动房屋应当具有产品合格证。

第三十一条 施工单位应当在施工现场建立消防安全责任制度,确定消防安全责任人,制定用火、用电、使用易燃易爆材料等各项消防安全管理制度和操作规程,设置消防通道、消防水源,配备消防设施和灭火器材,并在施工现场入口处设置明显标志。

4.《建设工程质量管理条例》(国务院令第 279 号)

第二十三条 设计单位应当就审查合格的施工图设计文件向施工单位作出详细说明。

第二十五条 施工单位应当依法取得相应等级的资质证书,并在其资质等级许可的范围内承揽工程。

禁止施工单位超越本单位资质等级许可的业务范围或者以其他施工单位的名义承揽工程。禁止施工单位允许其他单位或者个人以本单位的名义承揽工程。

施工单位不得转包或者违法分包工程。

5.《危险化学品安全管理条例》(国务院令第 591 号)

第十二条、第十三条、第十八条至第二十八条、第三十八条至第四十二条、第五十条、第六十三条、第六十四条对施工企业购买、运输、储存、使用危险化学品有关安全管理作出了规定。

6.《中华人民共和国消防法》

第十六条　机关、团体、企业、事业等单位应当履行下列消防安全职责：

（一）落实消防安全责任制，制定本单位的消防安全制度、消防安全操作规程，制定灭火和应急疏散预案；

（二）按照国家标准、行业标准配置消防设施、器材，设置消防安全标志，并定期组织检验、维修，确保完好有效；

（三）对建筑消防设施每年至少进行一次全面检测，确保完好有效，检测记录应当完整准确，存档备查；

（四）保障疏散通道、安全出口、消防车通道畅通，保证防火防烟分区、防火间距符合消防技术标准；

（五）组织防火检查，及时消除火灾隐患；

（六）组织进行有针对性的消防演练；

（七）法律、法规规定的其他消防安全职责。

单位的主要负责人是本单位的消防安全责任人。

7.《中华人民共和国防汛条例》(国务院令第 441 号)

第十三条　有防汛抗洪任务的企业应当根据所在流域或者地区经批准的防御洪水方案和洪水调度方案，规定本企业的防汛抗洪措施，在征得其所在地县级人民政府水行政主管部门同意后，由有管辖权的防汛指挥机构监督实施。

8.《水利水电工程施工通用安全技术规程》(SL 398—2007)

3.2.1　现场施工总体规划布置应遵循合理使用场地、有利施工、便于管理等基本原则。分区布置，应满足防洪、防火等安全要求及环境保护要求。

3.2.2　生产、生活、办公区和危险化学品仓库的布置，应遵守下列规定：

1. 与工程施工顺序和施工方法相适应。

2. 选址地质稳定，不受洪水、滑坡、泥石流、塌方及危石等威胁。

3. 交通道路畅通，区域道路宜避免与施工主干线交叉。

4. 生产车间，生活、办公房屋，仓库的间距应符合防火安全要求。

5. 危险化学品仓库应远离其他区域布置。

3.2.3　施工区内起重设施、施工机械、移动式电焊机及工具房、水泵房、空压机房、电工值班房等布置应符合安全、卫生、环境保护要求。

3.2.4 混凝土、砂石料等辅助生产系统和制作加工维修厂、车间的布置,应符合以下要求:

1. 单独布置,基础稳固,交通方便、畅通。

2. 应设置处理废水、粉尘等污染的设施。

3. 应减少因施工生产产生的噪声对生活区、办公区的干扰。

3.2.5 生产区仓库、堆料场布置应符合以下要求:

1. 单独设置并靠近所服务的对象区域,进出交通畅通。

2. 存放易燃、易爆、有毒等危险物品的仓储场所应符合有关安全的要求。

3. 应有消防通道和消防设施。

3.2.6 生产区大型施工机械与车辆停放场的布置应与施工生产相适应,要求场地平整、排水畅通、基础稳固,并应满足消防安全要求。

3.2.7 弃渣场布置应满足环境保护、水土保持和安全防护的要求。

3.3.1 永久性机动车辆道路、桥梁、隧道,应按照 JTG801 的有关规定,并考虑施工运输的安全要求进行设计修建。

3.3.3 施工生产区内机动车辆临时道路应符合下列规定:

1. 道路纵坡不宜大于 8%,进入基坑等特殊部位的个别短距离地段最大纵坡不应超过 15%;道路最小转弯半径不应小于 15 m;路面宽度不应小于施工车辆宽度的 1.5 倍,且双车道路面宽度不宜窄于 7.0 m,单车道不宜窄于 4.0 m。单车道应在可视范围内设有会车位置;

2. 路基基础及边坡保持稳定;

3. 在急弯、陡坡等危险路段及叉路、涵洞口应设有相应警示标志;

4. 悬崖陡坡、路边临空边缘除应设有警示标志外还应设有安全墩、挡墙等安全防护设施;

5. 路面应经常清扫、维护和保养并应做好排水设施,不应占用有效路面。

3.3.4 交通繁忙的路口和危险地段应有专人指挥或监护。

3.3.6 施工现场临时性桥梁,应根据桥梁的用途、承重载荷和相应技术规范进行设计修建,并符合以下要求:

1. 宽度应不小于施工车辆最大宽度的 1.5 倍;

2. 人行道宽度应不小于 1.0 m,并应设置防护栏杆;

3.3.7 施工现场架设临时性跨越沟槽的便桥和边坡栈桥,应符合以下要求:

1. 基础稳固、平坦畅通;

2. 人行便桥、栈桥宽度不应小于 1.2 m;

3. 手推车便桥、栈桥宽度不应小于 1.5 m;

4. 机动翻斗车便桥、栈桥,应根据荷载进行设计施工,其最小宽度不应小于 2.5 m;

5. 设有防护栏杆。

3.3.8　施工现场的各种桥梁、便桥上不应堆放设备及材料等物品,应及时维护、保养,定期进行检查。

3.3.10　施工现场工作面、固定生产设备及设施处所等应设置人行通道,并应符合以下要求:

1. 基础牢固、通道无障碍、有防滑措施并设置护栏,无积水;

2. 宽度不应小于 0.6 m;

3. 危险地段应设置警示标志或警戒线。

9.《水利工程建设安全生产管理规定》(水利部令第 26 号)

第九条　项目法人应当组织编制保证安全生产的措施方案,并自工程开工之日起 15 个工作日内报有管辖权的水行政主管部门、流域管理机构或者其委托的水利工程建设安全生产监督机构(以下简称安全生产监督机构)备案。建设过程中安全生产的情况发生变化时,应当及时对保证安全生产的措施方案进行调整,并报原备案机关。

保证安全生产的措施方案应当根据有关法律法规、强制性标准和技术规范的要求并结合工程的具体情况编制,应当包括以下内容:

(一) 项目概况;

(二) 编制依据;

(三) 安全生产管理机构及相关负责人;

(四) 安全生产的有关规章制度制定情况;

(五) 安全生产管理人员及特种作业人员持证上岗情况等;

(六) 生产安全事故的应急救援预案;

(七) 工程度汛方案、措施;

(八) 其他有关事项。

第十一条　项目法人应当将水利工程中的拆除工程和爆破工程发包给具有相应水利水电工程施工资质等级的施工单位。

项目法人应当在拆除工程或者爆破工程施工 15 日前,将下列资料报送水行政主管部门、流域管理机构或者其委托的安全生产监督机构备案:

(一) 拟拆除或拟爆破的工程及可能危及毗邻建筑物的说明;

(二) 施工组织方案;

(三) 堆放、清除废弃物的措施;

(四) 生产安全事故的应急救援预案。

第十二条　勘察(测)单位应当按照法律、法规和工程建设强制性标准进行勘察(测),提供的勘察(测)文件必须真实、准确,满足水利工程建设安全生产的需要。

勘察(测)单位在勘察(测)作业时,应当严格执行操作规程,采取措施保证各类管线、设施和周边建筑物、构筑物的安全。

勘察(测)单位和有关勘察(测)人员应当对其勘察(测)成果负责。

第十三条　设计单位应当按照法律、法规和工程建设强制性标准进行设计,并考虑项目周边环境对施工安全的影响,防止因设计不合理导致生产安全事故的发生。

设计单位应当考虑施工安全操作和防护的需要,对涉及施工安全的重点部位和环节在设计文件中注明,并对防范生产安全事故提出指导意见。

采用新结构、新材料、新工艺以及特殊结构的水利工程,设计单位应当在设计中提出保障施工作业人员安全和预防生产安全事故的措施建议。

设计单位和有关设计人员应当对其设计成果负责。

设计单位应当参与与设计有关的生产安全事故分析,并承担相应的责任。

第十四条　建设监理单位和监理人员应当按照法律、法规和工程建设强制性标准实施监理,并对水利工程建设安全生产承担监理责任。

建设监理单位应当审查施工组织设计中的安全技术措施或者专项施工方案是否符合工程建设强制性标准。

建设监理单位在实施监理过程中,发现存在生产安全事故隐患的,应当要求施工单位整改;对情况严重的,应当要求施工单位暂时停止施工,并及时向水行政主管部门、流域管理机构或者其委托的安全生产监督机构以及项目法人报告。

第十五条　为水利工程提供机械设备和配件的单位,应当按照安全施工的要求提供机械设备和配件,配备齐全有效的保险、限位等安全设施和装置,提供有关安全操作的说明,保证其提供的机械设备和配件等产品的质量和安全性能达到国家有关技术标准。

第二十一条　施工单位在建设有度汛要求的水利工程时,应当根据项目法人编制的工程度汛方案、措施制定相应的度汛方案,报项目法人批准;涉及防汛调度或者影响其他工程、设施度汛安全的,由项目法人报有管辖权的防汛指挥机构批准。

第二十三条　施工单位应当在施工组织设计中编制安全技术措施和施工现场临时用电方案,对下列达到一定规模的危险性较大的工程应当编制专项施工方案,并附具安全验算结果,经施工单位技术负责人签字以及总监理工程师核签后实施,由专职安全生产管理人员进行现场监督:

（一）基坑支护与降水工程；

（二）土方和石方开挖工程；

（三）模板工程；

（四）起重吊装工程；

（五）脚手架工程；

（六）拆除、爆破工程；

（七）围堰工程；

（八）其他危险性较大的工程。

对前款所列工程中涉及高边坡、深基坑、地下暗挖工程、高大模板工程的专项施工方案，施工单位还应当组织专家进行论证、审查。

9.《江苏省水利基本建设项目危险性较大工程安全专项方案编制实施办法》（苏水规〔2015〕6 号）

第三条　本办法所称危险性较大的工程，是指达到一定规模的基坑支护与降水工程、土方和石方开挖工程、模板工程、起重吊装工程、脚手架工程、拆除工程、爆破工程、围堰工程、水上施工作业平台、基坑上下通道、施工导流（航）工程，以及可能造成等级以上生产安全事故的其他工程。

危险性较大的工程安全专项施工方案（以下简称"专项方案"），是指施工单位在编制施工组织设计的基础上，针对危险性较大的工程单独编制的安全技术措施文件。

第四条　施工单位作为主体责任单位应当编制专项方案并组织实施。勘察、设计单位应当在设计各阶段对危险性较大的工程提出防范生产安全事故指导意见。监理单位应当在编制监理规划时将危险性较大的工程列为专项内容并制定安全监理实施细则。项目法人（建设单位）应当督促施工单位按本办法编制专项方案，危险性较大的工程实施前将专项方案报有管辖权的水行政主管部门备案。

第六条　专项方案由施工单位项目技术负责人组织施工技术、安全、质量等专业技术人员编制。

施工单位应当对涉及高边坡、深基坑、地下暗挖工程、高大模板工程、重要的施工围堰、拆除（含爆破）工程、水上施工作业平台、基坑上下通道、施工导流（航）工程及其认为有必要的专项方案，组织专家进行论证、审查。

专项方案应当经施工单位技术负责人签字后报监理单位，由项目总监理工程师在专项方案实施前核签。

10.《水利水电工程施工安全管理导则》（SL 721—2015）

7.5.1　项目法人应根据工程情况和工程度汛需要，组织制订工程度汛方案和超标准洪水应急预案,报有管辖权的防汛指挥机构批准或备案。

7.5.2　度汛方案应包括防汛度汛指挥机构设置、度汛工程形象、汛期施工情况、防汛度汛工作重点,人员、设备、物资准备和安全度汛措施,以及雨情、水情、汛情的获取方式和通信保障方式等内容。防汛度汛指挥机构应由项目法人、监理单位、施工单位、设计单位主要负责人组成。

7.5.3　超标准洪水应急预案应包括超标准洪水可能导致的险情预测、应急抢险指挥机构设置、应急抢险措施、应急队伍准备及应急演练等内容。

7.5.4　项目法人应和有关参建单位签订安全度汛目标责任书,明确各参建单位防汛度汛责任。

7.5.5　施工单位应根据批准的度汛方案和超标准洪水应急预案,制订防汛度汛及抢险措施,报项目法人批准,并按批准的措施落实防汛抢险队伍和防汛器材、设备等物资准备工作,做好汛期值班,保证汛情、工情、险情信息渠道畅通。

7.5.6　项目法人在汛前应组织有关参建单位,对生活、办公、施工区域内进行全面检查,对围堰、子堤、人员聚集区等重点防洪度汛部位和有可能诱发山体滑坡、垮塌和泥石流等灾害的区域、施工作业点进行安全评估,制定和落实防范措施。

7.5.7　项目法人应建立汛期值班和检查制度,建立接收和发布气象信息的工作机制保证汛情、工情、险情信息渠道畅通。

7.5.8　项目法人每年应至少组织一次防汛应急演练。

7.5.9　施工单位应落实汛期值班制度,开展防洪度汛专项安全检查,及时整改发现的问题。

10.3.3　施工单位进行高边坡或深基坑作业时,应按要求放坡,自上而下清理坡顶和坡面松渣、危石、不稳定体;垂直交叉作业应采取隔离防护措施,或错开作业时间;应安排专人监护、巡视检查,并及时分析、反馈监护信息;作业人员上下高边坡、深基坑应走专用通道;高处作业人员应同时系挂安全带和安全绳。

10.3.4　施工单位进行爆破作业必须取得《爆破作业单位许可证》。

爆破作业前,应进行爆破试验和爆破设计,并严格履行审批手续。

爆破作业应统一时间、统一指挥、统一信号、划定安全警戒区、明确安全警戒人员,采取防护措施,严格按照爆破设计和爆破安全规程作业。

爆破人员应持证上岗。

10.3.5　施工单位进行高处作业前,应检查安全技术措施和人身防护用具落实情况;凡患高血压、心脏病、贫血病、癫痫病以及其他不适于高空作业的,不得从事高空作业。

有坠落可能的物件应固定牢固,无法固定的应放置安全处或先行清除;高处作业时应安排专人进行监护。

遇有六级及以上大风或恶劣气候时，应停止露天高处作业；雨天和雪天进行高处作业时，必须采取可靠的防滑、防寒和防冻措施。

10.3.6 施工单位起重作业应按规定办理施工作业票，并安排专人现场指挥。

作业前，应先进行试吊，检查起重设备各部位受力情况；起重作业必须严格执行"十不吊"的原则；起吊过程应统一指挥，确保信号传递畅通；未经现场指挥人员许可，不得在起吊重物下面及受力索具附近停留和通过。

10.3.7 施工单位进行水上(下)作业前，应根据需要办理《中华人民共和国水上水下活动许可证》，并安排专职安全管理人员进行巡查。

水上作业应有稳固的施工平台和通道，临水、临边设置牢固可靠的护栏和安全网；平台上的设备应固定牢固，作业用具应随手放入工具袋；作业平台上应配齐救生衣、救生圈、救生绳和通信工具。

作业人员应持证上岗，正确穿戴救生衣、安全帽、防滑鞋、安全带、定期进行体格检查。

10.3.8 洞室作业前，应清除洞口、边坡上的浮石、危石及倒悬石，设置截、排水沟，并按设计要求及时支护。

3类、4类围岩开挖时，应对洞口进行加固，并设置防护棚；洞挖掘进长度达到15～20 m时，应依据地质条件、断面尺寸，及时做好洞口段永久性或临时性支护；当洞深长度大于洞径3～5倍时，应强制通风；交叉洞室在贯通前应优先安排锁口锚杆的施工。

施工过程中应按要求布置安全监测系统，及时进行监测、分析、反馈，并按规定进行巡视检查。

10.3.9 临近带电体作业前，应办理安全施工作业票，并设专人监护；作业人员、机械与带电线路和设备的距离必须大于标准规定的最小安全距离，并有防感应电措施；当与带电线路和设备的作业距离不能满足最小安全距离的要求时，应采取安全措施，否则严禁作业。

10.3.10 焊接与切割作业人员应持证上岗，按规定正确佩戴个人防护用品，严格按操作规程作业。

作业前，应对设备进行检查，确保性能良好，符合安全要求。

作业时，应有防止触电、灼伤、爆炸和金属飞溅引起火灾的措施，并严格遵守消防安全管理规定，不得利用管道、设备、容器、钢轨、脚手架、钢丝绳等作为临时接地线(接零线)的通路。

作业结束后，作业人员应清理场地、消除焊件余热、切断电源、仔细检查工作场所周围及防护设施，确认无起火危险后方可离开。

10.3.11 两个以上施工单位交叉作业可能危及对方生产安全的,应签订安全生产管理协议,明确各自的安全生产管理职责和应采取的安全措施,安排专职安全生产管理人员协调与巡视检查。

三、实施要点

1. 项目法人应根据初步设计及招标文件中对施工现场总体布置要求,对施工现场的施工区、生产区、仓储区、办公区、生活区进行合理布局,区域内施工道路、消防设施、环境保护等安全管理符合有关规定,并定期进行监督检查。

2. 施工总平面布置应符合《水利水电工程施工组织设计规范》(SL 303—2004)相关条款的要求。

3. 项目法人应组织编制保证安全生产的措施方案,并按有关规定备案。

4. 施工单位应对危险性较大的作业编制专项技术施工方案,必要时进行论证、备案,项目法人安排专人现场监督。

5. 项目法人应将工程中拆除工程和爆破工程发包给具有相应水利水电工程施工资质等级的施工单位。

6. 项目法人应在拆除工程或者爆破工程施工15日前,按照《水利工程建设安全生产管理规定》(水利部令第26号)第十一条的要求向水行政主管部门、流域管理机构或者其委托的安全生产监督机构备案。

7. 项目法人应监督检查现场所有从事爆破作业人员是否具备相应资格、持证上岗情况,检查人员要齐全,不应遗漏。

8. 项目法人或委托监理单位应监督检查施工单位,是否在施工前按规定安全技术交底,并由双方签字确认。

9. 项目法人或委托监理单位应定期或不定期地检查施工现场的临边、"四口"、高处作业、交叉作业、水上作业的安全防护措施,检查暴风雪、台风等极端天气后安全设施的破坏或损毁情况,确定是否重新检查或验收。

10. 项目法人或委托监理单位应监督检查施工单位的施工用电专项措施方案的实施情况,确保施工用电符合《水利水电工程施工通用安全技术规程》(SL 398—2007)及《施工现场临时用电安全技术规范》(JGJ 46—2005)的相关规定。

11. 项目法人或委托监理单位应监督检查施工单位的脚手架搭设及拆除专项措施情况,确保其符合《建筑施工扣件式钢管脚手架安全技术规程》(JGJ 130—2011)及其他有关规定。

12. 项目法人应监督检查参建单位按有关规定对易燃易爆危险化学品的运输、搬运、储存、使用和核销实施管理。

13. 项目法人应制定工程消防安全管理制度及动火审批制度,建立消防安全责任制,配备相应的消防设备,定期开展消防宣传、灭火及应急演练。

14. 项目法人或委托监理单位对施工现场材料仓库、油库、危险品仓库等消防重点部位的安全管理进行监督检查,对需动火作业时动火审批制度的执行情况进行监督检查。

15. 项目法人要在项目开工建设前,组织编制施工导流方案并报送防汛防旱指挥机构审批。导流方案应包括工程施工内容、工期安排,对区域正常泄洪、排涝、供水的影响,导流标准相应的水位、流量及导流措施,超导流标准的应急措施,导流组织机构等内容。

16. 项目法人应成立以法人代表为组长的、内设部门主要负责人、参建单位主要负责人参加的工程防汛工作领导小组,明确各部门、各参建单位的防汛工作责任制,制定工程度汛方案和超标准洪水应急预案,并报防汛指挥机构备案(批准)。

17. 施工单位应根据项目法人编制的度汛方案,制定相应的度汛方案,报监理单位批准。

18. 项目法人应根据度汛方案和超标准洪水应急预案,组织落实防汛抢险队伍,做好险情抢护措施的落实,储备防汛器材、设备等防汛物资,并有针对性地开展预案演练。

19. 项目法人应在汛前、汛期、汛后组织开展度汛工作专项检查,汛前重点是检查度汛的准备工作,汛期重点是在强降雨、台风等恶劣天气后,检查工程、设备设施等的安全运行状态,汛后重点检查工程、设备设施等经过一个汛期运行后,存在的隐患和损坏情况。在不同阶段检查发现的问题,要及时处理,限于技术水平等因素不能处理的,要做好专项预案。

20. 项目法人或委托监理应在工程高危作业前,对高边坡或深基坑作业、洞室作业、爆破作业、水上或水下作业、高处作业、起重吊装作业、临近带电体作业、焊接作业、交叉作业等施工方案编制、资源配置等进行审核,在作业中,对现场组织管理、现场防护等进行监督检查。

21. 项目法人应对高危作业的监理工作进行监督检查。

22. 项目法人应在招标文件中对允许分包的工程及其需要的资格条件作出要求,承包人应在投标文件中写明意向分包。在项目实施时,项目法人或委托监理单位审核承包人提出的分包内容和分包单位的资质、安全生产许可证,禁止分包单位对所承包的工程进行转包或再转包。

23. 项目法人或委托监理单位应监督检查现场勘测作业是否严格执行相关安全操作规程,是否采取措施保证各类管线、设施和周边建筑物、构筑物的安全,并留有监督检查记录。

24. 项目法人应根据《江苏省水利工程施工图设计文件审查管理办法》（苏水规〔2015〕1号）对施工图设计文件进行审查，特别是涉及施工安全的重点部位和环节，要重点审查设计文件中是否予以注明并提出防范安全生产事故的指导意见。

25. 项目法人应督促设计单位进行施工图设计交底、按规定参加施工图会审、按《水利工程设计变更管理暂行办法》（水规计〔2012〕93号）的规定实施设计变更。

26. 项目法人应对采用新结构、新材料、新工艺以及特殊结构的工程，组织相关专家或委托相关机构对设计中提出的保障施工作业人员安全和预防生产安全事故的措施建议进行审查、论证。

27. 项目法人应监督检查监理单位编制的监理规划和监理实施细则，重点检查其是否具有针对性、适用性，特别是涉及安全施工的内容。

28. 项目法人应监督检查监理单位对施工单位编制的施工组织设计中的安全技术措施或专项施工方案的审查情况，检查监理单位对施工安全实施监理工作的开展情况。

29. 项目法人或委托监理单位应对提供机械设备和配件的供应商进行监督检查和控制，保证其提供的机械设备和配件的质量和安全性能达到国家有关技术标准要求。

30. 项目法人或委托监理单位组织制定协调一致的交叉作业施工组织措施和安全技术措施，并监督实施，避免因缺乏组织协调而引发生产安全事故。

31. 项目法人或委托监理单位应督促在同一作业区域有多个作业的施工单位时，各施工单位之间应签订安全生产协议，以预防交叉作业引起的安全事故，以及明确安全事故责任。

32. 项目法人在工程勘测、设计、招投标、实施等不同阶段，均不得对勘察、设计、施工、工程监理等单位提出不符合建设工程安全生产法律、法规和强制性标准规定的要求，不得压缩合同约定的工期。

四、材料实例

（一）实例1

施工现场安全检查表

工程名称：×××拆建工程　　　　　　　　　　检查日期：　　年　　月　　日

序号	检查项目	检查要求	检查结果
1	现场围挡	在市区主要路段的工地周围应设置高于2.5 m的封闭围挡	
		一般路段的工地周围应设置高于1.8 m的封闭围挡	
		围挡材料应坚固、稳定、整洁、美观	
2	封闭管理	施工现场出入口应设置大门，并应设置门卫值班室	
		应建立门卫值守管理制度，并应配备门卫值守人员	
		施工人员进入施工现场应佩戴工作卡	
		施工现场出入口应标有企业名称或标识，且应设置车辆冲洗设施	
3	施工现场	施工现场的主要道路及材料加工区地面应进行硬化处理	
		施工现场道路应畅通，路面应平整坚实	
		施工现场应有防尘措施	
		施工现场应设置排水设施，且排水通畅无积水	
		施工现场应有防止泥浆、污水、废水污染环境的措施	
		施工现场应设置专门的吸烟处，严禁随意吸烟	
4	材料管理	建筑材料、构件、料具应按总平面布局进行码放	
		材料应码整齐，并应标明名称、规格等	
4	材料管理	施工现场材料码放应采取防火、防锈蚀、防雨等措施	
		建筑物内施工垃圾的清运，应采用合理器具或管道运输，严禁随意抛掷	
		易燃易爆物品应分类储藏在专用库房内，并应制定防火措施	

续表

序号	检查项目	检查要求	检查结果
5	现场办公与住宿	施工作业、材料存放区与办公、生活区应划分清晰,并应采取相应的隔离措施	
		在建工程的食堂、库房不得兼做住宿	
		宿舍、办公用房的防火等级应符合规范要求	
		宿舍应设置可开启式窗户,床铺不得超过2层,通道宽度不应小于0.9 m	
		宿舍内住宿人员人均面积不应小于2.5 m²,且不得超过16人	
		冬季宿舍内应有采暖和防一氧化碳中毒措施	
		夏季宿舍内应有防暑降湿和防蚊蝇措施	
		生活用品应摆放整齐、环境卫生应良好	
6	现场防火	施工现场应建立消防安全管理制度,制定消防措施	
		施工现场临时用房和作业场所的防火设计应符合规范要求	
		施工现场应设置消防通道、消防水源,并应符合规范要求	
		施工现场灭火器材应保证可靠有效,布局配置应符合规范要求	
		明火作业应履行动火审批手续、配备动火监护人员	
7	综合治理	生活区内应设置供作业人员学习和娱乐的场所	
		施工现场应建立治安保卫制度,责任分解落实到人	
		施工现场应制定治安防范措施	
8	公示标牌	大门口处应设置公示牌,主要内容应包括:工程概况牌、消防保卫牌、安全生产牌、文明施工牌、管理人员名单及监督电话牌、施工现场总平面图	
		标牌应规范、整齐、统一	
		施工现场应有安全标语	
		应有宣传栏、读报栏、黑板报	

检查人员: 检查负责人:

说明:本表一式　份,由检查单位填写,用于存档和备查
2. 办公生活区安全检查表。

（二）实例 2

办公生活区安全检查表

工程名称：×××拆建工程　　　检查日期：　　年　　月　　日

序号	检查项目	检查要求	检查结果
1	安全氛围	按要求设置"五牌一图"，包括工程概况牌、消防保卫(防火责任)牌、安全生产牌、文明施工牌、管理人员名单及监督电话牌、施工现场总平面图	
		主要进出口处设有明显的警示标志和安全文明规定、禁令	
		管理人员挂牌上岗	
		安全员着装明显区别于其他管理人员和施工人员	
		现场安全宣传标语、警示标志，安全氛围浓厚	
		安全标志符合国家规定	
2	生活区布置	生活区布置符合标准	
		生活区内污水、污物、垃圾及时清理	
		生活区垃圾存放符合标准	
3	道路	主要道路硬化	
		道路宽度、平整度满足要求	
		道路有专人维护，维护良好，无严重破损情况	
		定期清扫及洒水除尘	
		坡道、转弯处等危险区域有明显的安全防护设施和警示标志	
		夜间照明符合要求	
4	宿舍	未使用通铺	
		有消暑和防蚊虫叮咬措施	
		宿舍整洁、卫生条件良好	
		宿舍内无使用电炉、电炒锅等大功率电器等现象	
		宿舍门窗完好	
		有值班制度	

序号	检查项目	检查要求	检查结果
4	宿舍	宿舍用电符合安全管理规定	
		冬季无使用明火取暖	
5	食堂	有消毒、灭蝇、防尘等卫生设施	
		食品及炊具、用具等存放符合标准	
		成品(食物)存放做到"四隔离"(生与熟隔离;成品与半成品隔离;食品与药品隔离;食品与天然冰隔离)	
		餐厅操作间、主副食库做到"四无"(无蛆、无蝇、无虫、无鼠)	
		从原料到成品做到"四不"(采购员不买腐烂变质的原料;保管员不收腐烂变质的原料;加工人员不用腐烂变质的原料;服务人员不卖腐烂变质的食品)	
		饮用水满足卫生要求	
		食堂周边垃圾及时清理	
6	厕所	厕所内的设施数量和布局符合规范要求	
		厕所安全卫生符合标准	
		按规定设置化粪池	
		有灭鼠、蚊、蝇等措施	
		安排专人定期保洁	
7	浴室	有浴室	
		卫生符合要求	
		按要求定期向职工免费开放	

检查人员：　　　　　　　　　　　　　　　　　　　　检查负责人：

说明:本表一式　份,由检查单位填写,用于存档和备查。

（三）实例3

施工现场管理和过程控制监督检查表

检查日期： 年 月 日

序号	检查内容	检查结果
1	现场平面布局是否符合安全管理要求	
2	施工道路安全管理是否符合相关规定	
3	消防设施管理是否符合相关规定	
4	临时建筑安全管理是否符合相关规定	
5	风水电管线安全管理是否符合相关规定	
6	通信设施安全管理是否符合相关规定	
7	施工照明安全管理是否符合相关规定	
8	材料及设备摆放安全管理是否符合相关规定	
9	废料及垃圾处理安全管理是否符合相关规定	
10	安全警示标志管理是否符合相关规定	
11	卫生急救保健和生产、生活管理是否符合相关规定	
12	办公区环境卫生管理是否符合相关规定	
13	危险性较大工程管理是否落实到位	
14	是否按规定开展安全技术交底,并在交底书上签字确认	
15	临边、洞口、高处作业、交叉作业、涉水作业、机械旋转部位等安全防护设施是否落实到位	
16	是否按规定编制临时用电施工组织设计,并落实临时用电安全措施	
17	是否按有关规定实施易燃易爆危险化学品管理	
18	是否制定现场消防安全管理制度及动火审批制度,并落实消防安全措施	
19	是否制定并实施大型设备运输或搬运专项安全措施	
参加人员：		

说明:本表一式 份,由检查单位填写,用于存档和备查。

（四）实例 4

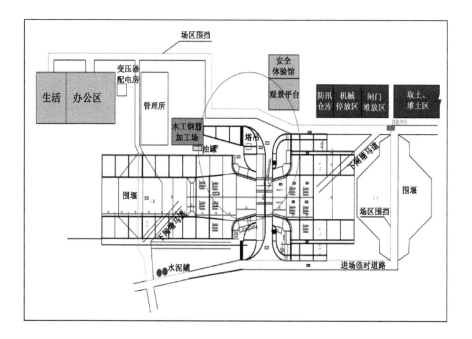

（五）实例 5

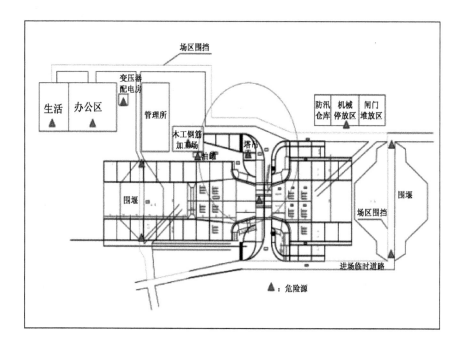

（六）实例6

1. ×××拆建工程保证安全生产的措施方案

×××拆建工程保证安全生产的措施方案

一、项目概况

介绍×××拆建工程项目主要概况

二、编制依据

制定本措施方案的依据是《中华人民共和国安全生产法》《安全生产许可条例》《水利水电工程施工安全管理导则》(SL 721—2015)《水利工程安全生产管理条例》《水利工程建设重大质量与安全事故应急案》等法律法规和有关规定。

三、安全生产管理机构及相关负责人

（1）×××拆建工程建设处

主任：　　　　　　　副主任：　　　　　　总工(技术负责人)：

安全负责人：　　　安全科长：　　　专职安全员：

（2）项目监理部

总监：　　　　专职安全员：

（3）土建施工及设备安装工程项目部

项目经理：　　　　专职安全员：

（4）闸门启闭机制作安装单位

项目经理：　　　　专职安全员：

四、安全生产有关规章制度制定情况

根据×××拆建工程建设实际,编制了×××拆建工程《安全生产管理办法》、《安全生产例会制度》、《安全生产检查制度》、《安全生产隐患定期排查整改制度》、《重大危险源公示和跟踪整改制度》、《安全生产事故报告和处理制度》等有关安全生产的各项规章制度。

五、安全生产管理人员及特种作业人员持证上岗情况等

各参建单位都设立了安全生产管理人员及专职安全员、特种作业人员,如电工、起重工等特种作业人员都取得了相应的职业资格证书。

六、生产安全事故的应急救援预案

1. 总则

1.1　目的

为做好×××拆建工程建设重大质量与安全事故应急处置工作,有效预防、及

时控制和消除工程建设中重大质量与安全事故的危害,最大限度减少人员伤亡和财产损失,保证项目顺利进行,根据国家和《水利工程安全生产监督管理办法》以及其他有关规定,结合本工程实际,特制定本应急预案。

1.2 适用范围

1.2.1 本应急预案适用于×××拆建工程建设过程中突然发生且已造成或可能造成重大人员伤亡、重大财产损失,有重大社会影响或涉及公共安全的重大质量与安全事故的应急处置工作。

1.2.2 结合本工程建设的实际,按照质量与安全事故发生的过程、性质和机理,本工程建设重大质量与安全事故主要包括:

(1)施工中土石方塌方和结构坍塌安全事故;

(2)特种设备或施工机械安全事故;

(3)施工围堰坍塌安全事故;

(4)闸基、设备等拆除安全事故;

(5)施工场地内道路交通安全事故;

(6)施工中发生的各种重大质量事故;

(7)其他原因造成的水利工程建设重大质量与安全事故。

本工程建设中的发生的自然灾害(如洪水、地震等)、公共卫生、社会安全等事件,依据国家和地方相应应急预案执行。

1.3 工作原则

1.3.1 以人为本,安全第一。应急处置以保障人民群众的利益和生命财产安全作为出发点和落脚点,最大限度地减少或减轻重大质量与安全事故造成的人员伤亡、财产损失以及社会危害。

1.3.2 在事故现场,各参建单位在事故现场应急指挥小组的统一指挥下,进行事故处置活动。

1.3.3 ×××拆建工程各参建单位及时报告事故信息,在建设处的领导下,快速处置信息,做到信息准确、运转高效。

1.3.4 贯彻落实"安全第一、预防为主"的方针,坚持事故应急与预防工作相结合,做好预防、预测、预警和预报、正常情况下的工程建设项目风险评估、应急物资储备、应急队伍建设、应急装备和应急预案演练等工作。

2. 应急指挥机构

2.1 ×××拆建工程应急小组

2.1.1 ×××拆建工程设立水利工程建设重大质量与安全事故应急指挥小组(以下简称"应急指挥小组"),组成如下:

指挥长：

副指挥长：

成员：

其主要职责：

（1）拟定工程建设重大质量与安全事故应急预案；

（2）参加工程建设重大质量与安全事故应急处置；

（3）及时了解和掌握工程建设重大质量与安全事故信息，根据事故需要，及时向安全生产领导小组汇报事故情况；

（4）配合有关部门进行事故调查、分析、处理及评估工作；

（5）组织事故应急处置相关知识的宣传等工作；

（6）及时完成上级交办的其他任务。

2.1.2 ×××拆建工程应急小组办公室设在沭新闸，拆建工程土建施工及设备安装工程项目部负责日常事务。

组长：

成员：

主要职责：

（1）负责水利工程建设重大质量与安全事故应急的日常事务工作；

（2）组织实施应急预案，传达工程建设事故应急指挥小组的各项指令，协调水利工程建设重大质量与安全事故应急处置工作；

（3）汇总事故信息并报告（通报）事故情况，组织事故信息的发布工作；

（4）负责工程建设项目重大质量与安全事故的应急处置工作；

（5）承办工程建设事故应急指挥小组召开的会议和重要活动；

（6）承办工程建设事故应急指挥小组交办的其他事项。

2.2 施工单位应急救援组织及职责

2.2.1 制定本工程施工质量与安全事故应急预案，建立应急救援组织或者配备应急救援人员，配备必要的应急救援器材、设备，并定期组织演练。水利工程施工企业应明确专人维护救援器材、设备等。

2.2.2 在工程项目开工前，应当根据所承担的工程项目施工特点和范围，制定施工现场施工质量与安全事故应急预案，建立应急救援组织或配备应急救援人员并明确职责。

2.2.3 按照施工现场施工质量与安全事故应急预案，建立应急救援组织或配备应急救援人员并明确职责。

2.2.4 施工质量与安全事故应急预案、应急救援组织或配备的应急救援人员和职责。应当与项目法人制定的水利工程项目建设质量与安全事故应急预案协调一致,并将应急预案报项目法人备案。

2.3 应急指挥小组在重大质量与安全事故发生后,在建设处的统一领导下,应当迅速组建重大质量与安全事故现场应急处置指挥机构,负责事故现场应急救援和处置的统一领导与指挥。

3. 预警和预防机制

3.1 建立和完善项目应急组织体系和应急队伍建设,加强质量与安全事故应急有关知识的宣传教育,开展工程项目应急预案以及应急救援器材、设备的监督检查工作,防患于未然。

3.2 预警预防行动

3.2.1 项目部应当根据建设工程的施工特点和范围,加强对施工现场易发生重大事故的部位、环节进行监控,配备救援器材、设备,并定期组织演练。

3.2.2 对可能导致重大质量与安全事故后果的险情,项目法人和施工等知情单位应当按项目管理权限立即报告工程所在地人民政府,必要时可越级上报至江苏省水利厅工程建设事故应急指挥小组办公室;对可能造成重大洪水灾害的险情,项目法人和施工单位等知情单位应当立即报告所在地防汛指挥部,必要时可越级上报至江苏省水利厅防汛抗旱总指挥部办公室。

3.2.3 建设处接到可能导致水利工程建设重大质量与安全事故的信息后,及时确定应对方案,通知有关部门、参建单位采取相应行动预防事故发生,并按照预案做好应急准备。

4. 应急响应

4.1 分级响应,按事故的严重程度和影响范围,将工程建设质量与安全事故分为Ⅰ、Ⅱ两级。对应相应事故等级,采取Ⅰ级、Ⅱ级应急响应行动。

4.1.1 Ⅰ级(重大质量与安全事故)

已经或者可能导致死亡(含失踪)1人以上、3人以下,或重伤(中毒)5以上、10人以下,或直接经济损失500万元以上、1000万元以下的事故。

4.1.2 Ⅱ级(较大质量与安全事故)

已经或者可能导致死亡(含失踪)1人,或重伤(中毒)5以下,或直接经济损失500万元以下的事故。

根据国家有关规定和水利工程建设实际情况,事故分级将适时做出调整。

4.2 响应程序,工程建设质量与安全事故发生后,应急指挥小组应当根据项目管理权限立即启动应急预案,迅速赶赴事故现场。

4.2.1 工程建设项目发生质量与安全事故后,应急指挥小组在接到事故报告后,应当立即启动应急预案,各部门和单位按职责认真开展应急处置工作。

启动Ⅰ级应急响应行动时,由应急指挥小组指挥长或副指挥长率成员指导事故应急处置和事故调查工作。

启动Ⅱ级应急响应行动时,由应急指挥小组副指挥长率成员指导事故应急处置和事故调查工作。

4.3　事故报告

4.3.1　事故报告程序

(1)工程建设重大质量与安全事故发生后,事故现场有关人员应当立即报告本单位负责人。项目法人、施工等单位应当立即将事故情况按项目管理权限如实向建设处和事故所在地人民政府报告,最迟不得超过2小时。建设处接到事故报告后,应当立即报告省水利厅工程建设事故应急指挥小组。工程建设过程中发生生产安全事故的,应当同时向事故所在地安全生产监督局报告;特种设备发生事故,应当同时向特种设备安全监督管理部门报告。接到报告的部门应当按照国家有关规定,如实上报。

报告的方式可先采用电话口头报告,随后递交正式书面报告。在法定工作日向应急指挥小组报告,夜间和节假日向建设处值班人员报告,值班人员归口负责向建设处报告。

(2)建设处接到水利工程建设重大质量与安全事故报告后,应当遵循"迅速、准确"的原则,立即逐级报告同级人民政府和上级水行政主管部门。

(3)特别紧急的情况下,项目法人和施工单位以及可直接向上级主管部门报告。

4.3.2　事故报告内容

(1)事故发生后及时报告以下内容:

① 发生事故的工程名称、地点、建设规模和工期,事故发生的时间、地点、简要经过、事故类别和等级、人员伤亡及直接经济损失初步估算;

② 有关项目法人、施工单位、主管部门名称及负责人联系电话,施工等单位的名称、资质等级;

③ 事故报告的单位、报告签发人及报告时间和联系电话等。

(2)根据事故处置情况及时续报以下内容:

① 有关项目法人、勘察、设计、施工、监理等工程参建单位名称、资质等级情况,单位以及项目负责人的姓名以及相关执业资格;

② 事故原因分析;

③ 事故发生后采取的应急处置措施及事故控制情况;

④ 抢险交通道路可使用情况;

⑤ 其他需要报告的有关事项等。

4.3.3 相关记录

应急小组应当对协调应急行动的情况做出详细记录。

4.4 指挥协调和紧急处置

4.4.1 工程建设发生质量与安全事故后,在工程所在地人民政府的统一领导下,迅速成立事故现场应急处置指挥机构负责统一领导、统一指挥、统一协调事故应急救援工作。事故现场应急处置指挥机构由到达现场的各级应急指挥小组和项目法人、施工等工程参建单位组成。

在事故现场参与救援的各单位和人员应当服从事故现场应急处置指挥机构的指挥,并及时向事故现场应急处置指挥机构汇报有关重要信息。

4.4.2 工程建设发生重大质量与安全事故后,项目法人和施工等工程参建单位必须迅速、有效地实施先期处置,防止事故进一步扩大,并全力协助开展事故应急处置工作。

4.4.3 在事故应急处置过程中,应急小组应高度重视应急救援人员的安全防护,并根据工程特点、环境条件、事故类型及特征,为应急救援人员提供必要的安全防护装备。

4.4.4 在事故应急处置过程中,根据事故状态,划定事故现场危险区域范围、设置明显警示标志,并及时发布通告,防止人畜进入危险区域。

4.4.5 在事故应急处置过程中,做好事故现场保护工作,因抢救人员防止事故扩大以及为缩小事故等原因需移动现场物件时,应当做出明显的标记和书面记录,尽可能拍照或者录像,妥善保管现场的重要物证和痕迹。

4.5 新闻报道工程建设重大安全事故的信息和新闻发布,由建设处实行集中、统一管理,确保信息准确、及时传递,并根据国家有关规定向社会公布。

5. 应急结束

5.1 结束程序工程建设重大质量与安全事故现场应急救援活动结束以及调查评估完成后,按照"谁启动、谁结束"的原则,由应急指挥小组决定应急结束,并通知有关部门和公众。特殊情况下,报省厅或省厅授权的部门决定应急结束。

5.2 善后处置

5.2.1 工程建设重大质量与安全事故应急处置结束后,根据事故发生区域、影响范围,应急指挥小组督促、协调、检查事故善后处置工作。

5.2.2 建设处及事故发生单位依法认真做好各项善后工作,妥善解决伤亡人员的善后处理,以及受影响人员的生活安排,按规定做好有关损失的补偿工作。

5.2.3 建设处组织有关部门对事故产生的损失逐项核查,编制损失情况报告上报主管部门并抄送有关单位。

5.2.4　建设处、事故发生单位及其他有关单位积极配合事故的调查、分析、处理和评估等工作。

5.2.5　建设处组织有关单位共同研究,采取有效措施,修复或处理发生事故的工程项目,尽快恢复工程的正常建设。

5.3　事故调查和经验教训总结要按照有关规定,及时组织有关部门和单位进行事故调查,认真吸取教训,总结经验,及时进行整改。

5.3.1　重大质量与安全事故调查应当严格按照国家有关规定进行。事故调查组织的职责如下:

(1) 查明事故发生的原因、人员伤亡及财产损失情况;

(2) 查明事故的性质和责任;

(3) 提出事故处理及防止类似事故再次发生所采取措施的建议;

(4) 提出对事故责任者的处理建议;

(5) 检查控制事故的应急措施是否得当和落实;

(6) 写出事故调查报告。

5.3.2　事故调查报告应当包括以下内容:

(1) 发生事故的工程基本情况;

(2) 调查中查明的事实;

(3) 事故原因分析及主要依据;

(4) 事故发展过程及造成的后果(包括人员伤亡、经济损失)分析、评估;

(5) 采取的主要应急响应措施及其有效性;

(6) 事故结论;

(7) 事故责任单位、事故责任人及其处理建议;

(8) 调查中尚未解决的问题;

(9) 经验教训和有关水利工程建设的质量与安全建议;

(10) 各种必要的附件等。

5.3.3　重大质量事故调查应当执行《水利工程质量事故处理暂行规定》的有关规定。

5.3.4　重大质量与安全事故现场处置工作结束后,参加事故应急处置的应急指挥小组应当组织监理部、项目部对本部门(单位)应急预案的实际应急效能进行评估,对应急预案中存在的问题和不足及时进行完善和补充。

5.3.5　建设处、事故发生单位及工程其他参建单位,从事故中总结经验,吸取教训,采取有效整改措施,确保后续工程安全、保质保量地完成建设。

5.3.6　重大质量与安全事故现场处置工作结束后,应急救援指挥机构应当提出应急救援工作总结报告。

6. 应急保障措施

6.1 通讯与信息保障

6.1.1 应急指挥机构部门及人员通信方式应当报省厅应急指挥小组备案。

6.1.2 正常情况下,应急指挥小组和主要人员应当保持通信设备 24 小时畅通。

6.1.3 重大质量与安全事故发生后,正常通信设备不能工作时,应立即启动通讯应急预案,迅速调集力量抢修损坏的通信设施,启用备用应急通信设备,保证事故应急处置的信息畅通,为事故应急处置和现场指挥提供通信保障。

6.1.4 通信与信息联络的保密工作、保密范围及相应通信设备应当符合应急指挥要求及国家有关规定。

6.2 应急支援与装备保障

6.2.1 工程现场抢险及物资装备保障

(1) 根据可能突发的重大质量与安全事故性质、特征、后果及其应急预案要求,项目法人应当组织工程有关施工单位配备适量应急机械、设备、器材等物资装备,以保障应急救援调用。

(2) 重大质量与安全事故发生时,应当首先充分利用工程现场既有的应急机械、设备、器材。同时在地方应急指挥小组的调度下,动用工程所在地公安、消防、卫生等专业应急队伍和其他社会资源。

6.2.2 应急队伍保障

应急指挥小组应当组织好三支应急救援基本队伍:

(1) 工程设施抢险队伍,由工程施工等参建单位的人员组成,负责事故现场的工程设施抢险和安全保障工作。

(2) 专家咨询队伍,由从事科研、勘察、设计、施工、监理、质量监督、安全监督、质量检测等工作的技术人员组成,负责事故现场的工程设施安全性能评价与鉴定,研究应急方案、提出相应应急对策和意见;并负责从工程技术角度对已发事故还可能引起或产生的危险因素进行及时分析预测。

(3) 应急管理队伍,由建设处的有关人员组成,负责接收同级人民政府和上级水行政主管部门的应急指令、组织各有关单位对水利工程建设重大质量与安全事故进行应急处置,并与有关部门进行协调和信息交换。

6.2.3 经费与物资保障

应急指挥小组应当确保应急处置过程中的资金和物资供给。

6.3 技术储备与保障

6.3.1 应急指挥小组应当整合水利工程建设各级应急救援专家并建立专家

库,常设专家技术组,根据工程重大质量与安全事故的具体情况,及时派遣或调整现场应急救援专家成员。

6.3.2　应急指挥小组将组织有关单位对水利工程质量与安全事故的预防、预测、预警、预报和应急处置技术研究,提高应急监测、预防、处置及信息处理的技术水平,增强技术储备。

6.3.3　水利工程重大质量与安全事故预防、预测、预警、预报和处置技术研究和咨询依托有关专业机构。

6.4　宣传、培训和演练

6.4.1　公众信息交流

(1)本应急预案及相关信息公布范围至流域机构、省级水行政主管部门。

(2)建设处制定的应急预案应当公布至工程各参建单位及相关责任人,并向工程所在地人民政府及有关部门备案。

6.4.2　培训

(1)建设处应组织各参建单位人员进行各类质量与安全事故及应急预案教育,对应急救援人员进行上岗前培训和常规性培训。培训工作应结合实际,采取多种形式,定期与不定期相结合,原则上每年至少组织一次。

(2)培训对象包括有关领导和有关应急人员等,培训工作应做到合理规范,保证培训工作质量和实际效果。培训情况要留有记录并建立培训档案。

6.4.3　演练

(1)应急指挥小组应当根据工程建设情况和总体工作安排,适时选定某一工程,组织相关单位进行重大质量与安全事故应急处置演练。

(2)建设处安全科应根据工程具体情况及事故特点,组织工程参建单位进行突发事故应急救援演习,必要时邀请工程所在地人民政府及有关部门或社会公众参与。

(3)演练结束后,组织单位要总结经验,完善和改进事故防范措施和应急预案。

6.5　监督检查

6.5.1　建设处安全科对参建单位实施应急预案进行指导和协调。

6.5.2　建设处对工程各参建单位实施应急预案进行督促检查。

6.5.3　应急指挥小组对检查发现的问题及时责令整改,拒不执行的,报请建设处予以处理。

7.　附　　则

7.1　预案管理与更新

7.1.1　本预案报省厅有关部门,由建设处安全科具体负责管理与更新。

7.1.2 本预案所依据的法律法规、所涉及的机构和人员发生重大变化或在执行过程中发现存在重大缺陷时,由建设处安全科及时组织修订。

7.2 责任追究

7.2.2 在工程建设中玩忽职守造成重大质量与安全事故的,依照《中华人民共和国安全生产法》、《建设工程安全生产管理条例》和《建设工程质量管理条例》等法律法规,追究当事人和有关单位的责任,并予以处罚;构成犯罪的,由司法机关依法追究刑事责任。

7.2.3 建设处及各参建单位按本预案要求,承担各自职责。在水利工程建设重大质量与安全事故应急处置中,由于玩忽职守、渎职、违法违规等行为造成严重后果的,依照国家有关法律及行政法规,追究当事人和有关单位责任,并予以处理;构成犯罪的,由司法机关依法追究刑事责任。

7.3 本预案由××工程建设处制定并负责解释。

联系部门:××工程建设处安全科

联 系 人:

(七) 实例7

×××拆建工程度汛方案

1. ××拆建工程设计水位组合表

设计工况			上游水位(m)	下游水位(m)	流 量(m³)	备 注
设计	流 量					
	稳 定					
校核	稳定	校核Ⅰ				
		校核Ⅱ				
	消能核算					

2. 控制运用原则

按用水计划或者管理处水文站指令向连云港、东海等输送工农业及生活用水。如遇灌区内降暴雨,该闸应及时关闭。

3. 工程调度运行制度

3.1 ××拆建工程只接受××单位指令,不得接受其他任何单位和个人的指令。

3.2　闸门启闭前应检查上下游闸门附近有无船只、漂浮物或其他行水障碍，闸门有无卡阻、冻结，启闭机械是否正常，电源与动力设备有无问题等情况。

3.3　××拆建工程一般情况常年开启向××地区供水，不涉及排涝、泄洪任务。

4. 度汛措施

4.1　建立、健全岗位责任制

4.1.1　执行建设处主要领导负总责，建立健全汛期工作制度、防汛值班制度和抢险等制度。

4.1.2　值班人员必须严格执行汛期值班制度，按上级要求执行水情调度指令。

4.1.3　所有人员必须坚守岗位，不得无故请假，特殊情况需经建设处领导批准。

4.1.4　巡视人员必须加强建筑物安全检查，发现问题应及时上报并处理。

4.1.5　一旦出现险情，抢险突击队队员都应积极投入抢险中。

4.1.6　对人为原因造成的事故，参照有关规定追究当事人责任；对汛期工作中表现突出者，参照有关规定予以嘉奖。

5. 汛期工作制度

5.1　汛期到来之前，××拆建工程建设处应在保证未完工程的正常施工的前提下，做好下列各项准备工作：

5.1.1　进行工程检查，并对已完成的部分工程作出质量检测，确认其是否可以安全度汛。

5.1.2　优化××拆建工程施工方案和施工计划，确保在××年××月××前具备放水条件。

5.1.3　在遇较大来水情况下，一切服从需要。撤出人员和施工设备及有关材料，保证人员及设备安全，工程全力投入抢险。

5.1.4　根据工程具体情况以及可能发生的险情和抢护方法，准备必要的防汛器材和物资，并组织好防汛抢险对策。

5.1.5　工程内的闸门、启闭机、电气设备等均需有足够的备品、配件。定期和不定期安排专人检查备用电源，保证汛期电源可靠供电。

5.1.6　检查通讯、照明、起重、运输设备等是否完好。

5.1.7　成立防汛抢险突击队，防止突发事件的发生。

5.2　进入汛期，××拆建工程建设处应做好以下工作：

5.2.1 密切注意水情变化,由××单位做好水情测报工作,掌握好水文气象及洪水情况,以便及时采取相应措施。

5.2.2 加强巡视检查。定时定人,巡查的范围包括施工围堰、上下游引河、块石护坡、堤防、砼及钢筋砼结构、闸门、钢丝绳、启闭机及电气设备等。汛期巡查次数:一般一日一次,巡查时应做好详细的巡查情况记录。

5.2.3 及时向建设处及水文站汇报情况。

5.2.4 保证建筑物排水设施畅通有效。

5.2.5 安排汛期值班,保证昼夜 24 小时值班,发现问题及时上报和处理。

5.2.6 督促施工单位,严格按原定的施工方案和计划抓紧未完工程的施工。

6. 防事故措施

根据进度计划安排,××拆建工程计划于××年××月××日具备水下验收条件,完成具体目标为:完成××拆建工程××孔工作桥安装、完成××台套卷扬式启闭机安装调试工作。如汛前未能按期完成,采取下列措施:

(1)在桃花汛期间,严格控制××拆建工程上游土围堰前水位。当上游土围堰水位超过××米、下游土围堰水位超过××米时,应立即停工,增加上游土围堰高度至××米(××工程上游历史最高水位××米),如发现异常情况,及时上报建设处,并立即投入工程抢险准备工作。

(2)为保证向××地区工农业送水任务,继续使用导流路线补水,由××闸经××闸向××地区补水 30 立方米每秒。

(3)备足交流接触器、熔丝具、柴油、螺栓等电气、机械设备的备品备件,确保满足检修的需要。

(4)成立抢险突击队。××拆建工程建设处和施工单位联合组建一支召之即来、来之能战、战之能胜的抢险突击队。抢险突击队分成两个组:控制运用组和土建施工组,并定期进行业务培训、演练,做到随时拉得出、打得响。

队　　　长:

副　队　长:

控制运用组:

组长:

组员:

土建施工组:

组长:

组员:

(八) 实例8

危险性较大工程清单(一)

一、工程基本情况					
工程名称	×××拆建工程		地点		
建设单位		施工总承包单位		专业承包单位	

达到一定规模的危险性较大工程		
危险性较大工程名称	内容	计划实施时间
1. 基坑支护、降水工程	开挖深度达到3(含)~5 m或未超过3 m但地质条件和周边环境复杂的基坑(槽)支护、降水工程	
2. 土方和石方开挖工程	开挖深度达到3(含)~5 m的基坑(槽)的土方和石方开挖工程	
3. 模板工程及支持体系	1) 大模板等工具式模板工程 2) 混凝土模板支撑工程:搭设高度5(含)~8 m;搭设跨度10(含)~18 m;施工总载荷10(含)~15 kN/m²;集中线载荷15(含)~20 kN/m;高度大于支撑水平投影宽度且相对独立无联系构件的混凝土模板支撑工程 3) 承重支撑系统:用于钢结构安装等满堂支撑体系	
4. 起重吊装及安装拆卸工程	1) 采用非常规起重设备、方法,且单件起吊重量在10(含)~100 kN的起重吊装工程 2) 采用起重机械设备进行安装的工程 3) 起重机械设备自身的安装、拆卸	
5. 脚手架工程	1) 搭设高度24(含)~50 m的落地式钢管脚手架工程 2) 附着式整体和分片提升脚手架工程 3) 悬挑脚手架工程 4) 吊篮脚手架工程 5) 自制卸料平台、移动操作平台工程 6) 新型及异型脚手架工程	
6. 拆除、爆破工程		
7. 围堰工程		
8. 水上施工作业平台		
9. 其他危险性较大的工程		

危险性较大工程清单（二）

一、工程基本情况					
工程名称			地点		
建设单位		施工总承包单位		专业承包单位	

超过一定规模的危险性较大工程		
超过一定规模的危险性较大工程名称	内容	计划实施时间
1. 深基坑工程	1) 开挖深度超过 5 m(含)的基坑(槽)的土方开挖、支护、降水工程 2) 开挖深度虽未超过 5 m,但地质条件、周围环境和地下管线复杂,或影响毗邻建筑(构筑)物安全的基坑(槽)的土方开挖、支护、降水工程	
2. 模板工程及支持体系	1) 工具式模板工程:滑模、爬模、飞模工程 2) 混凝土模板支撑工程:搭设高度 8 m 及以上;搭设跨度 18 m 及以上;施工总载荷 15 kN/m² 及以上;集中线载荷 20 kN/m 及以上 3) 承重支撑系统:用于钢结构安装等满堂支撑体系,承受单点集中荷载 700 kg 以上	
3. 起重吊装及安装拆卸工程	1) 采用非常规起重设备、方法,且单件起吊重量在 100 kN 以上的起重吊装工程 2) 采用起重 300 kN 及以上的起重安装工程;安装高度 200 m 及以上的起重设备的拆除工程	
4. 脚手架工程	1) 搭设高度 50 m 及以上的落地式钢管脚手架工程 2) 提升高度 150 m 及以上附着式整体和分片提升脚手架工程 3) 架体高度 20 m 及以上悬挑脚手架工程	
5. 拆除、爆破工程	1) 采用爆破拆除工程 2) 可能影响行人、交通、电力设施、通信设施或其他建、构筑物安全的拆除工程 3) 文物保护建筑、优秀历史建筑或历史文化风貌区控制范围的拆除工程	
6. 其他	1) 开挖深度超过 16 m 的人工挖孔桩工程 2) 重要的施工围堰、拆除(含爆破)工程、水上施工作业平台、基坑上下通道、施工导流(航)工程等 3) 高边坡工程 4) 采用新技术、新工业、新材料、新设备及尚无相关技术标准的危险性较大的工程	

续表

安全管理措施(可另附页)：

见各专项施工方案。

项目经理(签字)：	总监理工程师(签字)：	项目负责人(签字)：
施工单位(盖章) 　　　年　月　日	监理单位(盖章) 　　　年　月　日	建设单位(盖章) 　　　年　月　日

说明：本表一式　份，由施工单位填写，监理机构、项目法人签署意见后，施工单位、监理单位、项目法人各一份。

（九）实例9

专项施工方案报审表

工程名称：×××拆建工程

致：(监理单位) 　　我方已完成_____安全专项施工方案的编制，并经公司技术负责人批准，请予以审查。 附：   <div align="right">总承包单位(项目章)： 项目负责人(注册章)： 年　　月　　日</div>
专业监理工程师审查意见：   <div align="right">专业监理工程师(签名)： 年　　月　　日</div>
总监理工程师审查意见：   <div align="right">项目监理机构(章)： 总监理工程师(注册章)： 年　　月　　日</div>

说明：本表一式　　份，由施工单位申报，监理机构审核后，项目法人、监理机构、施工单位各一份。

（十）实例 10

超过一定规模的危险性较大工程专项施工方案专家论证审查表

一、工程基本情况						
工程名称	×××拆建工程		地点			
建设单位		施工总承包单位		专业承包单位		
单项工程类别：						
工程基本情况：						

二、专家论证会的有关人员（签名）						
类别	姓名	单位(全称)	专业	职务职称	手机	
专家组组长						
专家组成员						
建设单位项目负责人或技术负责人						
监理单位项目总监理工程师						
监理单位专业监理工程师						
施工单位安全管理机构负责人						
施工单位工程技术管理机构负责人						
施工单位项目负责人						
施工单位项目技术负责人						
专项方案编制人员						

续表

类别	姓名	单位(全称)	专业	职务职称	手机
项目专职安全生产管理人员					
设计单位项目技术负责人					
其他有关人员					

三、专家组审查综合意见及修改完善情况

专家组审查意见:

论证结论: □通过 □修改通过 □不通过

专家签名: 专家组组长:(签名)
年 月 日

施工单位就专家论证意见对专项方案的修改情况:(对专家提出的意见逐条回复,可另附页)

施工单位意见: 施工总承包单位:(公章)

项目负责人:(签名)

单位技术负责人:(签名)

年 月 日

监理单位意见:

专业监理工程师:(签名) 总监理工程师:(注册章)
年 月 日

项目法人意见:

项目负责人:(签名) (公章):
年 月 日

说明:本表一式 份,由施工单位填写,监理机构、项目法人签署意见后,施工单位、监理单位、项目法人各一份。

（十一）实例 11

安全技术交底

工程名称	×××拆建工程	施工单位		
施工部位		施工内容		
交底负责人		施工期限	年 月 日至 年月 日	
基本安全技术要求				
施工现场针对性交底	危险因素			
	防范措施			
	应急措施			
交底人姓名		接受交底负责人签名		交底时间
接受交底人员签名				

说明：本表一式　份，由施工单位填写，用于存档和备查。

（十二）实例 12

扣件式钢管脚手架验收表

工程名称	×××拆建工程		
总承包单位		项目负责人	
专业承包单位		项目负责人	
施工执行标准及编号：			
验收部位		搭设高度/m	材质型号

序号	检查项目	检查内容与要求	验收结果
1	施工方案	架子工持省级以上建设主管部门颁发的建筑施工特种作业人员操作资格证书	
		脚手架搭设前必须编制专项方案，搭设高度 50 m 及以上须有专家论证报告，审批手续完备	
		搭设高度 50 m 以下脚手架应有连墙杆、立杆地基承载力设计计算；搭设高度超过 50 m 时，应有完整设计计算书	
		卸荷装置符合专项方案要求	
		立杆、纵向水平杆、横向水平杆间距符合设计和规范要求	
		必须设置纵横扫地杆并符合要求	
2	立杆基础	基础经验收合格，平整坚实与方案一致，有排水设施	
		立杆底部有底座或垫板符合方案要求并应准确放线定位	
		立杆没有因地基下沉悬空的情况	
3	剪刀撑与连墙杆	剪刀撑按要求沿脚手架高度连续设置，每道剪刀撑宽度不小于 4 跨（且不应小于 6 m），角度 45°～60°，搭接长度不小于 1 m，扣件距钢管端部大于 10 cm，等间距设置 3 个旋转扣件固定	
		按方案要求设置连墙拉结点；高度在 50 m 及以下的双排架和高度在 24 m 及以下的单排架，每根连墙杆覆盖面积不大于 40 m²，高度在 50 m 以上的双排架每根连墙杆覆盖面积不大于 27 m²	
		高度超过 24 m 以上的双排脚手架必须用刚性连墙杆与建筑物可靠连接	
		高度在 24 m 以下宜采用刚性连墙件与建筑物可靠连接，亦可采用拉筋和顶撑配合使用的附墙连接方式	

续表

序号	检查项目	检查内容与要求	验收结果
4	杆件连接	步距、纵距、横距和立杆垂直度搭设误差符合规范要求;不同步、不同跨相邻立杆、纵向水平杆接头须错开不小于 500 mm,除顶层顶步外,其余接头必须采用对接扣件连接	
		纵、横向水平杆根据脚手板铺设方式与立杆正确连接	
		扣件紧固力矩控制在 40～65 N·m	
5	脚手板与防护栏杆	施工层满铺脚手板,其材质符合要求	
		脚手板对接接头外伸长度 130～150 mm,脚手板搭接接头长度应大于 200 mm,脚手板固定可靠	
		斜道两侧及平台外围搭设不低于 1.2 m 高的防护栏杆和 180 mm 的挡脚板并用密目完全网防护	
6	钢管及扣件	规格符合方案或计算书中要求	
		禁止钢木(竹)混搭	
		有出厂质量合格证	
		使用的钢管无裂纹、弯曲、压扁、锈蚀	
7	架体安全防护	脚手架外立杆内侧满挂密目式安全网封闭	
		施工层脚手架内立杆与建筑物之间用平网或其他措施防护,并符合方案要求	
8	通道	运料斜道宽度不宜小于 1.5 m,坡度宜采用 1∶6;人行道斜道宽度不宜小于 1 m,坡度宜采用 1∶3	
		每隔 250～300 mm 设置一根防滑木条,有防护栏杆及挡脚板,并符合规范要求	
9	其他		
验收结论		验收日期:　　年　　月　　日	

参加验收人员	总承包单位	专业承包单位	监理单位
	专项方案编制人:(签名)	专项方案编制人:(签名)	专业监理工程师:(签名)
	项目技术负责人:(签名)	项目技术负责人:(签名)	
	项目负责人:(签名)	项目负责人:(签名)	总监理工程师:(签名)
	(项目章)	(项目章)	

说明:本表一式　　份,由施工单位填写。施工单位、监理机构各一份。

（十三）实例 13

消防监督检查记录表

部门：   编号：

被检查部门			检查时间	
消防安全管理	序号	检查内容		检查结果
	1	火灾隐患的整改情况以及防范措施的落实情况		
	2	安全疏散通道、疏散指示标志、应急照明和安全出口情况		
	3	消防车通道、消防水源情况		
	4	灭火器材配置及有效情况		
	5	用火、用电有无违章情况		
	6	消防安全重点部位的管理情况，仓库、宿舍、加工场地及重要设备旁配有足够的灭火器材等消防设施设备		
	7	化学危险物品和场所防火防爆措施的落实情况以及其他重要物资的防火安全情况		
	8	消防安全标志的设置情况和完好、有效情况		
	9	其他需要检查的内容		
检查存在的问题	消防检查人：			
被检查单位意见	被检查单位负责人：			
整改措施、方案				
验证人				

说明：本表一式　份，由施工单位填写。施工单位、监理机构各一份。

（十四）实例 14

施工车辆安全检查验收表

单位名称			工程名称	×××拆建工程	
序号	验收项目	验收内容			结果
1	保证资料	是否有检验合格证、取得有效牌照,机械维修保养记录等资料			
2	车辆情况	车辆有关装备、安全装置及附件是否齐全有效; 车辆驾驶及转向系统是否符合有关规定、驾驶是否灵便、转向是否灵活; 车辆及挂车是否有彼此独立的行车和驻车制动系统,是否可靠; 整车的制动装置是否可靠; 车辆的照明系统是否符合规定; 车辆的离合、变速系统是否正常; 驾驶室的技术状况是否符合规定,视线是否良好; 车辆传动装置的技术状况是否保持良好状况; 易燃易爆车辆是否备有消防器材和相应的安全措施,并喷有禁止烟火字样			
3	交通安全	各类机动车辆是否符合安全要求; 有无机动车辆管理制度,是否落实,机动车司机是否持有合格证或驾驶许可证			
验收意见 :					
			项目技术负责人: 日期:		
验收人签名	施工单位负责人:		总监理工程师:		
	其他参加验收人员:				

说明:本表一式　份,由施工单位填写。施工单位、监理机构各一份。

（十五）实例 15

1. 关于《×××拆建工程施工导流方案》的请示

×××拆建工程建设处文件

×××〔20××〕×号

关于《×××拆建工程施工导流方案》的请示

××防汛防旱指挥部：

20××年××月，江苏省水利厅《省水利厅关于转发〈省发展改革委关于××
×拆建工程初步设计的批复〉的通知》（苏水计〔××〕××号）同意××工程按原规
模进行拆除重建。工程主要建设内容包括：××。工程计划于20××年××月开
工，20××年××月底整体工程竣工，工期48个月。为确保4月30日前工程正式
通水，我处根据×××拆建工程施工组织设计，结合实际情况，组织编制了《×××
拆建工程施工导流方案》，现随文上报，请审查批准。

附件：×××拆建工程施工导流方案（略）

×××拆建工程建设处（章）

20××年××月××日

（十六）实例 16

×××拆建工程建设处文件

×××〔20××〕×号

关于印发《×××拆建工程安全度汛工作责任制》的通知

各参建单位：

为进一步加强×××拆建工程安全度汛工作，落实度汛责任，根据《水利工程
建设安全生产管理规定》《水利水电工程施工通用安全技术规程》《水利安全生产标
准化评审管理暂行办法》，我处组织制定了《×××拆建工程安全度汛工作责任

制》,现印发给你们,请遵照执行。

特此通知。

附件:×××拆建工程安全度汛工作责任制

×××拆建工程建设处(章)

20××年××月××日

附件:

×××拆建工程安全度汛工作责任制

第一条 建设单位应组织成立施工、设计、监理等单位参加的工程防汛机构,负责工程安全度汛工作,组织制定度汛方案及超标准洪水应急预案。

第二条 设计单位应于汛前提出工程度汛标准、工程形象进度及度汛要求。

第三条 施工单位应按设计要求和现场施工情况制定度汛措施,并报建设单位(监理)审批后成立防汛抢险队伍,配置足够的防汛物资,随时做好防汛抢险的准备工作。

第四条 建设单位应做好汛期水情预报工作,准确提供水文气象信息,预测洪峰流量及到来时间和过程,及时通告各单位。

第五条 防汛期间,各参建单位应组织专人对围堰、子堤等重点防汛部位巡视检查,观察水情变化,发现险情,及时进行抢险加固或组织撤离。

第六条 防汛期间,超标洪水来临前,施工单位应及时组织施工淹没危险区的施工人员及施工机械设备撤离到安全地点。

第七条 汛期,建设单位应加强与上级主管部门和地方政府防汛部门的联系,听从统一防汛指挥。

第八条 防汛期间,各参建单位在抢险时应安排专人进行安全监视,确保抢险人员的安全。

(十七) 实例 17

防汛应急预案演练记录表

工程名称:×××工程

组织部门		预案名称/编号	
起止时间		演练地点	
参加部门及人数			

实际演练部分:	□桌面演练　□功能演练　□全面演练	演练类别
	□全部预案　□部分预案	

演练目的、内容:

演练过程:

演练小结:(成功经验、缺陷和不足)

整改建议:

年　月　日	填表日期		审核人		填表人	

说明:本表一式　份,由组织演练单位填写,用于存档和备查。

（十八）实例 18

防汛度汛值班日志

值班日期：	值班领导：	天气：
值班时间： 时　分至　时　分	值班员：	
值班情况： （包括报告单位、报告人、报告时间、报告内容、巡逻等情况）		处置情况：

(十九) 实例 19

作业行为管理检查表

被查单位(施工单位、监理单位)　　　　　　　　　　　　检查日期：

序号	作业行为	策划	配备资源	组织管理	现场防护	旁站监督
1	高边坡或深基坑作业					
2	高大模板作业					
3	洞室作业					
4	爆破作业					
5	水上或水下作业					
6	高处作业					
7	起重吊装作业					
8	临近带电体作业					
9	焊接作业					
10	交叉作业					
参加检查人员						

说明:本表一式　份,由项目法人填写,建设单位　份,施工单位　份,监理单位　份。

（二十）实例 20

班组安全活动（技术培训）记录表

编号：

活动时间	年 月 日 时 分——— 时 分				
主持人		班组人数		出勤人数	

安全活动和培训主要内容：(可附页)

出勤人员签字：

补学人员签字(注明补学时间)：

项目经理(质量安全部)检查：

签字： 日期：

（二十一）实例 21

工程分包方资审表

单位名称	×××管理所		
单位地址			
技术人员			机械设备
初级工 （　）人	中级工 （　）人	高级工 （　）人	（　）台
营业执照			
资质证书			
质量、职业健康 安全和环境 体系证书			
信誉			
相关业绩			
发包单位意见			

（二十二）实例 22

相关方管理监督检查表

检查日期：　　年　　月　　日

相关方	检查内容	检查结果
施工单位	分包内容是否合规	
	分包单位的资质和安全许可证是否真实有效	
	分包内容是否在经营范围内	
	对所承包的工程有无转包或再分包	
勘测单位	是否严格执行相关安全操作规程	
	是否采取措施保证各类管线、设施和周边建筑物、构筑物和作业人员的安全	
设计单位	是否在工程设计文件中,注明涉及施工安全的重点部位和环节,并提出防范安全生产事故的指导意见	
	是否做好施工图设计交底、施工图会审、设计变更审批等设计控制	
	对采用新结构、新材料、新工艺以及特殊结构的工程,是否组织对设计中提出保障施工作业人员安全和预防生产安全事故的措施建议进行审查、论证	
监理单位	是否编制监理规划和监理实施细则	
	是否审查施工组织设计中的安全技术措施或者专项施工方案	
	是否对施工作业安全实施现场施工安全监理	
供应商	提供的机械设备和配件等是否配备齐全有效的保险、限位等安全设施和装置	
	提供的机械设备和配件等有无安全操作的说明	
	机械设备和配件质量和安全性能有无达到国家有关技术标准的证据	
法人与相关单位	是否组织制定协调一致的交叉作业施工组织措施和安全技术措施	
	是否签订安全生产协议并监督实施	
	是否对勘察、设计、施工、工程监理等单位提出不符合建设安全生产法律、法规和强制性标准规定的要求	
	有无压缩合同约定的工期	

参加检查人员：

（二十三）实例 23

交叉作业现场协调与巡视检查记录表

编号：

工程名称	×××拆建工程	作业部位（名称）	
施工单位		日期	
监督人			

监督记录：

监督人签字：

日　　期：

第三节　职业健康

一、评审标准及评分标准

【国家评审标准内容】

4.3.1　监督检查参建单位建立职业健康管理制度,明确职业危害的监测、评价和控制的职责和要求。

4.3.2　监督检查参建单位为从业人员提供符合职业健康要求的工作环境和条件,配备相适应的职业健康防护用品。在产生职业病危害的工作场所应设置相应的职业病防护设施。

4.3.3　监督检查参建单位制定职业危害场所检测计划,定期对职业危害场所进行检测,并保存实施记录。

4.3.4　监督检查参建单位采取有效措施,确保砂石料生产系统、混凝土生产系统、钻孔作业、洞室作业等场所的粉尘、噪声、毒物指标符合有关标准的规定。

4.3.5　监督检查参建单位在可能发生急性职业危害的有毒、有害工作场所,设置报警装置,制定应急处置预案,现场配置急救用品、设备。

4.3.6　监督检查参建单位指定专人负责保管防护器具,并定期校验和维护。

4.3.7　监督检查参建单位对从事接触职业病危害的作业人员进行职业健康检查(包括上岗前、在岗期间和离岗时),建立健全职业卫生档案和员工健康监护档案。

4.3.8　监督检查参建单位如实告知作业过程中可能产生的职业危害及其后果、防护措施等,并对从业人员及相关方进行宣传,使其了解生产过程中的职业危害、预防和应急处理措施。

4.3.9　监督检查参建单位在存在严重职业病危害的作业岗位,设置警示标识和警示说明。

4.3.10　监督检查参建单位按有关规定及时、如实申报职业病危害项目,并及时更新信息。

【国家评分标准】 50分

1.查相关文件和记录。未监督检查,扣5分;检查单位不全,每缺一个单位扣2分。对监督检查中发现的问题未采取措施或未督促落实,每处扣1分。

2.查相关记录并查看现场。未监督检查,扣5分;检查单位不全,每缺一个单位扣2分;对监督检查中发现的问题未采取措施或未督促落实,每处扣1分。

3. 查相关记录并查看现场。未监督检查,扣5分;检查单位不全,每缺一个单位扣2分;对监督检查中发现的问题未采取措施或未督促落实,每处扣1分。

4. 查相关记录并查看现场。未监督检查,扣5分;检查单位不全,每缺一个单位扣2分;对监督检查中发现的问题未采取措施或未督促落实,每处扣1分。

5. 查相关记录并查看现场。未监督检查,扣5分;检查单位不全,每缺一个单位扣2分;对监督检查中发现的问题未采取措施或未督促落实,每处扣1分。

6. 查相关记录并查看现场。未监督检查,扣5分;检查单位不全,每缺一个单位扣2分;对监督检查中发现的问题未采取措施或未督促落实,每处扣1分。

7. 查相关文件、记录并查看现场。未监督检查,扣5分;检查单位不全,每缺一个单位扣2分;对监督检查中发现的问题未采取措施或未督促落实,每处扣1分。

8. 查相关记录并查看现场。未监督检查,扣5分;检查单位不全,每缺一个单位扣2分;对监督检查中发现的问题未采取措施或未督促落实,每处扣1分。

9. 查相关记录并查看现场。未监督检查,扣5分;检查单位不全,每缺一个单位扣2分;对监督检查中发现的问题未采取措施或未督促落实,每处扣1分。

10. 查相关记录并查看现场。未监督检查,扣5分;检查单位不全,每缺一个单位扣2分;对监督检查中发现的问题未采取措施或未督促落实,每处扣1分。

【江苏省评审标准内容】

4.3.1 监督检查参建单位建立职业健康管理制度,明确职业危害的监测、评价和控制的职责和要求。

4.3.2 监督检查参建单位为从业人员提供符合职业健康要求的工作环境和条件,配备相适应的职业健康防护用品。在产生职业病危害的工作场所应设置相应的职业病防护设施。

4.3.3 监督检查参建单位制定职业危害场所检测计划,定期对职业危害场所进行检测,并保存实施记录。

4.3.4 监督检查参建单位采取有效措施,确保砂石料生产系统、混凝土生产系统、钻孔作业、洞室作业等场所的粉尘、噪声、毒物指标符合有关标准的规定。

4.3.5 监督检查参建单位在可能发生急性职业危害的有毒、有害工作场所,设置报警装置,制定应急处置预案,现场配置急救用品、设备。

4.3.6 监督检查参建单位指定专人负责保管防护器具,并定期校验和维护。

4.3.7 监督检查参建单位对从事接触职业病危害的作业人员进行职业健康检查(包括上岗前、在岗期间和离岗时),建立健全职业卫生档案和员工健康监护档案。

4.3.8 监督检查参建单位如实告知作业过程中可能产生的职业危害及其后果、防护措施等,并对从业人员及相关方进行宣传,使其了解生产过程中的职业危害、预防和应急处理措施。

4.3.9　监督检查参建单位在存在严重职业病危害的作业岗位,设置警示标识和警示说明。

4.3.10　监督检查参建单位按有关规定及时、如实申报职业病危害项目,并及时更新信息。

【江苏省评分标准】50分

1. 查相关文件和记录。未监督检查,扣5分;检查单位不全,每缺一个单位扣2分。对监督检查中发现的问题未采取措施或未督促落实,每处扣1分。

2. 查相关记录并查看现场。未监督检查,扣5分;检查单位不全,每缺一个单位扣2分;对监督检查中发现的问题未采取措施或未督促落实,每处扣1分。

3. 查相关记录并查看现场。未监督检查,扣5分;检查单位不全,每缺一个单位扣2分;对监督检查中发现的问题未采取措施或未督促落实,每处扣1分

4. 查相关记录并查看现场。未监督检查,扣5分;检查单位不全,每缺一个单位扣2分;对监督检查中发现的问题未采取措施或未督促落实,每处扣1分。

5. 查相关记录并查看现场。未监督检查,扣5分;检查单位不全,每缺一个单位扣2分;对监督检查中发现的问题未采取措施或未督促落实,每处扣1分。

6. 查相关记录并查看现场。未监督检查,扣5分;检查单位不全,每缺一个单位扣2分;对监督检查中发现的问题未采取措施或未督促落实,每处扣1分。

7. 查相关文件、记录并查看现场,未监督检查,扣5分;检查单位不全,每缺一个单位扣2分;对监督检查中发现的问题未采取措施或未督促落实,每处扣1分。

8. 查相关记录并查看现场。未监督检查,扣5分;检查单位不全,每缺一个单位扣2分;对监督检查中发现的问题未采取措施或未督促落实,每处扣1分。

9. 查相关记录并查看现场。未监督检查,扣5分;检查单位不全,每缺一个单位扣2分;对监督检查中发现的问题未采取措施或未督促落实,每处扣1分。

10. 查相关记录并查看现场。未监督检查,扣5分;检查单位不全,每缺一个单位扣2分;对监督检查中发现的问题未采取措施或未督促落实,每处扣1分。

二、法规要点

1.《中华人民共和国职业病防治法》

第三条　职业病防治工作坚持预防为主、防治结合的方针,建立用人单位负责、行政机关监管、行业自律、职工参与和社会监督的机制,实行分类管理、综合治理。

第四条　劳动者依法享有职业卫生保护的权利。

用人单位应当为劳动者创造符合国家职业卫生标准和卫生要求的工作环境和

条件,并采取措施保障劳动者获得职业卫生保护。

工会组织依法对职业病防治工作进行监督,维护劳动者的合法权益。用人单位制定或者修改有关职业病防治的规章制度,应当听取工会组织的意见。

第五条 用人单位应当建立、健全职业病防治责任制,加强对职业病防治的管理,提高职业病防治水平,对本单位产生的职业病危害承担责任。

第六条 用人单位的主要负责人对本单位的职业病防治工作全面负责。

第十四条 用人单位应当依照法律、法规要求,严格遵守国家职业卫生标准,落实职业病预防措施,从源头上控制和消除职业病危害。

第十五条 产生职业病危害的用人单位的设立除应当符合法律、行政法规规定的设立条件外,其工作场所还应当符合下列职业卫生要求:

(一)职业病危害因素的强度或者浓度符合国家职业卫生标准;

(二)有与职业病危害防护相适应的设施;

(三)生产布局合理,符合有害与无害作业分开的原则;

(四)有配套的更衣间、洗浴间、孕妇休息间等卫生设施;

(五)设备、工具、用具等设施符合保护劳动者生理、心理健康的要求;

(六)法律、行政法规和国务院卫生行政部门关于保护劳动者健康的其他要求。

第十六条 国家建立职业病危害项目申报制度。

用人单位工作场所存在职业病目录所列职业病的危害因素的,应当及时、如实向所在地卫生行政部门申报危害项目,接受监督。

职业病危害因素分类目录由国务院卫生行政部门制定、调整并公布。职业病危害项目申报的具体办法由国务院卫生行政部门制定。

2.《作业场所职业健康监督管理暂行规定》(国家安全生产监督管理总局令第23号)

第三条 生产经营单位应当加强作业场所的职业危害防治工作,为从业人员提供符合法律、法规、规章和国家标准、行业标准的工作环境和条件,采取有效措施,保障从业人员的职业健康。

第十一条 存在职业危害的生产经营单位应当建立、健全下列职业危害防治制度和操作规程:

(一)职业危害防治责任制度;

(二)职业危害告知制度;

(三)职业危害申报制度;

(四)职业健康宣传教育培训制度;

(五)职业危害防护设施维护检修制度;

(六)从业人员防护用品管理制度;

（七）职业危害日常监测管理制度；

（八）从业人员职业健康监护档案管理制度；

（九）岗位职业健康操作规程；

（十）法律、法规、规章规定的其他职业危害防治制度。

第十八条 存在职业危害的生产经营单位,应当在醒目位置设置公告栏,公布有关职业危害防治的规章制度、操作规程和作业场所职业危害因素监测结果。

第十九条 生产经营单位必须为从业人员提供符合国家标准、行业标准的职业危害防护用品,并督促、教育、指导从业人员按照使用规则正确佩戴、使用,不得发放钱物替代发放职业危害防护用品。

生产经营单位应当对职业危害防护用品进行经常性的维护、保养,确保防护用品有效。不得使用不符合国家标准、行业标准或者已经失效的职业危害防护用品。

第二十条 生产经营单位对职业危害防护设施应当进行经常性的维护、检修和保养,定期检测其性能和效果,确保其处于正常状态。不得擅自拆除或者停止使用职业危害防护设施。

第二十一条 存在职业危害的生产经营单位应当设有专人负责作业场所职业危害因素日常监测,保证监测系统处于正常工作状态。监测的结果应当及时向从业人员公布。

第二十二条 存在职业危害的生产经营单位应当委托具有相应资质的中介技术服务机构,每年至少进行一次职业危害因素检测,每三年至少进行一次职业危害现状评价。定期检测、评价结果应当存入本单位的职业危害防治档案,向从业人员公布,并向所在地安全生产监督管理部门报告。

第二十三条 生产经营单位在日常的职业危害监测或者定期检测、评价过程中,发现作业场所职业危害因素的强度或者浓度不符合国家标准、行业标准的,应当立即采取措施进行整改和治理,确保其符合职业健康环境和条件的要求。

三、实施要点

1. 项目法人应监督检查参建单位建立职业健康管理制度,其主要内容需明确职业危害的监测、评价和控制的职责和要求。

2. 项目法人应监督检查参建单位为本单位现场从业人员提供符合职业健康要求的工作环境和条件,配备相适应的职业健康保护设施、工具和用品。

3. 项目法人应监督检查现场有关参建单位制订职业危害场所检测计划,定期对职业危害场所进行检测,并保存实施记录。

4. 项目法人应监督检查现场有关参建单位采取有效措施,确保砂石料生产系统、混凝生产系统、钻孔作业、洞室作业等场所的粉尘、噪声、毒物指标符合有关标准的规定。

5. 项目法人应监督检查现场有关参建单位在可能发生急性职业危害的有毒、有害工作场所,设置报警装置,制定应急处置预案,配置现场急救用品

6. 项目法人应监督检查现场有关参建单位指定专人负责保管防护器具,实行"四定"管控,即"定置摆放、定人管理、定期校验、定期维护"。

7. 项目法人应监督检查参建单位安排相关岗位人员进行职业健康检查,建立健全职业卫生档案和员工健康监护档案。

8. 项目法人要保留对职业健康管理的监督检查记录,对参建单位检查要齐全,不要遗漏。

9. 项目法人应监督检查现场有关参建单位,在签订劳动合同、安全技术交底时,如实告知作业过程中可能产生的职业危害及其后果、防护措施等,并对具体从业人员进行宣传、培训,使其充分了解生产过程中的职业危害、预防和应急处理措施。

10. 项目法人应监督检查现场有关参建单位存在严重职业危害的作业岗位,设置醒目的警示标识和警示说明,其内容应含有职业危害的种类、后果、预防以及应急救治措施等。

11. 项目法人应监督检查参建单位及时、如实申报职业病危害项目,发生变化后及时补报、更新信息。

四、材料实例

(一)实例 1

职业健康监督检查表

检查日期: 　　年　　月　　日

序号	检查内容	检查结果		
		施工单位	监理单位	××单位
1	是否建立职业健康管理制度			
2	是否明确职业危害的监测、评价和控制的职责和要求			
3	是否为本单位现场从业人员提供符合职业健康要求的工作环境和条件			

续表

序号	检查内容	检查结果		
		施工单位	监理单位	××单位
4	是否配备相适应的职业健康保护设施、工具和用品			
5	施工单位是否制定职业场所检测计划			
6	是否定期对职业危害场所进行检测,并保存实施记录			
7	施工单位是否采取有效措施,确保砂石料生产系统、混凝土生产系统、钻孔作业、洞室作业等场所的粉尘、噪声、毒物指标符合有关标准的规定			
8	是否在可能发生急性职业危害的有毒、有害工作场所,设置报警装置,制定应急处置预案,配置现场急救用品			
9	是否指定专人负责保管防护器具,并定期校验和维护			
10	是否安排相关岗位人员进行职业健康检查			
11	是否建立健全职业卫生档案盒员工健康监护档案			
12	施工单位是否如实告知作业过程中可能产生的职业危害及其后果、防护措施等			
13	是否对从业人员及相关方进行宣传,使其了解生产过程中的职业危害、预防和应急处理措施,降低或消除危害后果			
14	施工单位是否存在严重职业危害的作业岗位,并设置警示标识和警示说明			
15	施工单位是否及时、如实向所在地设区的市级以上安全生产监督管理部门申报生产过程存在的职业危害因素			
16	发生变化后是否及时补报			
17	参建单位是否及时为员工办理相关保险			
18	参建单位是否确保受伤员工及时获得相应的保险待遇			
参加人员:				

（二）实例 2

劳动防护用品佩戴、使用情况表

被检查工程（部门）名　　称						
检查人					检查日期	
序号	姓名	工种	环境条件	配备的防护用品	佩戴情况	使用情况
1					□有佩戴 □无佩戴	□使用正确 □使用错误
2					□有佩戴 □无佩戴	□使用正确 □使用错误
3					□有佩戴 □无佩戴	□使用正确 □使用错误
4					□有佩戴 □无佩戴	□使用正确 □使用错误
5					□有佩戴 □无佩戴	□使用正确 □使用错误
6					□有佩戴 □无佩戴	□使用正确 □使用错误
7					□有佩戴 □无佩戴	□使用正确 □使用错误
8					□有佩戴 □无佩戴	□使用正确 □使用错误
总　　结		签字：				
被检查（安全）负责人签字						

第四节　警 示 标 志

一、评审标准及评分标准

【国家评审标准内容】

4.4.1　监督检查参建单位按照规定和场所的安全风险特点,在施工现场重大危险源、较大危害因素和严重职业病危害因素的场所,设置并维护明显的、符合有关规定的安全警示标志、标识、警戒区或隔离设施等。

【国家评分标准】10 分

查相关记录并查看现场。未监督检查,扣 10 分;检查单位不全,每缺一个单位扣 2 分;对监督检查中发现的问题未采取措施或未督促落实,每处扣 1 分。

【江苏省评审标准内容】

4.4.1　监督检查参建单位按照规定和场所的安全风险特点,在施工现场重大危险源、较大危害因素和严重职业病危害因素的场所,设置并维护明显的、符合有关规定的安全警示标志、标识、警戒区或隔离设施等。

【江苏省评分标准】10 分

查相关记录并查看现场。未监督检查,扣 10 分;检查单位不全,每缺一个单位扣 2 分;对监督检查中发现的问题未采取措施或未督促落实,每处扣 1 分。

二、法规要点

1.《中华人民共和国安全生产法》

第三十二条　生产经营单位应当在有较大危险因素的生产经营场所和有关设施、设备上,设置明显的安全警示标志。

第三十九条　生产、经营、储存、使用危险物品的车间、商店、仓库不得与员工宿舍在同一座建筑物内,并应当与员工宿舍保持安全距离。

生产经营场所和员工宿舍应当设有符合紧急疏散要求、标志明显、保持畅通的出口。禁止锁闭、封堵生产经营场所或者员工宿舍的出口。

2.《建设工程安全生产管理条例》(国务院令第 393 号)

第二十八条　施工单位应当在施工现场入口处、施工起重机械、临时用电设施、脚手架、出入通道口、楼梯口、电梯井口、孔洞口、桥梁口、隧道口、基坑边沿、爆破物及有害危险气体和液体存放处等危险部位,设置明显的安全警示标志。安全警示标志必须符合国家标准。

施工单位应当根据不同施工阶段和周围环境及季节、气候的变化,在施工现场采取相应的安全施工措施。施工现场暂时停止施工的,施工单位应当做好现场防护,所需费用由责任方承担,或者按照合同约定执行。

3.《水利水电工程施工安全管理导则》(SL 721—2015)

9.2.4 施工单位应根据作业场所的实际情况。按照规定在有较大危险性的作业场所和设备设施上,设置明显的安全警示标志,告知危险的种类、后果及应急措施等。

三、实施要点

1. 项目法人应组织参建单位在施工现场危险部位或危险作业区域,设置并维护安全警示标志、标牌、警戒区或隔离等设施,并督促检查各施工单位的设置情况。

2. 现场设置的安全警示标志、标牌、警戒区或隔离等设施应符合《安全标志及其使用导则》(GB 2894—2008)的要求。

四、材料实例

安全警示标志、标牌检查、维护记录表(表格内容尽量填写)

工程(项目)名称:×××拆建工程　　　　　　　　　　日期:　年　　月　　日

编号:

序号	地点(位置)	安全警示标志、标牌名称	检查内容	处理措施	检查时间	检查人	维护人

第五章 || 安全风险管控及隐患排查治理

第一节　安全风险管理

一、评审标准及评分标准

【国家评审标准内容】

5.1.1　安全风险管理制度应明确风险辨识与评估的职责、范围、方法、准则和工作程序等内容。

5.1.2　组织参建单位对安全风险进行全面、系统的辨识。对安全风险辨识材料进行统计、分析、整理和归档。

5.1.3　选择合适的方法,定期对所辨识出的存在安全风险的作业活动、设备设施、物料等进行评估。风险评估时,至少从影响人、财产和环境三个方面的可能性和严重程度进行分析。

5.1.4　根据评估结果,确定安全风险等级,实施分级分类差异化动态管理,制定并落实相应的安全风险控制措施(包括工程技术措施、管理控制措施、个体防护措施等),对安全风险进行控制。

5.1.5　将评估结果及所采取的控制措施告知从业人员,使其熟悉工作岗位和作业环境中存在的安全风险。

5.1.6　变更管理制度应明确组织机构、施工人员、施工方案、设备设施、作业过程及环境发生变化时的审批程序及相关要求。

5.1.7　变更前,对变更过程及变更后可能产生的风险进行分析,制定控制措施,履行审批及验收程序,并告知和培训相关从业人员。

5.1.8　监督检查参建各单位开展以上工作。

【国家评分标准】30分

1. 查制度文本和相关记录。未以正式文件发布,扣2分;制度内容不全,每缺一项扣1分;制度内容不符合有关规定,每项扣1分;未监督检查,扣5分;检查单位不全,每缺一个单位扣 2 分;对监督检查中发现的问题未采取措施或未督促落实,每处扣 1 分。

2. 查相关文件、记录和现场。未开展安全风险辨识,扣 5 分;辨识内容不全或与实际不符,每项扣 1 分;统计、分析、整理和归档资料不齐全,缺少一项扣 1 分;未监督检查,扣 5 分;检查单位不全,每缺一个单位扣 2 分;对监督检查中发现的问题未采取措施或未督促落实,每处扣 1 分。

3. 查相关文件、记录并查看现场。未实施风险评估,扣 5 分;风险评估不全,每缺一项扣 1 分;风险评估分析不符合要求,每项扣 1 分;未监督检查,扣 5 分;检查单位不全,每缺一个单位扣 2 分;对监督检查中发现的问题未采取措施或未督促落实,每处扣 1 分。

4. 查相关记录,并查看现场,未确定安全风险等级,未实施分级分类差异化动态管理,扣 5 分;控制措施制定或落实不到位,每项扣 1 分;未监督检查,扣 5 分;检查单位不全,每缺一个单位扣 2 分;对监督检查中发现的问题未采取措施或未督促落实,每处扣 1 分。

5. 查相关记录并现场问询。告知不全,每少一人扣 1 分;不熟悉安全风险有关内容,每人扣 1 分;未监督检查,扣 5 分;检查单位不全,每缺一个单位扣 2 分;对监督检查中发现的问题未采取措施或未督促落实,每处扣 1 分。

6. 查相关记录并查看现场。未以正式文件发布,扣 2 分;制度内容不全,每缺一项扣 1 分;制度内容不符合有关规定,每项扣 1 分;未监督检查,扣 2 分;检查单位不全,每缺一个单位扣 1 分;对监督检查中发现的问题未采取措施或未督促落实,每处扣 1 分。

7. 查相关记录并查看现场。变更前未进行风险分析,每项扣 1 分;未制定控制措施,每项扣 1 分;未履行审批或验收程序,每项扣 1 分;未告知或培训,每项扣 1 分;未监督检查,扣 3 分;检查单位不全,每缺一个单位扣 1 分;对监督检查中发现的问题未采取措施或未督促落实,每处扣 1 分。

【江苏省评审标准内容】

5.1.1 安全风险管理制度应明确风险辨识与评估的职责、范围、方法、准则和工作程序等内容。监督检查参建单位制定该项制度。

5.1.2 组织参建单位对安全风险进行全面、系统地辨识。对安全风险辨识材料进行统计、分析、整理和归档。监督检查参建单位开展此项工作。

5.1.3 选择合适的方法,定期对所辨识出的存在安全风险的作业活动、设备设施、物料等进行评估。风险评估时,至少从影响人、财产和环境三个方面的可能性和严重程度进行分析。监督检查参建单位开展此项工作。

5.1.4 根据评估结果,确定安全风险等级,实施分级分类差异化动态管理,制定并落实相应的安全风险控制措施(包括工程技术措施、管理控制措施、个体防护措施等),对安全风险进行控制。监督检查参建单位开展此项工作。

5.1.5　将评估结果及所采取的控制措施告知从业人员,使其熟悉工作岗位和作业环境中存在的安全风险。监督检查参建单位开展此项工作。

5.1.6　变更管理制度应明确组织机构、施工人员、施工方案、设备设施、作业过程及环境发生变化时的审批程序及相关要求。监督检查参建单位制定该项制度。

5.1.7　变更前,对变更过程及变更后可能产生的风险进行分析,制定控制措施,履行审批及验收程序,并告知和培训相关从业人员。监督检查参建单位开展此项工作。

【江苏省评分标准】30分

1. 查相关文件、记录和现场。未以正式文件发布,扣2分;制度内容不全,每缺一项扣1分;制度内容不符合有关规定,每项扣1分;未监督检查,扣5分;检查单位不全,每缺一个单位扣2分;对监督检查中发现的问题未采取措施或未督促落实,每处扣1分。

2. 查相关文件、记录和现场。未实施安全风险辨识,扣5分;辨识内容不全或与实际不符,每项扣1分;统计、分析、整理和归档资料不齐全,缺少一项扣1分;未监督检查,扣5分;检查单位不全,每缺一个单位扣2分;对监督检查中发现的问题未采取措施或未督促落实,每处扣1分。

3. 查相关文件、记录并查看现场。未实施风险评估,扣5分;风险评估不全,每缺一项扣1分;风险评估分析不符合要求,每项扣1分;未监督检查,扣5分;检查单位不全,每缺一个单位扣2分;对监督检查中发现的问题未采取措施或未督促落实,每处扣1分。

4. 查相关记录,并查看现场。未确定安全风险等级,未实施分级分类差异化动态管理,扣5分;控制措施制定或落实不到位,每项扣1分;未监督检查,扣5分;检查单位不全,每缺一个单位扣2分;对监督检查中发现的问题未采取措施或未督促落实,每处扣1分。

5. 查相关记录并现场问询。告知不全,每少一人扣1分;不熟悉安全风险有关内容,每人扣1分;未监督检查,扣5分;检查单位不全,每缺一个单位扣2分;对监督检查中发现的问题未采取措施或未督促落实,每处扣1分。

6. 查相关记录并查看现场。未以正式文件发布,扣2分;制度内容不全,每缺一项扣1分;制度内容不符合有关规定,每项扣1分;未监督检查,扣2分;检查单位不全,每缺一个单位扣1分;对监督检查中发现的问题未采取措施或未督促落实,每处扣1分。

7. 查相关记录并查看现场。变更前未进行风险分析,每项扣1分;未制定控制措施,每项扣1分;未履行审批或验收程序,每项扣1分;未告知或培训,每项扣1

分;未监督检查,扣 3 分;检查单位不全,每缺一个单位扣 1 分;对监督检查中发现的问题未采取措施或未督促落实,每处扣 1 分。

二、法规要点

1.《企业安全生产标准化基本规范》(GBT 33000—2016)

安全风险是指发生危险事件或有害暴露的可能性,与随之引发的人身伤害、健康损失或财产损失的严重性组合。

2.《水利水电工程施工危险源辨识与风险评价导则(试行)》(办监督函〔2018〕1693 号)

第 1.7 条　开工前,项目法人应组织其他参建单位研究制定危险源辨识与风险管理制度,明确监理、施工、设计等单位的职责、辨识范围、流程、方法等;施工单位应按要求组织开展本标段危险源辨识及风险等级评价工作,并将成果及时报送项目法人和监理单位;项目法人应开展本工程危险源辨识和风险等级评价,编制危险源辨识与风险评价报告。

3.《水利部关于开展水利安全风险分级管控的指导意见》(水监督〔2018〕323 号)

第 2 条第 2 款:水利生产经营单位要根据危险源类型,采用相适应的风险评价方法,确定危险源风险等级。安全风险等级从高到低划分为重大风险、较大风险、一般风险和低风险,分别用红、橙、黄、蓝四种颜色标示。要依据危险源类型和风险等级建立风险数据库,绘制水利生产经营单位"红橙黄蓝"四色安全风险空间分布图。其中,水利水电工程施工危险源辨识评价及风险空间分布图绘制,由项目法人组织有关参建单位开展。

三、实施要点

1. 开工前项目法人组织参建单位制定危险源辨识与风险管理制度,明确监理、施工、设计等单位的职责、辨识范围、流程方法等;并以正式文件印发参建单位,要求参建单位组织开展此项工作,并将辨识成果报送项目法人和监理单位。

2. 项目法人依据《水利水电工程施工危险源辨识与风险评价导则(试行)》组织参建单位开展安全风险等级评定、资料收集等工作。

3. 项目法人应每年编写危险源与风险评估报告,报告主要包含:工程简介、辨识与评级依据、评价方法和标准、辨识与评价、安全管控措施、应急预案六大方面,并监督参建单位开展此项工作。

4. 根据评估结果,确定安全风险等级,制定并落实相应的安全风险控制措施,并做好检查记录。

5. 将评估结果及所采取的控制措施告知从业人员,使其熟悉工作岗位和作业环境中存在的安全风险,在风险位置摆放风险告知牌。

6. 制定变更管理制度,内容包含组织机构、施工人员、施工方案、设备设施、作业过程及环境发生变化时的审批程序及要求。

四、材料实例

(一)实例1

1. 安全风险管理制度

×××拆建工程建设处文件

×××〔20××〕×号

关于印发《×××拆建工程安全风险管理制度》的通知

各参建单位:

为做好×××拆建工程安全风险管控,预防事故的发生,实现安全技术、安全管理标准化和科学化,根据《水利水电工程施工危险源辨识与风险评价导则(试行)》(办监督函〔2018〕1693号)、《水利部关于开展水利安全风险分级管控的指导意见》(水监督〔2018〕323号),结合本工程实际,我处组织制定了《×××拆建工程安全风险管理制度》,现印发给你们,希望认真组织学习,遵照执行。

特此通知。

附件:×××拆建工程安全风险管理制度

×××拆建工程建设处(章)

20××年×月×日

附件

×××拆建工程安全风险管理制度

1. 目的和适用范围

1.1 实行风险控制的目的就是要以科学合理的方式,消除工程在施工中的风险所导致的各种灾害及事故后果。通过对施工过程中的危害进行辨识、风险评价、风险控制,从而针对本工程存在的风险做出客观而科学的决策,预防事故的发生。

1.2 本制度适用于本工程的风险评价与控制,适用于施工作业、机械设备、设施场所、作业环境、野外施工、消防安全活动的正常和非正常情况,包括本项目工程范围内各个施工阶段的风险管理、风险评价、风险控制以及风险信息的更新。

2. 项目法人职责

2.1 建设处主任直接负责风险管理和风险评价的领导工作,组织制定风险评价程序和指导书,明确风险管理的目的和范围。

2.2 分管安全副主任协助风险管理和评价工作,成立风险管理组织,进行风险评价,确定风险等级,主持年终风险评审工作。

2.3 总工对项目的风险管理人员进行教育和培训,并组织风险管理人员进行定期的风险巡查,主持处理施工过程中出现的安全风险问题。

2.4 安全科是风险管理的归口管理部门,负责对项目重大风险分析记录的审查与控制,定期进行风险信息更新。

2.5 建设处各级管理人员应积极参与配合风险管理和风险评价工作,提供相关资料。

3. 监理单位职责

3.1 根据项目法人制定的风险管理制度制定本单位的安全风险管理制度。

3.2 审查项目部的安全风险管理制度、安全风险评价成果。

3.3 及时掌握风险状态和变化趋势,实时更新风险等级。

3.4 根据风险状态制定并落实针对性防控措施。

4. 施工单位职责

4.1 根据项目法人制定的风险管理制度,制定本单位的安全风险管理制度。

4.2 开展风险等级评价,并将成果及时报送项目法人和监理单位。

4.3 及时掌握风险状态和变化趋势,实时更新风险等级。

4.4 根据风险状态制定并落实针对性防控措施。

5. 风险管理和评价机构

组　长:主　任

副组长:副主任　总　工

成　员:工程科　安全科　　综合科

6. 风险评价内容

6.1 风险评价是对危险源的各种危险因素、发生事故的可能性及损失与伤害程度等进行调查、分析、论证等,以判断危险源风险等级的过程。

6.2 危险源的风险等级评价可采取直接评定法、安全检查表法、作业条件危险性评价法(LEC)等方法,推荐使用作业条件危险性评价法(LEC)。

6.3 重大危险源的风险等级直接评定为重大风险等级;危险源风险等级评价主要对一般危险源进行风险评价,可结合工程施工实际选取适当的评价方法。

6.4 作业条件危险性评价法(LEC)

6.4.1 作业条件危险性评价法适用于各个阶段。

6.4.2 作业条件危险性评价法中危险性大小值 D 按下式计算:

$$D = LEC$$

式中:D——危险性大小值;

L——发生事故或危险事件的可能性大小;

E——人体暴露于危险环境的频率;

C——危险严重程度。

6.4.3 事故或危险性事件发生的可能性 L 值与作业类型有关,可根据施工工期制定出相应的 L 值判定指标,L 值可按表 6.1 的规定确定。

表 6.1 事故或危险性事件发生的可能性 L 值对照表

L 值	事故发生的可能性
10	完全可以预料
6	相当可能
3	可能,但不经常
1	可能性小,完全意外
0.5	很不可能,可以设想
0.2	极不可能

6.4.4 人体暴露于危险环境的频率 E 值与工程类型无关,仅与施工作业时间长短有关,可从人体暴露于危险环境的频率,或危险环境人员的分布及人员出入的多少,或设备及装置的影响因素,分析、确定 E 值的大小,可按表 6.2 的规定确定。

表 6.2 人体暴露于危险环境的频率 E 值对照表

E 值	暴露于危险环境的频繁程度
10	连续暴露
6	每天工作时间内暴露

续表

E 值	暴露于危险环境的频繁程度
3	每周 1 次,或偶然暴露
2	每月 1 次暴露
1	每年几次暴露
0.5	非常罕见暴露

6.4.5 发生事故可能造成的后果,即危险严重度因素 C 值与危险源在触发因素作用下发生事故时产生后果的严重程度有关,可从人身安全、财产及经济损失、社会影响等因素,分析危险源发生事故可能产生的后果确定 C 值,可按表 6.3 的规定确定。

表 6.3 危险严重度因素 C 值对照表

C 值	危险严重度因素
100	造成 30 人以上(含 30 人)死亡,或者 100 人以上重伤(包括急性工业中毒,下同),或者 1 亿元以上直接经济损失
40	造成 10 人～29 人死亡,或者 50 人～99 人重伤,或者 5 000 万元以上 1 亿元以下直接经济损失
15	造成 3 人～9 人死亡,或者 10 人～49 人重伤,或者 1 000 万元以上 5 000 万元以下直接经济损失
7	造成 3 人以下死亡,或者 10 人以下重伤,或者 1 000 万元以下直接经济损失
3	无人员死亡,致残或重伤,或很小的财产损失
1	引人注目,不利于基本的安全卫生要求

6.4.6 危险源风险等级划分以作业条件危险性大小 D 值作为标准,按表 6.4 的规定确定。

表 6.4 作业条件危险性评价法危险性等级划分标准

D 值区间	危险程度	风险等级
D＞320	极其危险,不能继续作业	重大风险
320≥D＞160	高度危险,需立即整改	较大风险
160≥D＞70	一般危险(或显著危险),需要整改	一般风险
D≤70	稍有危险,需要注意(或可以接受)	低风险

6.4.7 各单位应结合本单位实际,根据工程施工现场情况和管理特点,合理

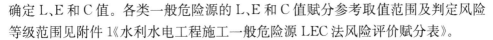

确定 L、E 和 C 值。各类一般危险源的 L、E 和 C 值赋分参考取值范围及判定风险等级范围见附件 1《水利水电工程施工一般危险源 LEC 法风险评价赋分表》。

7. 风险控制制度

7.1 风险控制措施原则。首先应优先选择消除风险的措施,其次是降低风险(如采用技术和管理措施或增设安全监控、报警、连锁、防护或隔离措施),再次是控制风险(如个体防护、标准化作业和安全教育,以及应急预案、监测检查等措施)。

7.2 管理制度

1. 通过风险评价工作确定的风险等级,造册登记,任何部门和个人无权擅自撤销已确定的等级。

2. 对所有危险源(点)必须悬挂警示牌并保持警示牌完整无损,因工作需要调整危险源(点)负责人,应在警示牌上及时更正。

3. 各级管理者要按危险源(点)的管理要求实施管理监督工作。在危险源(点)工作人员应严格执行安全风险控制措施。

4. 各类危险源应列为各级安全检查的重点,发现问题及时解决,暂时不能解决的应及时采取临时措施,并向上级管理部门反映情况。

5. 凡属高压、高空、有毒等危险作业,必须有安全措施和专人负责。

6. 凡在各类危险源(点)发生事故时,必须按"四不放过"的原则,对危险源(点)的管理情况进行调查,如果确属危险源(点)管理失控造成事故,将追究有关人员的责任,加倍处罚。

7. 建立健全风险教育培训和交底制度。项目部必须每年组织对全员进行风险源的学习培训和教育,并对风险管理人员进行风险管理技术交底。

8. 建立风险巡查机制,风险管理人员必须每日对风险源进行检查,并认真做好巡查记录。对于新发现的危险源必须及时上报风险管理机构,以确定危险源的级别,迅速制定相应控制措施。

(二) 实例 2

×××拆建工程危险源辨识与风险评价报告

审　　核:

编　　制:

编制日期:

×××拆建工程危险源辨识与风险评价报告

一、工程简介

二、危险源辨识与风险评价的主要依据

2.1 评价目的

为有效识别、管控×××拆建工程过程中的危险源及风险,杜绝施工生产安全事故,建设处安全科与项目部、监理部相关人员组成危险源辨识与评价工作小组,全面评定××拆建工程过程的危险源,逐项评价其风险值,确定一般危险源、重大危险源,并对一般危险源进行风险等级评定形成重大风险、较大风险、一般风险、低风险。

2.2 评价依据

1.《中华人民共和国安全生产法》

2.《水利水电工程施工危险源辨识与风险评价导则》(办监督函〔2018〕1693号)。

2.3 评价范围

本次危险源与风险评价的范围:×××拆建工程

三、评价方法与标准

3.1 评价方法与标准

为体现×××拆建工程危险源及风险评价的全面性,针对本工程特点,依照《水利水电工程施工危险源辨识与风险评价导则》要求,对危险源采用直接判定法、风险评价采用LEC法(作业条件危险性评价法)。

3.2 评价方法简介

3.2.1 危险源评价(参考附件1中第6条内容)

四、辨识与评价

根据《水利水电工程施工危险源辨识与风险评价导则》要求规定,经全面、系统的辨识×××拆建工程作业活动,评定重大危险源7项,见表1,对一般危险源进行风险等级评价,具体情况见表2。

表1　重大危险源汇总表

识别与评价	危险源名称	施工内容	涉及时间段	可能存在的主要危险因素	控制措施	责任单位	责任人
1	脚手架工程	承重脚手架	2020.10.13～2021.12.30	高处坠落、物体打击、火灾	ABCDE	××工程项目部	×××
2	建筑物拆除	老阀门、交通桥及围堰拆除	2020.10.29～2020.11.24	坍塌、物体打击、高处坠落、淹溺、爆炸	ABCDE		×××

续表

识别与评价	危险源名称	施工内容	涉及时间段	可能存在的主要危险因素	控制措施	责任单位	责任人
3	起重设备安装拆卸及吊装作业	起重机械设备自身安装、拆卸作业	2020.10.13～2021.10.30	起重伤害、高处坠落、机械伤害、触电	ABCDE		×××
4	基坑	泵站基坑开挖和支护	2020.10.13～2021.12.30	坍塌、高处坠落	ABCDE		×××
5	供电系统	变压器、电缆排设	2020.10.13～2021.12.30	触电、高处坠落	ABCDE	×××工程项目部	×××
6	围堰	施工现场上下游围堰填筑	2020.10.13～2020.10.24	滑坡、坍塌、物体打击、高处坠落、溺水	ABCDE		×××
7	模板工程	闸门进出水流模板	2020.10.13～2021.8.30	高处坠落、物体打击	ABCDE		×××

说明:1. 控制措施中 ABCDE 分别代表:A:制定目标、指标和管理方案;B:执行运行控制程序;C:教育与培训;D:监督检查;E:制定应急预案

表2　一般危险源风险等级评价表

识别与评价	危险源名称	施工内容	涉及时间段	可能存在的主要危险因素	风险等级	控制措施	责任单位	责任人
1	明挖工程	闸门基坑土方开挖	2020.10.13～2020.12.30	高处坠落、触电、车辆伤害、滑坡、坍塌、物体打击、粉尘、机械伤害	低风险	ABCD		×××
2	灌浆工程	灌注桩施工及防渗墙施工	2020.10.13～2021.8.30	滑坡、坍塌、物体打击、高处坠落、中毒	低风险	BCD	×××工程项目部	×××
3	混凝土浇筑	闸门主体、屋面混凝土浇筑	2020.10.13～2021.12.30	高处坠落、爆炸伤害、触电、起重伤害、机械伤害	低风险	ABCD		×××

续表

识别与评价	危险源名称	施工内容	涉及时间段	可能存在的主要危险因素	风险等级	控制措施	责任单位	责任人
4	钢筋工程	施工现场新××主体结构	2020.10.13～2021.12.30	火灾、触电伤害、物体打击、高处坠落	低风险	BCD		×××
5	金属结构制作、安装及机电设备安装	闸门、启闭机安装	2021.2.01～2021.4.30	火灾、触电伤害、物体打击、起重伤害和高处坠落	一般风险	BCDE		×××
6	降排水	施工现场基坑内排水	2020.11.01～2021.2.30	物体打击、高处坠落、触电	一般风险	BCD		×××
7	运输车辆	运输车辆	2020.10.13～2021.12.30	车辆伤害	低风险	BCD		×××
8	大型施工器械、特种设备	三轴搅拌桩机的运行和检修	2020.10.13～2021.12.30	起重伤害、高处坠落、机械伤害、触电	较大风险	BCDE	×××工程项目部	×××
9	油库、油罐	油库、油罐	2020.10.13～2021.12.30	火灾、爆炸	一般风险	BCD		×××
10	施工道路、桥梁	临时施工道路	2020.10.13～2021.12.30	车辆伤害、坍塌、物体打击、高处坠落、淹溺	低风险	BCD		×××
11	消防安全	生活区用电、明火	2020.10.13～2021.12.30	火灾、触电伤害、物体打击、高处坠落	较大风险	BCDE		×××
12	潜在滑坡区	基坑及河道的高边坡	2020.10.13～2021.12.30	高处坠落、掩埋、物体打击	低风险	BCD		×××

续表

识别与评价	危险源名称	施工内容	涉及时间段	可能存在的主要危险因素	风险等级	控制措施	责任单位	责任人
13	钢筋厂、模具厂	钢筋、模具加工	2020.10.13～2021.12.30	物体打击、电击、火灾、机械伤害	低风险	BCD	×× ×工程项目部	×××

说明：1. 控制措施中 ABCDE 分别代表：A：制定目标、指标和管理方案；B：执行运行控制程序；C：教育与培训；D：监督检查；E：制定应急预案

五、安全管控措施

5.1　危险源风险控制措施

1. 建立职业健康安全目标和管理方案，用于控制现有防护措施难以奏效的重大危险源，或用于事故预防的持续改进。

2. 通过加强管理，用于控制正常生产中的重大危险源。

3. 应急准备和响应程序，通过加强并规范管理，用于控制异常、突发的重大事件(如高处坠落、坍塌、物体打击等)。

5.2　安全技术措施

提高机械设备、作业生产本质安全性，即当人出现操作失误，其本身的安全防护系统能自动调节和处理；以确保设备和人身安全；

5.2.1　减少潜在危险因素

5.2.2　降低潜在危险程度(潜在危险往往达到一定程度和强度才会发生事故，降低强度，使之处于安全范围)。

5.2.3　联锁(当危险出现时，强制某些器件相互作用保证安全)。

5.2.4　隔离操作或原理操作(由事故致因理论得知，伤亡事故必须是人与施害物相互接触)。

5.2.5　设置薄弱环节(安全薄弱器件，当危险达到危险值之前预先破坏，将能量释放)。

5.2.6　坚固或加强(增加安全系数，加大安全强度)。

5.2.7　警告牌和信号装置(警告人们注意，及时发现危险因素或部位，以采取措施，防止事故发生)。

5.3　安全管理措施

5.3.1　保证施工人员按照一定方式从事工作，并为采取安全技术措施提供依据和方案；

5.3.2　要对安全防护设施加强维护保养，保证性能正常；

5.3.3 提高安全管理人员及施工人员安全素质,掌握安全技术知识、操作技能和安全管理水平的手段。

(三) 实例 3

安全风险告知书

单位	×××拆建工程项目部		
告知人	(项目部专职安全员)	告知日期	××××年××月××日
告知提要	高空坠物、机械伤害、高边坡安全等		
告知内容:(可附页)			
接受告知人签字			

（四）实例 4

变更风险、控制措施告知书

单位名称：

告知人	×××	告知日期	××××年××月××日

告知内容:(可附页)

    因工程上、下游翼墙、护坡均已完工,翼墙后及坡顶土方已回填,潜在滑坡区安全隐患已消除,现将一般危险源中潜在滑坡区子项取消。

告知人签字	日期:
被告知人签字	

（五）实例 5

变更风险控制措施验收表

验收项目名称	潜在滑坡区	变更部门	项目部安全科
组织验收部门	建设处安全科	日期	××××年××月××日
验收意见		验收人员： 日　期：	
单位负责人或 项目经理意见		签字： 日期：	

第二节　重大危险源辨识与管理

一、考核内容及赋分标准

【水利部考核内容】

5.2.1　开工前,组织参建单位共同研究制定项目重大危险源管理制度,明确重大危险源辨识、评价和控制的职责、方法、范围、流程等要求。监督检查参建单位开展此项工作。

5.2.2　开工前,组织参建单位进行重大危险源辨识,并确定危险等级。报请项目主管部门组织对辨识出的重大危险源进行安全评估,并形成评估报告。将重大危险源辨识和安全评估的结果印发各参建单位,并报项目主管部门和有关部门备案。

5.2.3　监督检查参建单位针对重大危险源制定防控措施,登记建档。组织相关参建单位对重大危险源防控措施落实情况进行验收。

5.2.4　监督检查参建单位明确重大危险源管理的责任部门和责任人,对重大危险源的安全状况进行定期检查、评估和监控,并做好记录。

5.2.5　将重大危险源可能发生的事故后果和应急措施等信息,以适当方式告知可能受影响的单位、区域及人员。监督检查参建单位开展此项工作。

5.2.6　组织对重大危险源的管理人员进行培训,使其了解重大危险源的危险特性,熟悉重大危险源安全管理规章制度及应急措施。

5.2.7　监督检查参建单位在重大危险源现场设置明显的安全警示标志和警示牌。

5.2.8　组织制定重大危险源事故应急预案,建立应急救援组织或配备应急救援人员、必要的防护装备及应急救援器材、设备、物资,并保障其完好和方便使用。

5.2.9　监督检查参建单位对重大危险源进行动态管理。

【水利部赋分标准】40 分

1. 查制度文本和相关记录。未制定重大危险源管理制度,扣 2 分;制度内容不全,每缺一项扣 1 分;制度内容不符合有关规定,每项扣 1 分;未监督检查,扣 3 分;检查单位不全,每缺一个单位扣 1 分;对监督检查中发现的问题未采取措施或未督促落实,每处扣 1 分。

2. 查相关记录。未组织重大危险源辨识,扣 10 分;未确定危险等级,每项扣 2

分;未按规定进行安全评估,每项扣 2 分;未印发或未报备,每项扣 2 分;对监督检查中发现的问题未采取措施或未督促落实,每处扣 1 分

3. 查相关记录。未监督检查,扣 5 分;检查单位不全,每缺一个单位扣 1 分;未组织验收,每项扣 1 分;对监督检查中发现的问题未采取措施或未督促落实,每处扣 1 分。

4. 查相关记录。未监督检查,扣 3 分;检查单位不全,每缺一个单位扣 1 分;对监督检查中发现的问题未采取措施或未督促落实,每处扣 1 分。

5. 查相关记录。未告知,扣 3 分;未监督检查,扣 3 分;检查单位不全,每缺一个单位扣 1 分;对监督检查中发现的问题未采取措施或未督促落实,每处扣 1 分。

6. 查相关记录并现场问询。未组织培训,扣 5 分;不熟悉重大危险源相关知识,每人扣 2 分。

7. 查相关记录并查看现场。未监督检查,扣 5 分;检查单位不全,每缺一个单位扣 2 分;对监督检查中发现的问题未采取措施或未督促落实,每处扣 1 分。

8. 查相关记录并查看现场。未组织制定应急预案,扣 3 分;保障措施不到位,每项扣 1 分;对监督检查中发现的问题未采取措施或未督促落实,每处扣 1 分。

9. 查相关记录并查看现场。未监督检查,扣 3 分;检查单位不全,每缺一个单位扣 1 分。

【江苏省考核内容】

5.2.1 开工前,组织参建单位共同研究制定项目重大危险源管理制度,明确重大危险源辨识、评价和控制的职责、方法、范围、流程等要求。监督检查参建单位开展此项工作。

5.2.2 开工前,组织参建单位进行重大危险源辨识,并确定危险等级。报请项目主管部门组织对辨识出的重大危险源进行安全评估,并形成评估报告。将重大危险源辨识和安全评估的结果印发各参建单位,并报项目主管部门和有关部门备案。

5.2.3 监督检查参建单位针对重大危险源制定防控措施,登记建档。组织相关参建单位对重大危险源防控措施落实情况进行验收。

5.2.4 监督检查参建单位明确重大危险源管理的责任部门和责任人,对重大危险源的安全状况进行定期检查、评估和监控,并做好记录。

5.2.5 将重大危险源可能发生的事故后果和应急措施等信息,以适当方式告知可能受影响的单位、区域及人员。监督检查参建单位开展此项工作。

5.2.6 组织对重大危险源的管理人员进行培训,使其了解重大危险源的危险特性,熟悉重大危险源安全管理规章制度及应急措施。

5.2.7 监督检查参建单位在重大危险源现场设置明显的安全警示标志和警

示牌。

5.2.8　组织制定重大危险源事故应急预案,建立应急救援组织或配备应急救援人员,必要的防护装备及应急救援器材、设备、物资,并保障其完好和方便使用。

5.2.9　监督检查参建单位对重大危险源进行动态管理。

【江苏省赋分标准】40 分

1. 查制度文本和相关记录。未制定重大危险源管理制度,扣 2 分;制度内容不全,每缺一项扣 1 分;制度内容不符合有关规定,每项扣 1 分;未监督检查,扣 3 分;检查单位不全,每缺一个单位扣 1 分;对监督检查中发现的问题未采取措施或未督促落实,每处扣 1 分。

2. 查相关记录。未组织重大危险源辨识,扣 10 分;未确定危险等级,每项扣 2 分;未按规定进行安全评估,每项扣 2 分;未印发或未报备,每项扣 2 分;对监督检查中发现的问题未采取措施或未督促落实,每处扣 1 分。

3. 查相关记录。未监督检查,扣 5 分;检查单位不全,每缺一个单位扣 1 分;未组织验收,每项扣 1 分;对监督检查中发现的问题未采取措施或未督促落实,每处扣 1 分。

4. 查相关记录。未监督检查,扣 3 分;检查单位不全,每缺一个单位扣 1 分;对监督检查中发现的问题未采取措施或未督促落实,每处扣 1 分。

5. 查相关记录。未告知,扣 3 分;未监督检查,扣 3 分;检查单位不全,每缺一个单位扣 1 分;对监督检查中发现的问题未采取措施或未督促落实,每处扣 1 分。

6. 查相关记录并现场问询。未组织培训,扣 5 分;不熟悉重大危险源相关知识,每人扣 2 分。

7. 查相关记录并查看现场。未监督检查,扣 5 分;检查单位不全,每缺一个单位扣 2 分;对监督检查中发现的问题未采取措施或未督促落实,每处扣 1 分。

8. 查相关记录并查看现场。未组织制定应急预案,扣 3 分;保障措施不到位,每项扣 1 分;对监督检查中发现的问题未采取措施或未督促落实,每处扣 1 分。

9. 查相关记录并查看现场。未监督检查,扣 3 分;检查单位不全,每缺一个单位扣 1 分。

二、法规要点

1.《中华人民共和国安全生产法》

第一百一十七条　本法下列用语的含义:

危险物品,是指易燃易爆物品、危险化学品、放射性物品等能够危及人身安全和财产安全的物品。

重大危险源,是指长期地或者临时地生产、搬运、使用或者储存危险物品,且物品的数量等于或者超过临界量的单元(包括场所和设施)。

第四十条 生产经营单位对重大危险源应当登记建档,进行定期检测、评估、监控,并制定应急预案,告知从业人员和相关人员在紧急情况下应当采取的应急措施。

生产经营单位应当按照国家有关规定将本单位重大危险源及有关安全措施、应急措施报有关地方人民政府安全生产监督管理部门和有关部门备案。

2.《水利水电工程施工安全管理导则》(SL 721—2015)

11.3.1 水利水电工程施工的重大危险源应主要从下列几方面考虑:

1. 高边坡作业:

(1) 土方边坡高度大于 30 m 或地质缺陷部位的开挖作业;

(2) 石方边坡高度大于 50 m 或滑坡地段的开挖作业。

2. 深基坑工程:

(1) 开挖深度超过 3 m(含)的深基坑作业;

(2) 开挖深度虽未超过 3 m,但地质条件、周围环境和地下管线复杂,或影响毗建筑(构筑)物安全的深基坑作业。

3. 洞挖工程:

(1) 断面大于 20 m² 或单洞长度大于 50 m 以及地质缺陷部位开挖;

(2) 不能及时支护的部位;地应力大于 20 MPa 或大于岩石强度的 1/5 或埋深大于 500 m 部位的作业;

(3) 洞室临近相互贯通时的作业;当某一工作面爆破作业时,相邻洞室的施工作业。

4. 模板工程及支撑体系:

(1) 工具式模板工程:包括滑模、爬模、飞模工程;

(2) 混凝土模板支撑工程:搭设高度 5 m 及以上;搭设跨度 10 m 及以上;施工总荷载 10 kN/m² 及以上;集中线荷载 15 kN/m 及以上;

(3) 承重支撑体系:用于钢结构安装等满堂支撑体系。

5. 起重吊装及安装拆卸工程:

(1) 采用非常规起重设备、方法,且单件起吊重量在 10 kN 及以上的起重吊装工程;

(2) 采用起重机械进行安装的工程;

(3) 起重机械设备自身的安装、拆卸作业。

6. 脚手架工程:

(1) 搭设高度 24 m 以上的落地式钢管脚手架工程;

（2）附着式整体和分片提升脚手架工程；

（3）悬挑式脚手架工程；

（4）吊篮脚手架工程；

（5）自制卸料平台、移动操作平台工程；

（6）新型及异型脚手架工程。

7. 拆除、爆破工程：

（1）围堰拆除作业；爆破拆除作业；

（2）可能影响行人、交通、电力设施、通讯设施或其他建、构筑物安全的拆除作业；

（3）文物保护建筑、优秀历史建筑或历史文化风貌区控制范围的拆除作业。

8. 储存、生产和供给易燃易爆、危险品的设施、设备及易燃易爆、危险品的储运，主要分布于工程项目的施工场所：

（1）油库（储量：汽油 20 t 及以上；柴油 50 t 及以上）；

（2）炸药库（储量：炸药 1 t）；

（3）压力容器（P_{max} 不小于 0.1 MPa 和 V 不小于 100 m^3）；

（4）锅炉（额定蒸发量 1.0 t/h 及以上）；

（5）重件、超大件运输。

9. 人员集中区域及突发事件：

（1）人员集中区域（场所、设施）的活动；

（2）可能发生火灾事故的居住区、办公区、重要设施、重要场所等。

10. 其他：

（1）开挖深度超过 16 m 的人工挖孔桩工程；

（2）地下暗挖、顶管作业、水下作业工程及存在上下交叉的作业；

（3）截流工程、围堰工程；

（4）变电站、变压器；

（5）采用新技术、新工艺、新材料、新设备及尚无相关技术标准的危险性较大的单项工程；

（6）其他特殊情况下可能造成生产安全事故的作业活动、大型设备、设施和场所等。

11.3.2　水利水电工程施工重大危险源应按发生事故的后果分为下列四级：

1. 可能造成特别重大安全事故的危险源为一级重大危险源；

2. 可能造成重大安全事故的危险源为二级重大危险源；

3. 可能造成较大安全事故的危险源为三级重大危险源；

4. 可能造成一般安全事故的危险源为四级重大危险源。

11.3.3　项目法人应在开工前，组织各参建单位共同研究制定项目重大危源管理制度,明确重大危险源辨识、评价和控制的职责、方法、范围、流程等要求。

施工单位应根据项目重大危险源管理制度制定相应管理办法,并报监理单位、项目法人备案。

11.3.4 施工单位应在开工前,对施工现场危险设施或场所组织进行重大危险源辨识,并将辨识成果及时报监理单位和项目法人。

11.3.5 项目法人应在开工前,组织参建单位对本项目危险设施或场所进行重大危险源辨识,并确定危险等级。

11.3.6 项目法人应报请项目主管部门组织专家组或委托具有相应安全评价资质的中介机构,对辨识出的重大危险源进行安全评估,并形成评估报告。

11.3.7 安全评估报告应包括下列内容:

1. 安全评估的主要依据;

2. 重大危险源的基本情况;

3. 危险、有害因素的辨识与分析;

4. 发生的事故可能性、类型及严重程度;

5. 可能影响的周边单位和人员;

6. 重大危险源等级评估;

7. 安全管理和技术措施;

8. 评估结论与建议等。

11.3.8 项目法人应将重大危险源辨识和安全评估的结果印发各参建单位,并报项目主管部门、安全生产监督机构及有关部备案。

11.3.9 项目法人、施工单位应针对重大危险源制定防控措施,并应登记建档。

项目法人或监理单位应组织相关参建单位对重大危险源防控措施进行验收。

11.4.1 项目法人、施工单位应建立、完善重大危险源安全管理制度,并保证其得到有效落实。

11.4.2 施工单位应按照国家有关规定,定期对重大危险源的安全设施和安全监测监控系统进行检测、检验,并进行经常性维护、保养,保证安全设施和安全监测监控系统有效、可靠运行。维护、保养、检测应做好记录,并由有关人员签字。

11.4.3 相关参建单位应明确重大危险源管理的责任部门和责任人,对重大危险源的安全状况进行定期检查、评估和监控,并做好记录。

11.4.4 项目法人、施工单位应组织对重大危险源的管理人员进行培训,使其了解重大危险源的危险特性,熟悉重大危险源安全管理规章制度,掌握安全操作技能和应急措施。

11.4.5 施工单位应在重大危险源现场设置明显的安全警示标志和警示牌。警示牌内容应包括危险源名称、地点、责任人员、可能的事故类型、控制措施等。

11.4.6　项目法人、施工单位应组织制定建设项目重大危险源事故应急预案，建立应急救援组织或配备应急救援人员、必要的防护装备及应急救援器材、设备、物资，并保障其完好和方便使用。

11.4.7　项目法人应将重大危险源可能发生的事故后果和应急措施等信息，以适当方式告知可能受影响的单位、区域及人员。

11.4.8　对可能导致一般或较大安全事故的险情，项目法人、监理、施工等知情单位应按照项目管理权限立即报告项目主管部门、安全生产监督机构。

11.4.9　对可能导致重大安全事故的险情，项目法人、监理、施工等知情单位应按项目管理权限立即报告项目主管部门、安全生产监督机构和工程所在地人民政府，必要时可越级上报至水利部工程建设事故应急指挥部办公室。

对可能造成重大洪水灾害的险情，项目法人、监理、施工等知情单位应立即报告工程所在地防汛指挥部，必要时可越级上报至国家防汛抗旱总指挥部办公室。

11.4.10　各参建单位应根据施工进展加强重大危险源的日常监督检查，对危险源实施动态的辨识、评价和控制。

三、实施要点

1. 项目法人编制工程重大危险源管理制度，主要内容应明确重大危险源辨识、评价和控制的职责、方法、范围、流程等内容。

2. 项目法人应依据《水利水电工程施工重大危险源辨识及评价导则》（DL/T 5274—2012）、《水利水电工程施工危险源辨识与风险评价导则（试行）》和工程重大危险源管理制度，对重大危险源开展辨识、评价并确定危险等级。（危险源辨识与风险评价报告：请参考第五章第一节中×××工程危险源辨识与风险评价报告）。

根据《水利水电工程施工危险源辨识与风险评价导则（试行）》要求，危险源分为重大危险源、一般危险源，判定为重大危险源不再进行进一步分级。

3. 项目法人监督检查各参建单位重大危险源管理制度的建立，以及辨识评级等工作。

4. 项目法人应对评价确认重大危险源及时登记建档，按照国家有关规定向主管部门和安全监督部门备案，并督促检查参建单位开展此项工作。

5. 项目法人应对确认的重大危险源逐条检查，明确监控责任人与监控要求，严格落实分级控制措施。

6. 项目法人根据工程建设进度，对重大危险源实行动态管理，及时更新，并要求责任单位落实控制措施，制定应急预案，并告知相关人员在紧急情况下应当采取的措施。

7. 项目法人定期监督检查参建单位对重大危险源的监控、辨识及评价和控制,安全警示标牌设置情况。安全警示标牌设置应符合《安全标志及其使用导则》(GB 2894—2008)的要求。

四、材料实例

(一)实例1

×××拆建工程建设处文件

×××〔20××〕×号

关于印发《×××拆建工程重大危险源管理制度》的通知

各部门、参建单位:

为掌握了解本工程重大危险源数量、状况及分布,强化对重大危险源的监督管理,有效防范事故的发生,根据《中华人民共和国安全生产法》《水利水电工程施工安全管理导则》《水利水电工程施工危险源辨识与风险评价导则(试行)》等有关法律法规和技术标准,特制定《×××拆建工程重大危险源管理制度》印发给你们,请结合本单位(部门)实际,认真贯彻落实。

附件:×××拆建工程重大危险源管理制度

×××拆建工程建设处(章)

20××年×月×日

抄送:××××

×××拆建工程建设处　　　　　　　　　20××年×月×日印发

附件:

×××拆建工程重大危险源管理制度

1 目的

为全面掌握本工程重大危险源的数量、状况及其分布,加强对重大危险源的管理,有效防范事故的发生,根据《中华人民共和国安全生产法》《水利水电工程施工安全管理导则》《水电水利工程施工重大危险源辨识及评价导则》《水利水电工程施工危险源辨识与风险评价导则(试行)》等有关法律法规和技术标准,制定本制度。

2　适用范围

2.1　适用于本工程重大危险源管理。

3　术语及定义

水利水电工程施工危险源(以下简称危险源)是指在水利水电工程施工过程中有潜在能量和物质释放危险的、可造成人员伤亡、健康损害、财产损失、环境破坏,在一定的触发因素作用下可转化为事故的部位、区域、场所、空间、岗位、设备及其位置。

重大危险源包含《中华人民共和国安全生产法》定义的危险物品重大危险源。工程区域内危险物品的生产、储存、使用及运输,其危险源辨识与风险评价参照国家和行业有关法律法规和技术标准。

4　职责

4.1　水利工程建设项目法人和勘测、设计、施工、监理等参建单位(以下一并简称为各单位)是危险源辨识、风险评价和管控的主体。各单位应结合本工程实际,根据工程施工现场情况和管理特点,全面开展危险源辨识与风险评价,严格落实相关管理责任和管控措施,有效防范和减少安全生产事故。

4.2　开工前,项目法人应组织其他参建单位研究制定危险源辨识与风险管理制度,明确监理、施工、设计等单位的职责、辨识范围、流程、方法等;施工单位应按要求组织开展本标段危险源辨识及风险等级评价工作,并将成果及时报送项目法人和监理单位;项目法人应开展本工程危险源辨识和风险等级评价,编制危险源辨识与风险评价报告,主要内容及要求详见附件1。

4.3　危险源辨识与风险评价报告应经本单位安全生产管理部门负责人和主要负责人签字确认,必要时组织专家进行审查后确认。

4.4　施工期,各单位应对危险源实施动态管理,及时掌握危险源及风险状态和变化趋势,实时更新危险源及风险等级,并根据危险源及风险状态制定针对性防控措施。

4.5　各单位应对危险源进行登记,其中重大危险源和风险等级为一般危险源应建立专项档案,明确管理的责任部门和责任人。重大危险源应按有关规定报项目主管部门和有关部门备案。

5　危险源类别

5.1　危险源分五个类别,分别为施工作业类、机械设备类、设施场所类、作业环境类和其他类,各类的辨识与评价对象主要有:

5.1.1　施工作业类:明挖施工,洞挖施工,石方爆破,填筑工程,灌浆工程,斜井、竖井开挖,地质缺陷处理,砂石料生产,混凝土生产,混凝土浇筑,脚手架工程,模板工程及支撑体系,钢筋制安,金属结构制作、安装及机电设备安装,建筑物拆除,配套电网工程,降排水,水上(下)作业,有限空间作业,高空作业,管道安装,其他单项工程等。

5.1.2 机械设备类:运输车辆,特种设备,起重吊装及安装拆卸等。

5.1.3 设施场所类:存弃渣场,基坑,爆破器材库,油库油罐区,材料设备仓库,供水系统,通风系统,供电系统,修理厂、钢筋厂及模具加工厂等金属结构制作加工厂场所,预制构件场所,施工道路、桥梁、隧洞,围堰等。

5.1.4 作业环境类:不良地质地段,潜在滑坡区,超标准洪水、粉尘,有毒有害气体及有毒化学品泄漏环境等。

5.1.5 其他类:野外施工,消防安全,营地选址等。

对首次采用的新技术、新工艺、新设备、新材料及尚无相关技术标准的危险性较大的单项工程应作为危险源对象进行辨识与风险评价。

5.2 危险源分两个级别,分别为重大危险源和一般危险源。

5.3 危险源的风险等级分为四级,由高到低依次为重大风险、较大风险、一般风险和低风险。

5.3.1 重大风险:发生风险事件概率、危害程度均为大,或危害程度为大、发生风险事件概率为中;极其危险,由项目法人组织监理单位、施工单位共同管控,主管部门重点监督检查。

5.3.2 较大风险:发生风险事件概率、危害程度均为中,或危害程度为中、发生风险事件概率为小;高度危险,由监理单位组织施工单位共同管控,项目法人监督。

5.3.3 一般风险:发生风险事件概率为中、危害程度为小;中度危险,由施工单位管控,监理单位监督。

5.3.4 低风险:发生风险事件概率、危害程度均为小;轻度危险,由施工单位自行管控。

6 危险源辨识

6.1 危险源辨识是指对危险因素进行分析,识别危险源的存在并确定其特性的过程,包括辨识出危险源以及判定危险源类别与级别。

6.2 危险源辨识应由经验丰富、熟悉工程安全技术的专业人员,采用科学、有效及适用的方法,辨识出本工程的危险源,对其进行分类和分级,汇总制定危险源清单,确定危险源名称、类别、级别、可能导致事故类型及责任人等内容。必要时可进行集体讨论或专家技术论证。

6.3 危险源辨识可采取直接判定法、安全检查表法、预先危险性分析法及因果分析法等方法。

危险源辨识应考虑工程区域内的生活、生产、施工作业场所等危险发生的可能性,暴露于危险环境频率和持续时间,储存物质的危险特性、数量以及仓储条件,环境、设备的危险特性以及可能发生事故的后果严重性等因素,综合分析判定。

6.4 危险源辨识应先采用直接判定法,不能用直接判定法辨识的,可采用其他方法进行判定。当本工程区域内出现符合《水利水电工程施工重大危险源清单》(附件)中的任何一条要素的,可直接判定为重大危险源。

6.5 各单位应定期开展危险源辨识,当有新规程规范发布(修订),或施工条件、环境、要素或危险源致险因素发生较大变化,或发生生产安全事故时,应及时组织重新辨识。

7 附件

水利水电工程施工重大危险源清单(指南)

序号	类别	项目	重大危险源	可能导致的事故类型
1	施工作业类	明挖施工	滑坡地段的开挖	坍塌、物体打击、机械伤害
2			堆渣高度大于 10 m(含)的挖掘作业	坍塌、物体打击、机械伤害
3			土方边坡高度大于 30 m(含)或地质缺陷部位的开挖作业	坍塌、物体打击、机械伤害
4			石方边坡高度大于 50 m(含)或滑坡地段的开挖作业	坍塌、物体打击、机械伤害
5		洞挖施工	断面大于 20 m² 或单洞长度大于 50 m 以及地质缺陷部位开挖;地应力大于 20 MPa 或大于岩石强度的 1/5 或埋深大于 500 m 部位的作业;洞室临近相互贯通时的作业;当某一工作面爆破作业时,相邻洞室的施工作业	冒顶片帮、物体打击、机械伤害
6			不能及时支护的部位	冒顶片帮、物体打击、机械伤害
7			隧洞进出口及交叉洞作业	冒顶片帮、物体打击、机械伤害
8			地下水活动强烈地段开挖	透水、物体打击、机械伤害
9		石方爆破	一次装药量大于 200 kg(含)的爆破;雷雨天气的露天爆破作业;多作业面同时爆破	火药爆炸、放炮、物体打击、坍塌
10			一次装药量大于 50 kg(含)的地下爆破	火药爆炸、放炮、物体打击、冒顶片帮

续表

序号	类别	项目	重大危险源	可能导致的事故类型
11	施工作业类	石方爆破	斜井开挖的爆破作业	火药爆炸、放炮、物体打击、冒顶片帮
12			竖井开挖的爆破作业	火药爆炸、放炮、物体打击、冒顶片帮
13			临近边坡的地下开挖爆破作业	火药爆炸、放炮、物体打击、坍塌
14		灌浆工程	采用危险化学品进行化学灌浆	中毒或其他伤害
15		斜井、竖井开挖	提升系统行程大于 20 m(含)	高处坠落
16			大于 20 m(含)的沉井工程	物体打击、机械伤害
17		混凝土生产	制冷车间的液氨制冷系统	中毒、爆炸
18		脚手架工程	搭设高度 24 m 及以上的落地式钢管脚手架工程;附着式整体和分片提升脚手架工程;悬挑式脚手架工程;吊篮脚手架工程;新型及异型脚手架工程	坍塌、高处坠落、物体打击
19		模板工程及支撑体系	滑模、爬模、飞模工程	物体打击、高处坠落
20			搭设高度 5 m 及以上;搭设跨度 10 m 及以上;施工总荷载 10 kN/m² 及以上;集中线荷载 15 kN/m 及以上	物体打击、高处坠落
21			用于钢结构安装等满堂支撑体系	物体打击、高处坠落
22		金属结构制作、安装及机电设备安装	采用非常规起重设备、方法,且单件起吊重量在 10 kN 及以上的起重吊装工程	机械伤害、高处坠落
23			使用易爆、有毒和易腐蚀的危险化学品进行作业	爆炸、中毒或其他伤害
24		建筑物拆除	采取机械拆除,拆除高度大于 10 m;可能影响行人、交通、电力设施、通信设施或其他建、构筑物安全的拆除作业;文物保护建筑、优秀历史建筑或历史文化风貌区控制范围的拆除作业	坍塌、物体打击、高处坠落、机械伤害
25			围堰拆除作业	坍塌
26			爆破拆除作业	爆炸、物体打击
27		降排水	降排水工程	淹溺

续表

序号	类别	项目	重大危险源	可能导致的事故类型
28	机械设备类	起重吊装及安装拆卸	采用非常规起重设备、方法，且单件起吊重量在 10 kN 及以上的起重吊装工程	物体打击、机械伤害
29			采用起重机械进行安装的工程	物体打击、起重伤害、高处坠落
30			起重机械设备自身的安装、拆卸作业	起重伤害、高处坠落、触电
31	设施场所类	存弃渣场	弃渣堆下方有生活区或办公区	坍塌
32		基坑	开挖深度超过 5 m(含)的深基坑作业，或开挖深度虽未超过 5 m，但地质条件、周围环境和地下管线复杂，或影响毗邻建筑(构筑)物安全的深基坑作业	坍塌、高处坠落
33		油库油罐区	参照《危险化学品重大危险源辨识》(GB 18218—2009)标准	火灾、爆炸
34		材料设备仓库	参照《危险化学品重大危险源辨识》(GB 18218—2009)标准	爆炸
35		供电系统	临时用电工程	触电
36		隧洞	浅埋隧洞	坍塌
37		围堰	围堰工程	淹溺
38	作业环境类	超标准洪水、粉尘	超标准洪水	淹溺、火药爆炸
39		有毒有害气体及有毒化学品泄漏环境	参照《危险化学品重大危险源辨识》(GB 18218—2009)标准	中毒或其他伤害
40			参照《危险化学品重大危险源辨识》(GB 18218—2009)标准	中毒或其他伤害
41	其他	营地选址	施工驻地及场站设置在可能发生滑坡、塌方、泥石流、崩塌、落石、洪水、雪崩等的危险区域	坍塌、淹溺、物体打击
42		其他单项工程	采用新技术、新工艺、新材料、新设备的危险性较大的单项工程	坍塌
43			尚无相关技术标准的危险性较大的单项工程	坍塌

（二）实例 2

重大危险源登记表

序号	施工标段	施工单位	责任人	危险源名称	危险因素	措施和应急预案 是否落实
1	×××拆建工程土建	×××拆建工程土建施工项目部	×××	建筑物拆除	坍塌、物体打击、高处坠落、淹溺、爆炸	已编制应急预案，并在现场安装警示标牌、设立警戒区
2	×××拆建工程土建	×××拆建工程土建施工项目部	×××	脚手架工程	高处坠落、物体打击、火灾	已编制应急预案，对作业人员技术交底、设立警示标牌、定期检查防护栏杆等
3						

记录：　　　　　　校核：　　　　　　审查：　　　　　　日期：

（三）实例3

重大危险源辨识评价表

工程名称：×××拆建工程

危险源名称	脚手架工程	危险源地点	施工现场
确认时间	2020.10.13	涉及时间段	2020.10.20—2021.10.20
责任单位	×××拆建工程项目部	责任人	×××
可能存在的主要危险因素	高处坠落、物体打击、火灾		
参与辨识单位及人员签字			

说明：本表一式　份，有项目法人或施工单位填写，用于归档和备查。施工单位填写后，随同重大危险源识别与评价汇总表报项目法人。项目法人组织辨识后，填写此表，并送施工单位、监理机构各一份。

（四）实例 4

管理人员重大危险源培训记录表

单位名称	×××拆建工程建设处	日期	××××年××月××日
教育部门	安全科	讲课人	×××
危险源名称	供电系统	培训学时	4

教育内容：(可附页)

学习《施工现场临时用电安全技术规范》第四章外电路及电气设备防护、第八章配电箱及开关箱，主要对有限空间作业用电要求及三级配电进行重点培训。

记录人：

教育培训评估：

评估人：

参加培训人员签名：

（五）实例 5

重大危险源监控工作检查表

序号	检查内容	检查结果		
		施工单位	监理单位	××单位
1	是否建立重大危险源管理制度			
2	是否明确重大危险源辨识和控制的职责、方法、方位、流程等要求			
3	是否按制度进行重大危险源辨识、评价			
4	是否对评价确认的重大危险源及时登记建档			
5	是否按照规定向相关主管部门备案			
6	是否明确重大危险源的各级监控责任人和监控要求			
7	是否根据项目建设进展，对重大危险源实施动态的辨识、评价和控制			
8	是否在重大危险源处设置明显的安全警示标志和警示牌			
9	……			

参加检查人员：

（六）实例6

重大危险源汇总表

辨识与评价表编号	危险源名称	涉及时间段	可能存在的主要危险因素	控制措施	责任单位	责任人
1	明挖工程		高处坠落、触电、车辆伤害、坍塌、物体打击、粉尘、机械伤害	ABCDE	×××拆建工程项目部	×××
2	填筑工程		滑坡、坍塌、物体打击、高处坠落、淹溺	ABCD	×××拆建工程项目部	×××
3	混凝土浇筑		高处坠落、爆炸伤害、触电、起重伤害、机械伤害	ABCDE	×××拆建工程项目部	×××
4	脚手架工程		高处坠落、物体打击、火灾	ABCDE	×××拆建工程项目部	×××
5	模板工程		高处坠落、物体打击	ABCDE	×××拆建工程项目部	×××
6	钢筋工程		火灾、触电、高处坠落、物体打击	BCD	×××拆建工程项目部	×××
7	金属结构制作与安装		火灾、触电、高处坠落、起重伤害、物体打击	BCDE	×××拆建工程项目部	×××
8	……					

填表人：　　　　　审核：　　　　　审批：　　　　　日期：

说明：1. 控制措施中 ABCDE 分别代表：A：制定目标、指标和管理方案；B：执行运行控制程序；C：教育和培训；D：监督检查；E：制定应急预案。

2. 本表一式　　份，有项目法人或施工单位填写，用于归档和备查。施工单位填写后，随同重大危险源识别与评价汇总表报项目法人。项目法人组织辨识后，填写此表，并送施工单位、监理机构各一份。

（七）实例 7

重大危险源备案申报表

工程名称	×××拆建工程	工程地点	
项目法人	×××拆建工程 建设处	法人代表	
施工单位		项目经理	
监理单位		项目总监	

序号	危险源名称	涉及时间段	可能存在的主要危险因素
1	围堰工程	×××年××月××日— ×××年××月××日	溺水、塌陷、滑坡、渗漏
2	脚手架工程	×××年××月××日— ×××年××月××日	高处坠落、物体打击、火灾
3	建筑物拆除工程	×××年××月××日— ×××年××月××日	坍塌、物体打击、高处坠落、淹溺、爆炸
4	供电系统	×××年××月××日— ×××年××月××日	触电、高处坠落
5	起重设备安装拆卸及吊装作业	×××年××月××日— ×××年××月××日	起重伤害、高处坠落、机械伤害、触电

根据《水利水电工程施工安全管理导则》,现将××工程重大危险源等级备案申报材料:

1.……

2.……

3.……

4.……

……

报上,请予以备案。

项目法人(印章)

年　　月　　日

说明:本表由项目法人填写,报项目主管部门和安全监督机构备案

（八）材料实例 8

重大危险源动态监控表

工程名称：×××拆建工程

危险源名称	脚手架工程		
危险源地点	施工现场	确认时间	
责任单位	×××拆建工程 项目部	责任人	×××
预防事故主要措施	1. 开工前必须针对各施工部位的实际状况编制具有针对性、可操作性的安全技术措施，并进行交底。 2. 操作面满铺脚手板，不允许出现"探头板"。 3. 搭设脚手架时，必须佩戴安全带。 4. 操作平台外侧必须按规范搭设防护栏杆。 5. 高空作业时，必须按标准搭设通道供上下人专用。 6. 拆除脚手架时，严格按照拟定拆除次序拆除，并佩戴安全带。 7. 脚手架外侧封密目网，作业层下设水平兜网。 8. 进入施工现场必须正确佩戴合格的安全帽。 9. 通道口搭设防护棚，分层搭设水平网。 10. 施工时高空作业人员严禁往下抛扔物品。 11. 尽量避免交叉作业，有交叉作业时设专人进行监督指挥。 12. 严格按施工方案进行施工，技术、安全、工程人员定期进行符合性和安全性检查。 13. 满足脚手架搭设中扫地杆、连接点、搭接、对接、剪刀撑等构造要求。 14. 不能随意加大支撑脚手架上的荷载。		
动态监控情况			

序号	检查日期	检查内容	检查结果	整改情况	检查人员

说明：本表一式　份，由施工单位填写。用于归档和备查。施工单位、监理机构各一份

（九）实例 9

重大危险源销号登记表

项目名称	×××拆建工程		
施工单位	×××拆建工程项目部		
重大危险源名称	围堰工程	部位	上、下游
施工简况及销号申请	工程简介 本工程已通过水下验收，上下游围堰于××××年×月×日拆除完成，现计划对重大危险源围堰进行销号处理。 专职安全员(签字)： 施工负责人(签字)： 　　　　　年　　月　　日		
监理工程师审核意见	 监理工程师(签字)： 　　　　　年　　月　　日		
建设单位审核意见	 业主(签字)： 　　　　　年　　月　　日		

第三节　隐患排查治理

一、考核内容及赋分标准

【水利部考核内容】

5.3.1　组织有关参建单位制定项目事故隐患排查制度,主要内容包括隐患排查目的、内容、方法、频次和要求等。监督检查参建单位开展此项工作。

5.3.2　根据事故隐患排查制度开展事故隐患排查,排查前应制定排查方案,明确排查的目的、范围和方法;排查方式主要包括定期综合检查、专项检查、季节性检查、节假日检查和日常检查等;对排查出的事故隐患,及时书面通知有关单位,定人、定时、定措施进行整改,并按照事故隐患的等级建立事故隐患信息台账;至少每月组织一次安全生产综合检查。监督检查参建单位开展此项工作。

5.3.3　建立事故隐患报告和举报奖励制度,鼓励、发动职工发现和排除事故隐患,鼓励社会公众举报。对发现、排除和举报事故隐患的有功人员,应给予物质奖励和表彰。监督检查参建单位开展此项工作。

5.3.4　对于重大事故隐患,及时向项目主管部门和有关部门报告。重大事故隐患报告应包括下列内容:隐患的现状及其产生原因;隐患的危害程度和整改难易程度分析;隐患的治理方案等。治理方案应由施工单位主要负责人组织制定,经监理单位审核,报项目法人同意后实施。治理方案应包括下列内容:重大事故隐患描述;治理的目标和任务;采取的方法和措施;经费和物资的落实;负责治理的机构和人员;治理的时限和要求;安全措施和应急预案等。

5.3.5　建立健全事故隐患治理和建档监控制度,逐级建立并落实隐患治理和监控责任制。监督检查参建单位开展此项工作。

5.3.6　重大事故隐患治理完成后,组织对治理情况进行验证和效果评估,并签署意见,报项目主管部门和有关部门备案。一般事故隐患(由项目法人组织排查的)治理完成后,对治理情况进行复查,并在隐患整改通知单上签署明确意见。

5.3.7　对于地方人民政府或有关部门挂牌督办并责令全部或者局部停止施工的重大事故隐患,治理工作结束后,监督检查责任单位组织对治理情况进行评估。经治理后符合安全生产条件的,项目法人应向有关部门提出恢复施工的书面申请,经审查同意后,方可恢复施工。

5.3.8　按规定时限将隐患排查治理统计分析情况报项目主管部门和有关部

门。监督检查有关参建单位按规定时限对隐患排查治理情况进行统计分析,形成书面报告,经项目主要负责人签字后,报项目法人。

5.3.9 监督检查参建单位对一般事故隐患立即组织整改。

5.3.10 监督检查参建单位在事故隐患整改到位前采取相应的安全防范措施,防止事故发生。

5.3.11 监督检查参建单位运用隐患自查、自改、自报信息系统,通过信息系统对隐患排查、报告、治理、销账等过程进行管理和统计分析,并按照有关要求报送隐患排查治理情况。

【国家赋分标准】65 分

按照《水利工程生产安全重大事故隐患判定标准(试行)》,存在重大事故隐患的,不得评定为安全生产标准化达标单位。

1. 查制度文本和相关记录。未制定事故隐患排查制度,扣 2 分;制度内容不全,每缺一项扣 1 分;制度内容不符合有关规定,每项扣 1 分;未监督检查,扣 5 分;检查单位不全,每缺一个单位扣 2 分;对监督检查中发现的问题未采取措施或未督促落实,每处扣 1 分。

2. 查相关记录并查看现场。未制定排查方案,每少一次扣 1 分;排查方式不全,每缺一项扣 2 分;排查结果与现场实际不符,每次扣 1 分;未书面通知有关单位,每次扣 1 分;未建立隐患信息台账,每缺一项扣 1 分;安全生产综合检查频次不够,每少一次扣 1 分;未监督检查,扣 10 分;检查单位不全,每缺一个单位扣 2 分;对监督检查中发现的问题未采取措施或未督促落实,每处扣 1 分。

3. 查制度文本和相关记录。未建立制度,扣 2 分;制度内容不全,每缺一项扣 1 分;制度内容不符合有关规定,每项扣 1 分;无物质奖励和表彰记录,扣 5 分;未监督检查,扣 5 分;检查单位不全,每缺一个单位扣 2 分;对监督检查中发现的问题未采取措施或未督促落实,每处扣 1 分。

4. 查相关记录并查看现场。未报告,扣 10 分;报告内容不符合要求,每项扣 2 分;治理方案制定、审核、上报等程序不符合要求,扣 10 分;治理方案内容不符合要求,每项扣 2 分;未按治理方案实施,扣 10 分。

5. 查制度文本和相关记录。未建立制度,扣 2 分;制度内容不符合有关规定,每项扣 1 分;未监督检查,扣 5 分;检查单位不全,每缺一个单位扣 2 分;对监督检查中发现的问题未采取措施或未督促落实,每处扣 1 分。

6. 查相关记录并查看现场。对于重大事故隐患,未组织验证、效果评估,或未签署意见,扣 5 分;未备案,每项扣 2 分;对于一般事故隐患,未复查或未签署意见,每项扣 1 分。

7. 查相关记录并查看现场。未监督检查,扣 5 分;检查单位不全,每缺一个单位扣1分;对监督检查中发现的问题未采取措施或未督促落实,每处扣1分;未经审查同意恢复施工的,扣5分。

8. 查相关记录。未按规定上报,每少一次扣1分;未监督检查,扣5分;检查单位不全,每缺一个单位扣2分;对监督检查中发现的问题未采取措施或未督促落实,每处扣1分。

9. 查相关记录并查看现场。未监督检查,扣5分;检查单位不全,每缺一个单位扣2分;对监督检查中发现的问题未采取措施或未督促落实,每处扣1分。

10. 查相关记录并查看现场。未监督检查,扣5分;检查单位不全,每缺一个单位扣2分;对监督检查中发现的问题未采取措施或未督促落实,每处扣1分。

11. 查相关记录并查看现场。未监督检查,扣5分;检查单位不全,每缺一个单位扣2分;对监督检查中发现的问题未采取措施或未督促落实,每处扣1分。

【江苏省考核内容】

5.3.1 组织有关参建单位制定项目事故隐患排查制度,主要内容包括隐患排查目的、内容、方法、频次和要求等。监督检查参建单位开展此项工作。

5.3.2 根据事故隐患排查制度开展事故隐患排查,排查前应制定排查方案,明确排查的目的、范围和方法;排查方式主要包括定期综合检查、专项检查、季节性检查、节假日检查和日常检查等;对排查出的事故隐患,及时书面通知有关单位,定人、定时、定措施进行整改,并按照事故隐患的等级建立事故隐患信息台账;至少每月组织一次安全生产综合检查。监督检查参建单位开展此项工作。

5.3.3 建立事故隐患报告和举报奖励制度,鼓励、发动职工发现和排除事故隐患,鼓励社会公众举报。对发现、排除和举报事故隐患的有功人员,应给予物质奖励和表彰。监督检查参建单位开展此项工作。

5.3.4 对于重大事故隐患,及时向项目主管部门和有关部门报告。重大事故隐患报告应包括下列内容:隐患的现状及其产生原因;隐患的危害程度和整改难易程度分析;隐患的治理方案等。治理方案应由相关责任单位主要负责人组织制定,经监理单位审核,报项目法人同意后实施。治理方案应包括下列内容:重大事故隐患描述;治理的目标和任务;采取的方法和措施;经费和物资的落实;负责治理的机构和人员;治理的时限和要求;安全措施和应急预案等。

5.3.5 建立健全事故隐患治理和建档监控制度,逐级建立并落实隐患治理和监控责任制。监督检查参建单位开展此项工作。

5.3.6 重大事故隐患治理完成后,组织对治理情况进行验证和效果评估,并签署意见,报项目主管部门和有关部门备案。一般事故隐患(由项目法人组织排查的)治理完成后,对治理情况进行复查,并在隐患整改通知单上签署明确意见。

5.3.7 对于地方人民政府或有关部门挂牌督办并责令全部或者局部停止施

工的重大事故隐患,治理工作结束后,监督检查责任单位组织对治理情况进行评估。经治理后符合安全生产条件的,项目法人应向有关部门提出恢复施工的书面申请,经审查同意后,方可恢复施工。

5.3.8　按规定时限将隐患排查治理统计分析情况报项目主管部门和有关部门。监督检查有关参建单位按规定时限对隐患排查治理情况进行统计分析,形成书面报告,经项目主要负责人签字后,报项目法人。

5.3.9　监督检查参建单位对一般事故隐患立即组织整改。

5.3.10　监督检查参建单位在事故隐患整改到位前采取相应的安全防范措施,防止事故发生。

5.3.11　监督检查参建单位运用隐患自查、自改、自报信息系统,通过信息系统对隐患排查、报告、治理、销账等过程进行管理和统计分析,并按照有关要求报送隐患排查治理情况。

【江苏省赋分标准】40 分

1. 查制度文本和相关记录。未制定事故隐患排查制度,扣 2 分;制度内容不全,每缺一项扣 1 分;制度内容不符合有关规定,每项扣 1 分;未监督检查,扣 5 分;检查单位不全,每缺一个单位扣 2 分;对监督检查中发现的问题未采取措施或未督促落实,每处扣 1 分。

2. 查相关记录并查看现场。未制定排查方案,每少一次扣 1 分;排查方式不全,每缺一项扣 2 分;排查结果与现场实际不符,每次扣 1 分;未书面通知有关单位,每次扣 1 分;未建立隐患信息台账,每缺一项扣 1 分;安全生产综合检查频次不够,每少一次扣 1 分;未监督检查,扣 10 分;检查单位不全,每缺一个单位扣 2 分;对监督检查中发现的问题未采取措施或未督促落实,每处扣 1 分。

3. 查制度文本和相关记录。未建立制度,扣 2 分;制度内容不全,每缺一项扣 1 分;制度内容不符合有关规定,每项扣 1 分;无物质奖励和表彰记录,扣 5 分;未监督检查,扣 5 分;检查单位不全,每缺一个单位扣 2 分;对监督检查中发现的问题未采取措施或未督促落实,每处扣 1 分。

4. 查相关记录并查看现场。未报告,扣 10 分;报告内容不符合要求,每项扣 2 分;治理方案制定、审核、上报等程序不符合要求,扣 10 分;治理方案内容不符合要求,每项扣 2 分;未按治理方案实施,扣 10 分。

5. 查制度文本和相关记录。未建立制度,扣 2 分;制度内容不符合有关规定,每项扣 1 分;未监督检查,扣 5 分;检查单位不全,每缺一个单位扣 2 分;对监督检查中发现的问题未采取措施或未督促落实,每处扣 1 分。

6. 查相关记录并查看现场。对于重大事故隐患,未组织验证、效果评估,或未签署意见,扣 5 分;未备案,每项扣 2 分;对于一般事故隐患,未复查或未签署意见,每项扣1分。

7. 查相关记录并查看现场。未监督检查,扣5分;检查单位不全,每缺一个单位扣1分;对监督检查中发现的问题未采取措施或未督促落实,每处扣1分;未经审查同意恢复施工的,扣5分。

8. 查相关记录。未按规定上报,每少一次扣1分;未监督检查,扣5分;检查单位不全,每缺一个单位扣2分;对监督检查中发现的问题未采取措施或未督促落实,每处扣1分。

9. 查相关记录并查看现场。未监督检查,扣5分;检查单位不全,每缺一个单位扣2分;对监督检查中发现的问题未采取措施或未督促落实,每处扣1分。

10. 查相关记录并查看现场。未监督检查,扣5分;检查单位不全,每缺一个单位扣2分;对监督检查中发现的问题未采取措施或未督促落实,每处扣1分。

11. 查相关记录并查看现场。未监督检查,扣5分;检查单位不全,每缺一个单位扣2分;对监督检查中发现的问题未采取措施或未督促落实,每处扣1分。

二、法规要点

1.《中华人民共和国安全生产法》

第十八条　生产经营单位的主要负责人对本单位安全生产工作负有下列职责:

(五)督促、检查本单位的安全生产工作,及时消除生产安全事故隐患;

第二十二条　生产经营单位的安全生产管理机构以及安全生产管理人员履行下列职责:

(五)检查本单位的安全生产状况,及时排查生产安全事故隐患,提出改进安全生产管理的建议;

第三十八条　生产经营单位应当建立健全生产安全事故隐患排查治理制度,采取技术、管理措施,及时发现并消除事故隐患。事故隐患排查治理情况应当如实记录,并向从业人员通报。

第四十三条　生产经营单位的安全生产管理人员应当根据本单位的生产经营特点,对安全生产状况进行经常性检查;对检查中发现的安全问题,应当立即处理;不能处理的,应当及时报告本单位有关负责人,有关负责人应当及时处理。检查及处理情况应当如实记录在案。

生产经营单位的安全生产管理人员在检查中发现重大事故隐患,依照前款规定向本单位有关负责人报告,有关负责人不及时处理的,安全生产管理人员可以向主管的负有安全生产监督管理职责的部门报告,接到报告的部门应当依法及时处理。

2.《安全生产领域举报奖励办法》(安监总财〔2018〕19 号)

第七条　举报人举报的重大事故隐患和安全生产违法行为,属于生产经营单位和负有安全监管职责的部门没有发现,或者虽然发现但未按有关规定依法处理,经核查属实的,给予举报人现金奖励。具有安全生产管理、监管、监察职责的工作人员及其近亲属或其授意他人的举报不在奖励之列。

第八条　举报人举报的事项应当客观真实,并对其举报内容的真实性负责,不得捏造、歪曲事实,不得诬告、陷害他人和企业;否则,一经查实,依法追究举报人的法律责任。

第九条　负有安全监管职责的部门应当建立健全重大事故隐患和安全生产违法行为举报的受理、核查、处理、协调、督办、移送、答复、统计和报告等制度,并向社会公开通信地址、邮政编码、电子邮箱、传真电话和奖金领取办法。

3.《国务院关于进一步加强企业安全生产工作的通知》(国发〔2010〕23 号)

第 4 条　及时排查治理安全隐患。企业要经常性开展安全隐患排查,并切实做到整改措施、责任、资金、时限和预案"五到位"。建立以安全生产专业人员为主导的隐患整改效果评价制度,确保整改到位。对隐患整改不力造成事故的,要依法追究企业和企业相关负责人的责任。对停产整改逾期未完成的不得复产。

4.《安全生产事故隐患排查治理暂行规定》(国家安全生产监督管理总局令第 16 号)

第三条　本规定所称安全生产事故隐患(以下简称事故隐患),是指生产经营单位违反安全生产法律、法规、规章、标准、规程和安全生产管理制度的规定,或者因其他因素在生产经营活动中存在可能导致事故发生的物的危险状态、人的不安全行为和管理上的缺陷。

事故隐患分为一般事故隐患和重大事故隐患。一般事故隐患,是指危害和整改难度较小,发现后能够立即整改排除的隐患。重大事故隐患,是指危害和整改难度较大,应当全部或者局部停产停业,并经过一定时间整改治理方能排除的隐患,或者因外部因素影响致使生产经营单位自身难以排除的隐患。

第四条　生产经营单位应当建立健全事故隐患排查治理制度。

生产经营单位主要负责人对本单位事故隐患排查治理工作全面负责。

第八条　生产经营单位是事故隐患排查、治理和防控的责任主体。

生产经营单位应当建立健全事故隐患排查治理和建档监控等制度,逐级建立并落实从主要负责人到每个从业人员的隐患排查治理和监控责任制。

第九条　生产经营单位应当保证事故隐患排查治理所需的资金,建立资金使用专项制度。

第十条　生产经营单位应当定期组织安全生产管理人员、工程技术人员和其他相关人员排查本单位的事故隐患。对排查出的事故隐患,应当按照事故隐患的等级进行登记,建立事故隐患信息档案,并按照职责分工实施监控治理。

第十五条 对于一般事故隐患,由生产经营单位(车间、分厂、区队等)负责人或者有关人员立即组织整改。

对于重大事故隐患,由生产经营单位主要负责人组织制定并实施事故隐患治理方案。重大事故隐患治理方案应当包括以下内容:

(一)治理的目标和任务;

(二)采取的方法和措施;

(三)经费和物资的落实;

(四)负责治理的机构和人员;

(五)治理的时限和要求;

(六)安全措施和应急预案。

三、实施要点

1. 项目法人应制定项目事故隐患排查制度,主要内容包括隐患排查目的、内容、方法、频次和要求等。

2. 项目法人应根据排查制度的规定,定期对工程现场、生活区、办公区以及人员、设备设施等开展安全隐患排查工作。排查方式有定期综合检查、专项检查、季节性检查、节假日检查和日常检查等,对排查出的隐患,及时书面通知有关单位,每月至少开展一次安全综合检查。

3. 项目法人对排查出的事故隐患进行分析、评估,确定一般隐患和重大隐患,登记建档。对于一般事故隐患,应立即要求责任单位整改消除,对重大事故隐患,应制定隐患治理方案,在治理前应及时采取临时控制措施并制定应急方案,并向项目主管部门和有关部门报告。

4. 项目法人组织制定的隐患治理方案主要包括工程技术措施、管理措施、教育培训、防护措施、应急措施等。

5. 项目法人应监督检查参建单位隐患治理方案的制定情况、实施隐患治理情况、隐患治理后效果评估情况。对于地方人民政府或有关部门挂牌督办并责令全部或者局部停止施工的重大事故隐患,治理工作结束后,监督检查责任单位组织对治理情况进行评估。经治理后符合安全生产条件的,项目法人应向有关部门提出恢复施工的书面申请,经审查同意后,方可恢复施工。

6. 项目法人应及时向上级主管部门上报隐患排查治理统计表,监督检查参建单位上报情况。

四、材料实例

（一）实例1

×××拆建工程建设处文件

×××〔20××〕×号

关于印发《×××拆建工程生产安全事故隐患排查治理制度》的通知

各部门、参建单位：

　　为加强工程安全生产工作，监理生产安全事故隐患排查治理长效机制，强化落实安全生产主体责任，切实防止和减少各类生产安全事故，我处组织编制了《×××拆建工程生产安全事故隐患排查治理制度》，现印发给你们，请结合本单位实际制定隐患排查治理制度，并贯彻落实。

　　附件：×××拆建工程生产安全事故隐患排查治理制度

×××拆建工程建设处（章）

20××年×月×日

抄送：××××

×××拆建工程建设处　　　　　　　　　　　　20××年×月×日印发

附件：

×××拆建工程生产安全事故隐患排查治理制度

　　第一条　为建立×××拆建工程生产安全事故隐患排查治理长效机制，加强事故隐患排查治理工作管理，强化落实安全生产主体责任，切实防止和减少生产安全事故，保障人民群众生命财产安全，根据《中华人民共和国安全生产法》《水利工程建设安全生产管理规定》《水利水电工程施工安全管理导则》等安全生产法律法规和技术标准，结合本工程实际，制定本制度。

　　第二条　本制度适用×××拆建工程生产安全事故隐患排治理。

　　第三条　本制度所称生产安全事故隐患（以下简称事故隐患），是指违反安全生产法律、法规、规章以及标准、规程和安全生产管理制度的规定，或者因其他因素在生产经营活动中存在可能导致事故发生的物的危险状态、人的不安全行为和管理上的缺陷。

第四条 事故隐患分为一般事故隐患和重大事故隐患。一般事故隐患,是指危害和整改难度较小,发现后能够立即整改排除的隐患。重大事故隐患是指危害和整改难度较大,可能致使全部或者局部停产停业,并经过一定时间整改治理方能排除的隐患,或者因外部因素影响致使单位自身难以排除的隐患。

第五条 事故隐患排查范围包括本工程区域内所有场所(包括施工现场、办公生活区、堆料场、加工场、仓库等)、人员活动、设备设施、建筑物、构筑物及周边环境、设施等。

第六条 各参建单位主要负责人对本单位事故隐患排治理工作全面负责。建设处安全科为×××拆建工程隐患排查归口管理部门,建设处各相关部门为专业管理部门。监理单位应承担所属工程事故隐患排查治理的监理责任,明确专人牵头负责隐患排查治理监理工作。各施工单位应承担所属工程(标段)事故隐患排查治理的主体责任,明确隐患排查归口部门及相关专业部门,建立综合管理和专业管理相结合的隐患排查模式。

第七条 有工程分包的,总承包单位应当与分包单位签订安全生产管理协议,并在协议中明确各方对事故隐排查治理和防控的管理职责。总承包单位应对分包单位的事故隐排查治理负有统一协调和督促管理的职责。

第八条 施工、监理等参建单位应根据建设处事故隐患排查治理制度,制定本单位的事故隐患排查治理制度,逐级建立并落实从主要负责人到每个从业人员的事故隐患排查治理责任制。

第九条 各参建单位应根据事故隐患排查治理制度开展事故隐患排查治理工作,排查前应制定排查方案,明确排查的目的、范围和方法。

各参建单位应采用定期综合检查、专项检查、季节性检查、节假日检查和日常检查等方式,开展隐排查。

第十条 各参建单位应定期组织开展事故隐患排查,建设任务相对较重时期,至少每月组织一次由主要负责人或分管负责人参加的安全生产综合检查。

第十一条 各参建单位应实行事故隐患报告和举报奖励制度,鼓励、发动职工发现和排除事故隐患。对发现、排除和举报事故隐患的有功人员,应给予物质奖励和表彰。任何单位和个人发现重大事故隐,均有权向本项目主管部门×××工程管理处安监科和江苏省水利工程建设局安监处报告。

第十二条 对于现场能够立即整改到位的一般事故隐患,应当场整改到位,并做好书面记录;对不能立即整改到位的一般事故隐患,检查单位(部门)应书面通知有关责任单位(部门、工种队或人员),定人、定时、定措施进行整改,检查单位(部

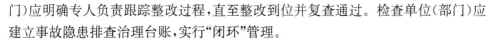

门)应明确专人负责跟踪整改过程,直至整改到位并复查通过。检查单位(部门)应建立事故隐患排查治理台账,实行"闭环"管理。

第十三条 对于重大事故隐患,建设处应及时向项目主管部门、安全生产监督机构及有关部门报告重大事故隐患报告应包括下列内容:

(一)隐患的现状及其产生原因;

(二)隐患的危害程度和整改难易程度分析;

(三)隐患的治理方案等。

第十四条 重大事故隐患治理方案应由施工单位主要负责人组织制定,经监理单位审核通过,报建设处同意后实施。

第十五条 重大事故隐患治理方案应包括下列内容:

(一)重大事故隐患描述;

(二)治理的目标和任务;

(三)采取的方法和措施;

(四)经费和物资的落实;

(五)负责治理的机构和人员;

(六)治理的时限和要求;

(七)安全措施和应急预案等。

第十六条 事故隐患排除前或者排除过程中无法保证安全的,应从危险区域内撤出作业人员,并疏散可能危及的其他人员,设置警戒标志,暂时停止施工或者停止使用。对暂时难以停止施工或者停止使用的储存装置、设施、设备,应当加强维护和保养,防止事故发生。

第十七条 重大事故隐患治理完成后,监理单位应组织对重大事故隐患治理情况进行验证和效果评估,并签署意见,确认满足要求后,报建设处。建设处应将治理情况报项目主管部门和安全生产监督机构备案。

第十八条 施工单位应按月、季、年对隐患排查治理情况进行统计分析,形成书面报告,经项目经理签字确认后,报监理单位,经总监理工程师签字确认后报建设处。

监理单位应按月、季、年对隐排查治理情况进行统计分析,形成书面报告,经总监理工程师签字后报建设处。

建设处应按规定将上月、上季、上年隐患排查治理统计分析情况报项目主管部门和安全生产监督机构。

第十九条 各参建单位应加强对自然灾害的预防。对于因自然灾害可能导致的事故隐患,应按照有关法律法规、规章制度和技术标准的要求排查治理,采取可靠的预防措施,并制定应急预案。各参建单位在接到有关自然灾害预报时,应及时发出预警通知;发生可能危及人员安全的情况时,应立即采取撤离人员、停止作业、加强监测等安全措施,并及时向项目主管部门和安全生产监督机构报告。

第二十条 各参建单位应当自觉接受、积极配合安全监管部门以及上级有关部门对事故隐患排查治理工作的督查和指导,不得拒绝和阻挠。

第二十一条 违反本规定的,按合同约定进行处理;因隐患排查治理责任、措施落实不到位,导致发生等级以上生产安全事故的,按照国家有关法律法规追究法律责任。

(二)实例2

隐患排查治理工作监督检查表

工程名称:×××拆建工程　　　　　　　　　　检查日期:　　年　　月　　日

序号	检查内容	检查结果
1	是否建立事故隐患排查制度、举报奖励制度	
2	是否明确排查的目的、范围、方法和要求等	
3	是否开展隐患排查	
4	对排查出的事故隐患是否进行分析评估	
5	是否有重大事故隐患,有无登记建档等	
6	是否根据隐患排查的结果,制定隐患治理方案	
7	隐患治理方案内容是否包括目标和任务、方法和措施、经费和物资、机构和人员、时限和要求等	
8	重大事故隐患是否及时上报主管部门和有关部门	
9	重大事故隐患治理方案是否编制	
10	重大事故隐患是否在治理前及时采取临时控制措施并制定应急预案	
11	是否为隐患排查治理提供所需的各类资源	
12	是否按隐患治理方案及时实施治理隐患	
13	治理隐患完成后,是否及时对治理情况进行验证和效果评估	
14	是否针对工程建设项目的地域特点及自然环境等情况进行分析、预测	
15	是否对自然灾害可能导致事故的隐患采取相应的预防措施	
16	是否对事故隐患排查治理情况及变化趋势进行统计分析,开展安全生产预测预警	
参加检查人员:		

（三）材料实例3

安全检查记录表

检查部门	建设处安全科	检查日期	×××年××月××日
检查类别	定期检查(或日常、节假日)	记录人	×××
受检单位、项目部	×××拆建工程项目部		
人员、设备、施工作业及环境和条件	人员持证上岗、定期开展安全培训及技术交底； 设备定期检查、检修,记录完整； 施工作业及环境:道路按要求洒水除尘,施工人员佩戴安全防护用具。		
危险品及危险源安全情况	油罐及乙炔气瓶已按要求存放,并设置警示标牌,重大危险源警示标识完善,定期开展检查。		
发现的安全隐患及消除隐患的要求	已按要求对建设处和监理部及自查的隐患进行整改。		
采取的安全措施及隐患消除情况	施工现场已设置安全防护设施,各类警示标识齐全,施工人员防护用品发放及时。		
检查人员签字: 日期:　　年　　月　　日			

(四) 实例 4

事故隐患排查记录表

单位名称：×××拆建工程建设处

工程名称	×××拆建工程	排查日期	×××年××月××日
隐患部位		检查部门(人员)	
检查内容			
被检查部门(人员)			
隐患情况及其产生原因：(可以附页)			
记录人：			年　月　日
整改意见：			
检查负责人：			年　月　日
复查意见：			
复查负责人：			年　月　日
备注：			

（五）实例5

事故隐患整改通知单

项目名称：×××拆建工程　　　　　　　　　　　　　　　　编号：

致： 　　　年　　月　　日,经检查发现你单位施工现场存在如下事故隐患。请接通知后,按照"三定"要求限在　　月　　日前,按照有关安全技术标准规定,采取相应整改措施,并在自查合格后,将整改完成情况及防范措施,按时反馈到通知发出单位。 存在的主要问题: 　　　　　　　　　　　　　　　　　　　　　　　　　检查人: 　　　　　　　　　　　　　　　　　　　　　　　　　负责人: 　　　　　　　　　　　　　　　　　　　　　　检查单位(签章): 　　　　　　　　　　　　　　　　　　　　　　　　年　　月　　日
隐患单位签收人: 　　　　　　　　　　　　　　　　　　　　　　签收日期:年　　月　　日
整改复查情况: 　　　　　　　　　　　　　　　　　　　　　　复查负责人:　年　　月　　日

（六）实例6

事故隐患整改通知回复单

工程名称：×××拆建工程

编号：

致：
我方接到编号为＿＿＿＿＿＿＿的事故隐患整改通知后，已按要求完成了整改工作，现报上，请予以复查。 　　附：（文字资料及相片）
项目负责人：（签名） 　　　　　　　　　　　　　　　　　　　　　　　年　　月　　日
检查单位验收意见： 检查单位： 检查单位负责人：（签名） 　　　　　　　　　　　　　　　　　　　　　　　年　　月　　日

（七）实例7

生产安全事故重大事故隐患排查报告表

填报单位(盖章)：

工程名称	×××拆建工程		单位性质	
单位地址			邮编	
主要负责人	安全部门 负责任人		联系电话	
排查日期	隐患类别		评估等级	
隐患现状及其 产生原因分析				
隐患危害程度 和整改难易程 度分析				
隐患治理方案				
填表人	项目负责人		填表日期	

(八) 实例 8

事故隐患排查治理汇总表

工程名称：×××拆建工程

序号	排查时间	排查负责人	安全隐患情况简述	隐患级别	整改措施	整改责任人	整改情况	复查人
填表人：		审核人：		填表日期： 年 月 日				

(九) 实例 9

生产安全事故隐患排查治理登记台账

登记单位名称：

序号	检查时间	隐患大类	隐患中类	隐患所在部位	隐患类别	隐患等级	隐患概况	具体情况及整改措施方案	投入资金（元）	复查验收情况	检查人员	整改责任人	整改期限	整改完成日期	验收复查责任人

说明："隐患类别"按事故统计"事故类别"填写。事故类别分为：1.物体打击，2.车辆伤害，3.机械伤害，4.起重伤害，5.触电，6.淹溺，7.灼烫，8.火灾，9.高处坠落，10.坍塌，11.容器爆炸，12.中毒和窒息，13.其他。"隐患等级"分为一般、一级重大、二级重大、三级重大。隐患大类分为：1.基础管理，2.现场管理。隐患中类为把基础管理和现场管理再细分。基础管理分为：1.资质证照，2.安全生产管理机构及人员，3.安全生产责任制，4.安全生产管理制度，5.安全操作规程，6.教育培训，7.安全生产管理档案，8.安全生产投入，9.应急管理，10.特种设备基础管理，11.职业卫生基础管理，12.相关方基础管理，13.其他基础管理。现场管理分为：1.特种设备现场管理，2.生产设备设施及工艺，3.场所环境，4.从业人员操作行为，5.消防安全，6.用电安全，7.职业卫生现场安全，8.有限空间现场安全，9.辅助动力系统，10.相关方现场管理，11.其他现场管理。

（十）实例10

生产安全事故隐患排查治理情况统计分析月报表

施工单位（盖章）：

	一般事故隐患				重大事故隐患										
									未整改的重大事故隐患列入治理计划						
	隐患排查数（项）	已整改数（项）	整改率（%）	整改投入资金（万元）	隐患排查数（项）	已整改数（项）	整改率（%）	整改投入资金（万元）	计划整改数（项）	落实目标任务（项）	落实经费物资（项）	落实机构人员（项）	落实整改期限（项）	落实应急措施（项）	落实整改资金（万元）
本月数															
1月至本月累计数															
事故隐患排查治理情况分析：															

单位主要负责人：　　　　　　填表人：　　　　　　填表日期：

225

第四节 预 测 预 警

一、考核内容及赋分标准

【水利部考核内容】

5.4.1 根据项目地域特点及自然环境情况、工程建设情况、安全风险管理、隐患排查治理及事故等情况,运用定量或定性的安全生产预测预警技术,建立项目安全生产状况及发展趋势的安全生产预测预警体系。监督检查参建单位开展此项工作。

5.4.2 采取多种途径及时获取水文、气象等信息,在接到有关自然灾害预报时,应及时发出预警通知;发生可能危及参建单位和人员安全的情况时,应采取撤离人员、停止作业、加强监测等安全措施,并及时向项目主管部门和有关部门报告。监督检查参建单位开展此项工作。

5.4.3 根据安全风险管理、隐患排查治理及事故等统计分析结果进行安全生产预测预警。监督检查参建单位开展此项工作。

【水利部赋分标准】25 分

1. 查相关记录并查看现场。未建立安全生产预测预警体系,扣 10 分;预测预警体系内容不全,每缺一项扣 2 分;未监督检查,扣 10 分;检查单位不全,每缺一个单位扣 2 分;对监督检查中发现的问题未采取措施或未督促落实,每处扣 1 分。

2. 查相关记录。获取信息不及时,每次扣 2 分;未及时发出预警通知,扣 10 分;未采取安全措施,每次扣 5 分;未报告,每次扣 5 分;未监督检查,扣 10 分;检查单位不全,每缺一个单位扣 2 分;对监督检查中发现的问题未采取措施或未督促落实,每处扣 1 分。

3. 查相关记录。未按规定进行预测预警,每次扣 2 分;未监督检查,扣 5 分;检查单位不全,每缺一个单位扣 2 分;对监督检查中发现的问题未采取措施或未督促落实,每处扣 1 分。

【江苏省考核内容】

5.4.1 根据项目地域特点及自然环境情况、工程建设情况、安全风险管理、隐患排查治理及事故等情况,运用定量或定性的安全生产预测预警技术,建立项目安全生产状况及发展趋势的安全生产预测预警体系。监督检查参建单位开展此项工作。

5.4.2 采取多种途径及时获取水文、气象等信息,在接到有关自然灾害预报时,应及时发出预警通知;发生可能危及参建单位和人员安全的情况时,应采取撤离人员、停止作业、加强监测等安全措施,并及时向项目主管部门和有关部门报告。监督检查参建单位开展此项工作。

5.4.3 根据安全风险管理、隐患排查治理及事故等统计分析结果进行安全生产预测预警。监督检查参建单位开展此项工作。

【江苏省赋分标准】25 分

1. 查相关记录并查看现场。未建立安全生产预测预警体系,扣 10 分;预测预警体系内容不全,每缺一项扣 2 分;未监督检查,扣 10 分;检查单位不全,每缺一个单位扣 2 分;对监督检查中发现的问题未采取措施或未督促落实,每处扣 1 分。

2. 查相关记录。获取信息不及时,每次扣 2 分;未及时发出预警通知,扣 10 分;未采取安全措施,每次扣 5 分;未报告,每次扣 5 分;未监督检查,扣 10 分;检查单位不全,每缺一个单位扣 2 分;对监督检查中发现的问题未采取措施或未督促落实,每处扣 1 分。

3. 查相关记录。未按规定进行预测预警,每次扣 2 分;未监督检查,扣 5 分;检查单位不全,每缺一个单位扣 2 分;对监督检查中发现的问题未采取措施或未督促落实,每处扣 1 分。

二、法规要点

1.《国务院关于进一步加强企业安全生产工作的通知》(国发〔2010〕23 号)

16. 建立完善企业安全生产预警机制。企业要建立完善安全生产动态监控及预警预报体系,每月进行一次安全生产风险分析。发现事故征兆要立即发布预警信息,落实防范和应急处置措施。对重大危险源和重大隐患要报当地安全生产监管监察部门、负有安全生产监管职责的有关部门和行业管理部门备案。涉及国家秘密的,按有关规定执行。

2.《安全生产事故隐患排查治理暂行规定》(国家安全生产监督管理总局第 16 号令)

第十七条 生产经营单位应当加强对自然灾害的预防。对于因自然灾害可能导致事故灾难的隐患,应当按照有关法律、法规、标准和本规定的要求排查治理,采取可靠的预防措施,制定应急预案。在接到有关自然灾害预报时,应当及时向下属单位发出预警通知;发生自然灾害可能危及生产经营单位和人员安全的情况时,应当采取撤离人员、停止作业、加强监测等安全措施,并及时向当地人民政府及其有关部门报告。

3.《国家减灾委员会关于贯彻落实习近平总书记等中央领导同志重要批示精神，切实做好自然灾害隐患排查等减灾救灾工作的紧急通知》(国减办电〔2015〕5号)

一、增强防范意识，狠抓责任落实

二、加强隐患排查，做好整顿治理

三、强化应急值守，做好监测预警

四、及时启动预案，做好应急处置

三、实施要点

1. 项目法人应根据项目地域特点及自然环境情况、工程建设情况、安全风险管理、隐患排查治理及事故等情况，运用定量或定性的安全生产预测预警技术，制定工程自然灾害及事故预测预警管理办法。

2. 项目法人在接到自然灾害预报时，应及时向有关部门及各参建单位发出预警信息。

3. 项目法人应组织监督检查参建单位对工程地域特点及自然环境进行分析、预测，要求参建单位对自然灾害可能导致事故的隐患采取相应的预防措施。

4. 项目法人应监督检查参建单位按规定每季度、每年度对隐患排查治理及事故等统计分析结果进行安全生产预测预警。

四、材料实例

(一) 实例 1

×××拆建工程建设处文件

×××〔20××〕×号

关于印发《×××拆建工程自然灾害及事故预测预警管理办法》的通知

各部门、参建单位：

为加强工程自然灾害及事故预测预警管理，增强风险防范和应急处置能力，切实防止和减少自然灾害事故对工程建设的不利影响，根据《中华人民共和国安全生产法》《国务院关于进一步加强企业安全生产工作的通知》等有关法律法规，结合工程实际，我处组织编制了《×××拆建工程自然灾害及事故预测预警管理办法》，现印发给你们,认真学习,并贯彻落实。

附件:×××拆建工程自然灾害及事故预测预警管理办法

×××拆建工程建设处(章)

20××年×月×日

抄送:××××

×××拆建工程建设处　　　　　　　　　20××年×月×日印发

附件:

×××拆建工程自然灾害及事故预测预警管理办法

1　目的

为加强×××拆建工程自然灾害及事故隐患预测预警管理,增强风险防范和应急处置能力,切实防止自然灾害事故对工程建设的不利影响,保障人民群众生命财产安全,根据《中华人民共和国安全法》《国务院关于进一步加强企业安全生产工作的通知》《安全生产隐患排查治理暂行规定》《水利安全生产标准化评审管理暂行办法》等有关法律法规,结合本工程实际,特制定本管理办法。

2　范围

本办法适用于×××拆建工程自然灾害及事故隐患预测预警管理。国家法律、法规另有规定的,从其规定。

3　术语

3.1　自然灾害:主要包括干旱、洪涝灾害,风、冰、雪、沙尘暴等气象灾害,火山、地震灾害、山体崩塌、滑坡、泥石流等地质灾害,风暴潮、海啸等海洋灾害,森林草原火灾和重大生物灾害等。

3.2　自然灾害预测预警:是指在工程建设过程中对可能出现的各种自然灾害的安全风险进行和防控,建立自然灾害预测、预警机制,对防范和应对自然灾害具有重要作用。

3.3　洪灾:洪灾是由于江、河、湖、库水位猛涨,堤坝漫溢或溃堤,水流入境而造成的灾害。

3.4　滑坡:是指斜坡上的土体或者岩体,受河流冲刷、地下水活动、地震及人工切坡等因素影响,在重力作用下,沿着一定的软弱面或者软弱带,整体地或者分散地顺坡向下滑动的自然现象。

3.5　台风:中心持续风速在12级至13级(即每秒32.7米至41.4米)的热带

气旋为台风(Typhoon)或飓风(Hurricane)北太平洋西部(赤道以北,国际日期线以西,东经 100 度以东)地区通常称其为台风,而发生在北大西洋及东太平洋地区则普遍称之为飓风。每年的夏秋季节,我国毗邻的西北太平洋上会生成不少名为台风(Typhoon)的猛烈风暴,有的消散于海上,有的则登上陆地,带来狂风暴雨。

4 自然灾害引发事故预测

本工程汛期雨水多,常年降雨量在×××毫米/年以上,台风天气多,据多年统计,洪水、台风主要出现在 5 月到 10 月,本工程主要建筑物为一座引水闸。

(1)强降雨导致基坑滑坡;

(2)台风导致脚手架及模板支撑系统坍塌;

(3)台风导致塔吊、起重机械等特种设备倾覆;

(4)台风导致施工临时板房损坏;

(5)高水位、强降雨引发洪灾,导致施工围堰出险或漫顶淹没闸塘;

(6)雷电袭击塔吊、混凝土拌合楼等引发事故;

(7)其他原因造成的安全事故。

5 信息来源

自然灾害预测预警信息主要包括:气象局的气象灾害预警信息,水利部的汛情、旱情预警信息,地震局的地震趋势预测信息,国土资源部的地质灾害预警信息,海洋局的海洋灾害预警信息,林业局的森林火灾和林业生物灾害信息,农业部的草原火灾和生物灾害预警信息,测绘地信局的地理信息等。获取主要包括广播、电视、新闻媒体、上级电话及来文等。

6 组织机构

建设处组织成立××工程自然灾害及事故隐患预测预警领导小组,成员如下:

组 长:×××(建设处主要负责人)

副组长:×××(建设处分管负责人、各参建单位项目主要负责人)

成 员:××× ××× ×××(各参建单位项目安全生产管理人员及相关人员)

领导小组下设办公室,设在建设处安全科,负责领导小组日常事务

应急救援领导小组主要职责为:

(1)制定自然灾害及事故隐患预测预警管理办法;

(2)开展预测预警工作专项检查;

(3)组织开展预测预警教育培训,开展应急演练;

(4)做好预测预警信息排查、收集、传递和上报;

(5)组织成立自然灾害应急救援组织和救援队伍,配备必要的应急救援物资、设备;

(6)发生自然灾害时,执行上级应急处置机构的指令,组织事故救援和处置。

配合自然灾害事故调查、分析和处理。

7　工作要求

7.1　建设处要定期组织隐患排查,检查时段主要为台风、暴雨、冰雹等前后,检查的部位主要包括深基坑、高边坡、脚手架、高支模、水上作业、施工围堰、地下暗挖等,检查的内容主要包括各参建单位应急防范措施落实情况。各参建单位要积极开展自查自纠。

7.2　各参建单位要明确专人负责对天气和水情进行收集,每天及时发布,及时了解天气和水情变化的消息。此项工作由建设处安全科具体负责。

7.3　建设处接到上级或相关部门的预警信息时应立即传达给各相关部门和各参建单位,电话通知的要形成书面电话记录。各参建单位接到建设处自然灾害预报时,应及时通知有关部门,积极应对部署;通过其他途径接到自然灾害预报时,应及时通知建设处和监理单位。

7.4　施工单位应编制自然灾害现场应急处置方案,成立应急救援队伍、配备应急救援设备设施,每年至少组织一次自然灾害应急救援演练,做好应急准备。

7.5　监理单位明确专人负责预测预警工作,配备必要的安全防护用品,加强对重要部位检查。审查施工单位的应急处置方案,检查应急队伍、人员、物资、技术措施及管理措施落实情况。

7.6　各参建单位应定期组织学习,普及相关知识,提升应对能力。

7.7　各参建单位要加强应急值守,落实 24 小时值班制度、领导带班制度和重要情况报告制度,遇有重大灾情迅速处置并第一时间上报。

8　处罚

违反本规定的,按合同约定进行处理;责任单位应对有关责任人进行处罚;因在自然灾害预测预警管理中玩忽职守、不负责任,导致发生等级以上生产安全事故的,按国家有关法律法规追究法律责任。

(二)实例 2

×××拆建工程建设处文件

×××〔20××〕×号

关于切实做好在×××拆建工程防御第×号台风工作的紧急通知

各部门、参建单位:

根据省水利厅《关于切实做好防御第×号台风工作的紧急通知》,今年第×号台风"××"将于 5 日后在××××到××××一带沿海登陆。受其影响,预计×月×日我省大部分地区将有偏东大风,××以南地区有大到暴雨,局部大暴雨。为切实做好在建水利工程防御"××"台风的各项工作,确保工程施工质量及安全,现就有关事项通知如下:

一、加强领导,确保防台风责任落实到位

各单位要高度重视当前防抗×号台风期间的安全保障工作,克服麻痹、松懈、倦怠等思想,要把迎战×号台风作为当前防台工作的重中之重,各单位、各部门责任人要立即上岗到位,严格值班制度,认真履行职责,抓好各项防御措施的落实。要密切注意当地气象防汛部门预测、预报,掌握风情、水情,服从统一指挥。

二、强化避险,确保在工人员生命安全

各单位要把保护在工人员的生命安全放在防汛防台风工作的首位,暂停高空作业、吊装作业及水上作业,水上作业船舶应要求立即靠岸,将所有作业人员撤离到安全地带,做到有备无患,确保在工人员生命安全。

三、完善预案,确保防御工作有序高效

各单位要对所有存在事故隐患的区域、部位、场所、设施进行一次全面、深入、彻底的拉网式排查,特别要加强对临时搭建物、未完工构筑物、机械设备、脚手架工程、模板支撑系统、深基坑支护、高空作业、水上作业等重点部位和安全关键环节的检查,有针对性研究制定防范措施,进一步修定完善防汛、防台预案,特别加强对施工现场的清理加固,重点加固高空作业机械设备、脚手架、工地简易房屋等。不能排除安全隐患的,要立即按转移施工人员和机械设备,妥善安置。

四、加强值守,确保应急保障和信息畅通

各单位要加强应急管理,强化应急保障和应急值守,严格执行 24 小时值班和领导带班制度。加强应急准备工作,落实应急机构、救援队伍、装备和物资等应急资源。一旦发生突发事件和事故险情,要立即程序进行应急处置,并按规定报告。

×××拆建工程建设处(章)
20××年×月×日

抄送:××××

| ×××拆建工程建设处 | 20××年×月×日印发 |

(三) 实例 3

自然灾害预防预警所属单位联络方式

工程名称:×××拆建工程

序号	单位(部门)名称	联系人姓名	联系方式
1			
2			
3			
4			
5			
6			
7			
8			
9			

（四）实例 4

地域特点及自然环境分析预测表

工程名称	×××拆建	检查时间	
项目法人	×××拆建 工程建设处	设计单位	
施工单位		监理单位	
地域特点及自然环境等情况分析、预测	1. 工程地理位置、水位特征值、可能造成的事故。 2. 工程气候情况，灾害导致工程出现的事故。		
对自然灾害可能导致事故隐患采取的相应预防措施	1. 围堰防护：编制应急预案、成立应急救援队伍、配备应急救援设备设施，并定期开展演练。汛期加强围堰检查，落实值班制度。 2. 对可能导致基坑坍塌、滑坡的预防措施：落实降排水措施、对边坡防护、减轻周边荷载、加强值班巡查、编制应急预案、成立应急救援队伍、配备应急救援设备设施，并定期开展演练。 3. 对可能导致脚手架垮塌的预防措施，按规范搭设并加固，6级以上大风停止作业，人员撤离。		
检查人员			
措施落实情况			

（五）实例 5

隐患排查和治理工作检查表

序号	检查项目	检查内容及要求	检查意见
1	隐患排查	安全检查及隐患排查制度以正式文件颁发	
		制度应明确排查的责任部门和人员、范围、方法和要求等	
		按安全检查及隐患排查制度组织进行排查,有隐患排查方案	
		对所有与施工生产有关的场所、环境、人员、设备设施和活动组织进行定期综合检查、专业专项检查、季节性检查、节假日检查、日常检查等	
		检查表签字手续全	
		对隐患进行分析评价,确定隐患等级,并登记建档	
2	隐患治理	一般事故隐患,立即组织整改排除	
		重大事故隐患应制定隐患治理方案,治理方案内容包括目标和任务、方法和措施、经费、物资、机构和人员、时限和要求	
		重大事故隐患在治理前应采取临时控制措施并制定应急预案	
		隐患治理完成后及时进行验证和效果评估	
3	预测预警	采取多种途径及时获取水文、气象等信息,在接到自然灾害预报时,及时发出预警信息	
		检查施工单位每季度、每年度对本单位事故隐患排查治理情况进行统计分析,开展安全生产预测预警	

被检查单位负责人(签名):		检查负责人(签名):	
参加检查人员(签名):			

第六章 | 应急管理

第一节 应急准备

一、考核内容及赋分标准

【水利部考核内容】

6.1.1 会同有关参建单位组建项目事故应急处置指挥机构。监督检查参建单位开展此项工作。

6.1.2 在安全风险分析、评估和应急资源调查的基础上,建立健全生产安全事故应急预案体系,与地方政府的应急预案体系相衔接,报项目主管部门和有关部门备案,并通报有关应急协作单位。监督检查参建单位开展此项工作。

6.1.3 按照应急预案建立应急救援组织,组建应急救援队伍,配备应急救援人员。必要时与当地具备能力的应急救援队伍签订应急支援协议。监督检查参建单位开展此项工作。

6.1.4 监督检查参建单位的应急设施、装备、物资等配备、检查及维护保养情况。

6.1.5 按规定开展生产安全事故应急知识和应急预案培训。根据本项目的事故风险特点,每年至少组织一次综合应急预案演练或者专项应急预案演练,每半年至少组织一次现场处置方案演练。对演练进行总结和评估,根据评估结论和演练发现的问题,修订、完善应急预案,改进应急准备工作。监督检查参建单位开展此项工作。

6.1.6 定期评估应急预案,根据评估结果及时进行修订和完善,并及时报备。监督检查参建单位开展此项工作。

【水利部赋分标准】60分

1. 查相关文件和记录。未设置管理机构或未指定专人负责,扣5分;未监督检查,扣5分;检查单位不全,每缺一个单位扣2分;对监督检查中发现的问题未采

235

取措施或未督促落实,每处扣1分。

2. 查预案文本和记录。应急预案未以正式文件发布,扣15分;应急预案不完善、操作性差,扣10分;未备案,扣5分;未通报有关应急协作单位,扣2分;未监督检查,扣15分;检查单位不全,每缺一个单位扣2分;对监督检查中发现的问题未采取措施或未督促落实,每处扣1分。

3. 查相关文件和记录。未建立应急救援队伍或配备应急救援人员,扣10分;应急救援队伍不满足要求,扣5分;未监督检查,扣10分;检查单位不全,每缺一个单位扣2分;对监督检查中发现的问题未采取措施或未督促落实,每处扣1分。

4. 查相关记录。未监督检查,扣10分;检查单位不全,每缺一个单位扣2分;对监督检查中发现的问题未采取措施或未督促落实,每处扣1分。

5. 查相关记录。未按规定进行培训或演练,每次扣2分;未进行总结和评估,每次扣2分;未根据评估意见修订,每次扣2分;未监督检查,扣15分;检查单位不全,每缺一个单位扣2分;对监督检查中发现的问题未采取措施或未督促落实,每处扣1分。

6. 查应急预案文本和相关记录。未定期评估,扣5分;评估对象不全,每缺一项扣1分;评估内容不全,每缺一项扣1分;未及时修订完善,每项扣1分;未及时报备,每项扣1分;未监督检查,扣5分;检查单位不全,每缺一个单位扣2分;对监督检查中发现的问题未采取措施或未督促落实,每处扣1分。

【江苏省考核内容】

6.1.1 会同有关参建单位组建项目事故应急处置指挥机构。监督检查参建单位开展此项工作。

6.1.2 在安全风险分析、评估和应急资源调查的基础上,建立健全生产安全事故应急预案体系,与地方政府的应急预案体系相衔接,报项目主管部门和有关部门备案,并通报有关应急协作单位。监督检查参建单位开展此项工作。

6.1.3 按照应急预案建立应急救援组织,组建应急救援队伍,配备应急救援人员。必要时与当地具备能力的应急救援队伍签订应急支援协议。监督检查参建单位开展此项工作。

6.1.4 监督检查参建单位的应急设施、装备、物资等配备、检查及维护保养情况。

6.1.5 按规定开展生产安全事故应急知识和应急预案培训。根据本项目的事故风险特点,每年至少组织一次综合应急预案演练或者专项应急预案演练,每半年至少组织一次现场处置方案演练。对演练进行总结和评估,根据评估结论和演练发现的问题,修订、完善应急预案,改进应急准备工作。监督检查参建单位开展此项工作。

6.1.6 定期评估应急预案,根据评估结果及时进行修订和完善,并及时报备。监督检查参建单位开展此项工作。

【江苏省赋分标准】60分

1. 查相关文件和记录。未设置管理机构或未指定专人负责,扣5分;未监督检查,扣5分;检查单位不全,每缺一个单位扣2分;对监督检查中发现的问题未采取措施或未督促落实,每处扣1分。

2. 查预案文本和记录。应急预案未以正式文件发布,扣15分;应急预案不完善、操作性差,扣10分;未备案,扣5分;未通报有关应急协作单位,扣2分;未监督检查,扣15分;检查单位不全,每缺一个单位扣2分;对监督检查中发现的问题未采取措施或未督促落实,每处扣1分。

3. 查相关文件和记录。未建立应急救援队伍或配备应急救援人员,扣10分;应急救援队伍不满足要求,扣5分;未监督检查,扣10分;检查单位不全,每缺一个单位扣2分;对监督检查中发现的问题未采取措施或未督促落实,每处扣1分。

4. 查相关记录。未监督检查,扣10分;检查单位不全,每缺一个单位扣2分;对监督检查中发现的问题未采取措施或未督促落实,每处扣1分。

5. 查相关记录。未按规定进行培训或演练,每次扣2分;未进行总结和评估,每次扣2分;未根据评估意见修订,每次扣2分;未监督检查,扣15分;检查单位不全,每缺一个单位扣2分;对监督检查中发现的问题未采取措施或未督促落实,每处扣1分。

6. 查应急预案文本和相关记录。未定期评估,扣5分;评估对象不全,每缺一项扣1分;评估内容不全,每缺一项扣1分;未及时修订完善,每项扣1分;未及时报备,每项扣1分;未监督检查,扣5分;检查单位不全,每缺一个单位扣2分;对监督检查中发现的问题未采取措施或未督促落实,每处扣1分。

二、法规要点

1.《中华人民共和国安全生产法》

第二十条 生产经营单位应当具备的安全生产条件所必需的资金投入,由生产经营单位的决策机构、主要负责人或者个人经营的投资人予以保证,并对由于安全生产所必需的资金投入不足导致的后果承担责任。

第七十六条 国家加强生产安全事故应急能力建设,在重点行业、领域建立应急救援基地和应急救援队伍,鼓励生产经营单位和其他社会力量建立应急救援队伍,配备相应的应急救援装备和物资,提高应急救援的专业化水平。

第七十八条　生产经营单位应当制定本单位生产安全事故应急救援预案,与所在地县级以上地方人民政府组织制定的生产安全事故应急救援预案相衔接,并定期组织演练。

第七十九条　危险物品的生产、经营、储存单位以及矿山、金属冶炼、城市轨道交通运营、建筑施工单位应当建立应急救援组织;生产经营规模较小的,可以不建立应急救援组织,但应当指定兼职的应急救援人员。

危险物品的生产、经营、储存、运输单位以及矿山、金属冶炼、城市轨道交通运营、建筑施工单位应当配备必要的应急救援器材、设备和物资,并进行经常性维护、保养,保证正常运转。

2.《生产安全事故应急预案管理办法》(国家安监总局令第17号)

第六条　生产经营单位应急预案分为综合应急预案、专项应急预案和现场处置方案。

综合应急预案,是指生产经营单位为应对各种生产安全事故而制定的综合性工作方案,是本单位应对生产安全事故的总体工作程序、措施和应急预案体系的总纲。

专项应急预案,是指生产经营单位为应对某一种或者多种类型生产安全事故,或者针对重要生产设施、重大危险源、重大活动防止生产安全事故而制定的专项性工作方案。

现场处置方案,是指生产经营单位根据不同生产安全事故类型,针对具体场所、装置或者设施所制定的应急处置措施。

第十二条　生产经营单位应当根据有关法律、法规、规章和相关标准,结合本单位组织管理体系、生产规模和可能发生的事故特点,与相关预案保持衔接,确立本单位的应急预案体系,编制相应的应急预案,并体现自救互救和先期处置等特点。

第三十三条　生产经营单位应当制定本单位的应急预案演练计划,根据本单位的事故风险特点,每年至少组织一次综合应急预案演练或者专项应急预案演练,每半年至少组织一次现场处置方案演练。

3.《水利工程建设安全生产管理规定》(水利部令第26号)

第三十五条　项目法人应当组织制定本建设项目的生产安全事故应急救援预案,并定期组织演练。应急救援预案应当包括紧急救援的组织机构、人员配备、物资准备、人员财产救援措施、事故分析与报告等方面的方案。

第三十六条　施工单位应当根据水利工程施工的特点和范围,对施工现场易发生重大事故的部位、环节进行监控,制定施工现场生产安全事故应急救援预案。

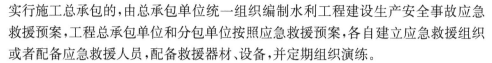

实行施工总承包的,由总承包单位统一组织编制水利工程建设生产安全事故应急救援预案,工程总承包单位和分包单位按照应急救援预案,各自建立应急救援组织或者配备应急救援人员,配备救援器材、设备,并定期组织演练。

4.《水利水电工程施工安全管理导则》(SL 721—2015)

13.1.6 施工现场事故应急救援预案和各类应急预案应定期评估,必要时进行修订和完善。

三、实施要点

1. 项目法人设立应急处置指挥机构,成立与工程实际相适应的应急救援队或指定应急救援人员并以正式文件印发参建单位,必要时,可与当地医院、消防、海事等单位签订应急支援协议,取得社会支援。监督检查参建单位开展此项工作,重点检查施工单位。

2. 项目法人应结合工程危险源状况,特点制定相适应的应急预案,并以正式文件形式印发参建单位,报项目主管部门备案。

3. 项目法人应按应急救援预案的要求,妥善安排应急经费,储备必要的应急物资,建立应急装备和物资台账,明确存放地点和具体数量,确保事故发生时应急自如。

4. 监督检查参建单位足额投入应急资金,管理应急物资,做好装备和物资台账,清点物资具体数量和存放地点。

5. 项目法人应按规定开展生产安全事故应急知识和应急预案培训,使得从业人员掌握相应的事故应急知识和应急预案。按照《生产安全事故应急演练指南》(AQ/T 9007—2011)规定组织安全生产事故应急演练。原则上每年至少组织一次综合应急预案演练,每半年至少组织一次现场处置方案演练。演练结束后对效果进行评价,提出改进措施,在此基础上修订预案,及时整理收集资料。监督检查参建单位开展此项工作。

6. 项目法人应对事故应急预案进行定期评估,如安全生产和管理等要素发生变化时,应及时修订完善,确保应急预案与危险状况相适应,并及时向主管部门备案。监督检查参建单位应急预案的建立、评估情况。

四、材料实例

（一）实例1

×××拆建工程建设处文件

×××〔20××〕×号

关于成立×××拆建生产安全事故应急救援一支队的通知

各部门、参建单位：

为加强×××拆建工程应急处置工作,最大限度地减少人员伤亡和财产损失,经研究决定成立×××拆建工程应急救援一支队,包括应急管理队伍、工程设施抢险队伍和专家咨询队伍。

一、应急管理队伍

组　　长:×××(项目法人主要负责人)

成　　员:×××　×××(项目法人分管负责人,设计、监理、施工等单位项目负责人)

二、工程设施抢险队伍

组　　长:×××(项目法人分管负责人)

副组长:×××　×××(项目法人安全科负责人、设计、监理、施工等单位项目分管负责人)

成　　员:×××　×××　×××(各参建单位相关管理人员,班组长及部分一线作业人员)

三、专家咨询队伍

组　　长:×××

成　　员:×××　×××

(从事科研、勘察、设计、施工、监理、质量监督、安全监督、质量检测等工作的技术人员组成)

四、职责

1. 应急管理队伍

负责接收同级人民政府和上级水行政主管部门的应急指令,组织各有关单位对水利工程建设重大质量与安全事故进行应急处置,并与有关部门进行协调和信息交换。

2. 工程设施抢险队伍负责事故现场的工程设施抢险和安全保障工作。

3. 专家咨询队伍负责事故现场的工程设施安全性能评价与鉴定,研究应急方案、提出相应应急对策和意见;并负责从工程技术角度对已发事故还可能引起或产生的危险因素进行及时分析预测。

×××拆建工程建设处(章)

20××年×月×日

抄送:××××

　　×××拆建工程建设处　　　　　　　　　　　20××年×月×日印发

(二) 实例 2

安全生产应急救援协议

甲方:(项目法人)

乙方:(应急救援机构)

为确保××工程生产安全事故救援工作及时、有效,最大限度地减少事故灾难损失和人员伤亡,依据《中华人民共和国安全生产法》及相关法律法规的精神,经双方协商,订立如下协议,供双方共同遵守执行。

一、发生生产安全事故后,乙方有义务支持、配合甲方实施事故抢险救援工作,并向甲方提供抢险器材和技术服务。

二、甲方根据乙方的应急救援特点,参照乙方需求,定期为乙方提供一定的应急抢险装备和防护器材,提高乙方的事故处置的快速反应和抢险救援能力。

三、甲方应急处置事故的责任

1. 根据事故应急处置险情的需要,负责通知乙方派出有关人员和抢险装备。

2. 负责抢险救援现场的指导与协调工作。

3. 有权对提供给乙方的应急物资的使用、维护情况进行监督检查。

四、乙方应急处置事故的责任

1. 接到甲方应急抢险救援的通知后,乙方必须保证在半小时内出动并迅速到达事故现场,不得延误应急抢险救援工作。

2. 乙方参与抢险救援工作的所有设备,必须经检验、检测合格;乙方参与抢险救援的工作人员,必须按规定持证上岗。

3. 乙方必须组织制定抢险救援相关规章制度和操作规程,并对本工程现场应急抢险的机械安全和人员安全负责。

4. 乙方应当按照甲方的要求,每半年向甲方报告所参与的事故抢险救援工作和甲方所提供的应急物资的使用情况。

5. 对在应急抢险中产生施救人员费用和设备物资的损耗费用,乙方有权按有关部门的规定向事故责任单位收取或者索赔。

五、本协议未尽事宜,可由双方另行协商确定。

六、本协议在履行过程中发生的争议,由双方当事人协商解决;协商不成的,双方可依法向人民法院起诉。

七、本协议有效期为 20××年×月×日至 20××年×月×日,如乙方不配合或者拒绝甲方的事故应急抢救活动,甲方有权单方解除协议,并要求乙方返还应急抢险装备。

八、本协议一式两份,双方各执一份,自双方签字盖章之日起生效。

甲方单位(盖章):   乙方单位(盖章):

甲方法定代表人(签字):   乙方法定代表人(签字):

    年   月   日   年   月   日

(三) 实例 3

应急救援监督检查表

被检查单位:

序号	检查项目	检查内容及要求	检查意见
1	应急机构和队伍	1. 建立安全生产应急管理机构或指定专人负责安全生产应急管理工作	
		2. 建立相适应式的专(兼)职应急救援队伍或指定专(兼)职应急救援人员	
		3. 必要时与当地具备能力的应急救援队伍签订应急处置方案或措施	

序号	检查项目	检查内容及要求	检查意见
2	应急预案	1. 应急预案,以正式文件颁发	
		2. 包括综合预案、专项预案、现场处置预案等	
		3. 有关人员熟悉应急预案和重点作业岗位应急处置方案或措施	
		4. 项目部的应急预案体系应与项目法人和地方政府的应急预案体系保持一致	
		5. 建立应急预案评审制度,并根据评审结果和实际情况进行修订和完善	
3	应急设施装备物资	1. 建立应急装备和应急物资台账,明确存放地点和具体数量	
		2. 应急装备、物资满足要求	
		3. 对应急装备和物资进行经常性的检查、维护,有检查记录	
4	应急演练	1. 每年至少组织一次生产安全事故应急知识培训和演练	
		2. 应急救援人员熟悉相关应急知识	
		3. 对应急演练的效果进行评估,并根据评估结果,修订、完善应急预案	
5	事故救援	1. 发生事故后,立即采取应急处置措施,启动相应应急预案	
		2. 开展事故救援,必要时寻求社会支援,达到预案要求	
		3. 应急救援结束后,应尽快完成善后处理、环境清理、监测等工作,并全面总结评价、改进应急救援工作	

被检查单位负责人(签名):　　　　　　检查负责人(签名):

参加检查人员(签名):

（四）实例4

×××拆建工程建设处文件

×××〔20××〕×号

关于印发《×××拆建工程生产安全事故应急预案》的通知

各部门、参建单位：

　　为做好×××拆建工程生产安全事故应急处置工作，有效控制和消除事故危害，最大限度减少人员伤亡和财产损失，保证工程顺利实施，根据《江苏省水利工程建设重大质量与安全事故应急预案》的要求，结合工程实际，制定了《×××拆建工程生产安全事故应急预案》，现印发给你们，请遵照执行。

　　请各施工单位根据本预案要求，结合所承担工程特点和范围，对施工现场生产安全事故易发部位、环节进行监控，制定施工现场生产安全事故应急预案，建立应急救援组织，落实应急救援人员，配备必要的应急救援器材、设备，并适时组织演练。各施工单位于××月××日前，将应急预案报建设处安全科备案。

　　附件：×××拆建工程生产安全事故应急预案

×××拆建工程建设处（章）

20××年×月×日

抄送：××××

×××拆建工程建设处	20××年×月×日印发

附件：

×××拆建工程生产安全事故应急预案

1　总则

1.1　编制目的

　　为切实做好×××拆建工程生产安全事故应急处置工作，有效预防、及时控制和消除生产安全事故危害，最大限度减少人员伤亡和财产损失，科学、及时地指导生产安全事故的现场应急救援和善后处理工作，提高生产安全事故的快速反应和应急救援能力，保证工程顺利实施，根据国家、水利部及省有关规定，结合工程实际，制定本应急预案。

1.2　编制依据

(1)《中华人民共和国安全生产法》

(2)《中华人民共和国突发性事件应对法》

(3)《中华人民共和国消防法》

(4)《生产安全事故报告和调查处理条例》

(5)《建设工程安全生产管理条例》

(6)《生产经营单位安全生产事故应急预案编制导则》(GB/T 29639—2020)

(7)《水电水利工程施工重大危险源辨识及评价导则》(DL/T 5274—2012)

(8)《江苏省水利工程建设重大质量与安全事故应急预案》

1.3　适用范围

1.3.1　本应急预案适用×××拆建工程建设中突然发生的且已经造成或者可能造成重大人员伤亡、重大财产损失、有重大社会影响或涉及公共安全的生产安全事故的应急处置工作。国家法律、行政法规另有规定的,从其规定。

1.3.2　结合本工程实际,按照事故发生的过程、性质和机理,生产安全事故主要包括:

(1)施工中的土石方塌方和结构坍塌安全事故;

(2)特种设备、施工机械作业安全事故;

(3)施工堰坍塌安全事故;

(4)施工安装安全事故;

(5)施工场地内道路交通安全事故;

(6)施工临时用电安全事故;

(7)脚手架、模板工程及高空作业安全事故;

(8)起重吊装安全事故;

(9)其他原因造成的安全事故。

水利工程建设期发生自然灾害、公共卫生、社会安全等事件,依照国家和地方相应应急预案执行。

1.4　工作原则

1.4.1　应急救援工作体现"以人为本、安全第一"的思想,把保障人民群众的生命安全和健康作为首要任务,最大限度地减少突发事故造成的人员伤亡、经济损失以及社会影响。

1.4.2　统一领导,分级负责。在县级以上人民政府的统一领导下,项目法人、现场建设管理单位、监理、施工以及其他参建单位按照各自的职责和权限,负责相应的生产安全事故应急救援处置工作。

1.4.3　条块结合,属地为主。生产安全事故的应急救援,遵循属地为主的原则,现场应急指挥机构以地方人民政府为主组建,项目法人、现场建设管理单位及其他各参建单位服从现场应急指挥机构的指挥。现场应急指挥机构组建到位履行职责前,项目法人及现场建设管理单位应当做好救援抢险工作。

1.4.4 信息准确,运转高效。参建各方要保持信息畅通,发生事故后及时报告事故信息,积极配合现场应急指挥机构快速处置信息。

1.4.5 预防为主,防治结合。贯彻落实"安全第一,预防为主,综合治理"的方针,坚持事故应急与预防工作相结合。做好预防、预测、预警和预报工作,做好常态下的风险评估、物资储备、队伍建设、装备完善、预案演练等工作。

2 现场应急救援指挥机构及职责

2.1 成立生产安全事故应急救援领导小组

工程建设处作为工程项目法人,组建×××拆建工程生产安全事故应急救援领导小组,成员如下:

组　　长:×××(法人代表)

副组长:×××(监理单位主要负责人)×××(施工单位1主要负责人)×××(施工单位2主要负责人)

成　　员:×××(监理单位有关人员)×××(施工单位1有关人员)×××(施工单位2有关人员)×××……

应急救援领导小组主要职责为:

(1) 制定工程项目质量与安全事故应急预案(包括专项应急预案),明确工程各参建单位的责任,落实应急救援的具体措施;

(2) 事故发生后,执行现场应急处置指挥机构的指令,及时报告并组织事故应急救援和处置,防止事故的扩大和后果的蔓延,尽力减少损失;

(3) 及时向地方人民政府、地方安全生产监督管理部门和有关水行政主管部门应急指挥机构报告事故情况;

(4) 配合工程所在地人民政府有关部门划定并控制事故现场的范围,实施必要的交通管制及其他强制性措施,组织人员和设备撤离危险区等;

(5) 按照应急预案,做好与工程项目所在地有关应急救援机构和人员的联系沟通;

(6) 配合有关水行政主管部门应急处置指挥机构及其他有关主管部门发布和通报有关信息;

(7) 组织事故善后工作,配合事故调查、分析和处理;

(8) 落实并定期检查应急救援器材、设备情况;

(9) 组织应急预案的宣传、培训和演练;

(10) 完成事故救援和处理的其他相关工作。

生产安全事故应急救援领导小组下设办公室,设在建设处安全科。主要职责如下:

(1) 检查施工单位应急预案制定情况,检查应急救援器材设备、救灾物资、交通工具、通信工具、防护装备准备情况等;

(2) 督促施工单位挑选一批身强体壮、心理素质好且掌握一定急救常识的骨干力量成立抢险突击队;

(3) 督促监理单位落实安全监理责任制,提高监理人员处理突发安全事故的应急能力;

(4) 督促并参与应急救援培训和演练活动;

(5) 承办应急救援领导小组交办的其他事项。

领导小组办公室成员如下:

主　　任:×××(兼)

成　　员:×××(项目法人安全科负人)×××(监理部安全科负责人)×××(施工单位1安全科负责人)×××(施工单位2安全科负责人)×××　××××××……

应急救援领导小组及领导小组办公室成员名单由项目法人负责实时更新,并及时通知工程各参建单位。

2.2　组成事故应急救援专业组

2.2.1　工程设施抢险队伍,由工程施工等参建单位的人员组成,负责事故现场的工程设施抢险和安全保障工作。

2.2.2　专家咨询队伍,由从事科研、勘察、设计、施工、监理、质量监督、安全监督、质量检测等技术人员组成,负责事故现场的工程设施安全性能评价与鉴定,研究应急方案、提出相应应急对策和意见;并负责从工程技术角度对已发事故还可能引起或产生的危险因素进行及时分析预测。

2.2.3　应急管理队伍,由参建单位项目主要负责人组成,负责接收同级人民政府和上级水行部门的应急指令,组织各有关单位对水利工程建设重大质量与安全事故进行应急处置,并与有关部门进行协调和信息交换。

3　事故报告

3.1　事故报告程序

安全事故发生后,事故现场有关人员应当立即向本单位负责人和应急救援领导小组报告。应急领导小组应当于1小时内向事故发生地县级以上人民政府安全生产监督管理部门和省水利厅重大与安全事故应急指挥部办公室报告。情况紧急时,事故现场有关人员可以直接向事故发生地县级以上人民政府安全生产监督管理部门和省水利厅重大质量与安全事故应急指挥部办公室报告。

3.2 事故报告内容

3.2.1 发生事故的工程名称、地点、建设规模和工期,事故发生的时间、地点、简要经过、人员伤亡及直接经济损失初步估算。

3.2.2 有关项目法人(建设单位)、施工单位主管部门名称及负责人电话,施工单位名称、资质等级。

3.2.3 事故报告的单位、报告签发人及报告时间和联系电话等。

(1)有关参建单位的名称、资质等级情况,项目负责人的姓名以及执业资格等情况;

(2)事故发生后采取的应急处置措施及事故控制情况;

(3)造成人员伤亡、财产损失情况;

(4)抢险交通道路可使用情况;

(5)其他需要报告的有关事项等。

3.3 相关记录

由应急救援领导小组明确专人对组织、协调应急行动的情况做出详细记录。

4 应急救援

4.1 响应程序

×××拆建工程建设过程中发生生产安全事故时,应急救援领导小组应当立即启动应急预案,根据事态的发展趋势,及时启动应急救援资源和社会应急救援公共资源,最大限度地降低事故带来的经济损失和减少人员伤亡。

4.2 应急救援紧急处置

4.2.1 应急救援领导小组及办公室成员在接到事故报告后必须在第一时间赶赴事故现场,迅速组织、指挥事故现场抢救伤员,保护事故现场(需外援单位如医疗急救(120)、公安(110)、消防(119)部门等支援的,应及时取得联系)。

4.2.2 发生安全事故后,事故现场单位必须迅速、有效地实施先期处置,防止事故进一步扩大,并全力协助开展事故应急救援工作。

4.2.3 在工程所在地人民政府的统一领导下,迅速成立事故现场应处置指挥机构,负责统一领导、指挥、协调事故应急救援工作。事故现场应急处置指挥机构由到达现场的各级应急指挥部、应急救援领导小组及办公室,工程建设、施工、监理等参建单位有关人员组成。

在事故现场参与救援、处置的各参建单位和个人应当服从现场应急处置指挥机构的指挥,并及时向事故现场应急处置指挥机构汇报有关重要信息。

4.2.4 事故应急救援时,应高度重视应急救援人员的安全防护,并根据工程特点、环境条件、事故类型特征,为应急救援人员提供必要的安全防护装备。

4.2.5 事故应急救援时,根据事故状态,事故现场应急指挥机构应划定事故现场危险区域范围,设置明显警示标志、交通限制标志,并及时发布通知,防止人畜进入危险区域。

4.2.6　事故应急处置时,要注意做好事故现场保护工作,因抢救人员、防止事故扩大以及为缩小事故等原因需移动现场物件时,应当作出明显的标记和书面记录,尽可能拍照或者录像,善保管现场的重要物证和痕迹。

4.2.7　组织接待并妥善安置事故人员家属和社会关注方;配合事故调查组开展事故调查、分析和处理工作。

4.2.8　组织、协调各方面的资源进行事故人员的救治和事故现场的整顿和整改。

4.3　预案培训与演练

应急预案确立后,按计划组织应急救援人员进行有效的培训,使其具备完成应急救援任务所需的知识和技能。

4.3.1　培训制度

(1)应急救援领导小组及办公室每年进行一次集中培训;

(2)抢险突击队每半年进行一次集中培训;

(3)利用工程安全生产例会、岗前技术交底等进行培训;

(4)利用职工生活区黑板报、工区现场广播、安全知识竞赛等载体加强宣传,采购安全知识读本,确保人手一册,做到单位集中培训与职工自学相结合。

4.3.2　培训内容

(1)灭火器的使用以及灭火步骤的训练;

(2)个人的防护措施;

(3)对危险源的突显特性辨识;

(4)事故报警;

(5)紧急情况下人员的安全疏散;

(6)各种抢救的基本技能;

(7)应急救援的团队协作意识。

4.3.3　应急救援演练

应急救援领导小组根据工程具体情况和事故特点,组织参建单位进行突发性事故应急救援演练。

4.3.4　演练目的

(1)检测预案的完善程度;

(2)测试应急培训的有效性和应急人员的熟练性;

(3)测试现有应急反应装置、设备和其他资源的保障性;

(4)提高与事故应急反应协作部门的协调能力;

(5) 通过演练来判别和改进预案中的缺陷和不足。

4.4 善后处置

4.4.1 认真做好各项善后工作,妥善解决伤亡人员的善后处理,以及受影响人员的生活安排,按规定做好有关损失的补偿工作。

4.4.2 对事故造成的损失逐项核查,编制损失情况报告上级主管部门并抄送有关单位。

4.4.3 积极配合有关部门做好事故后期的调查、分析、处理和评估等工作。

4.4.4 采取有效措施,修复或处理发生事故的工程项目,尽快恢复工程的正常建设。

5 应急保障措施

5.1 主体工程开工前,在项目法人制定的《预案》框架内,各施工单位根据所承担的工程项目的特点和范围,对施工现场易发生事故的重点部位、环节进行监控,制定施工现场生产安全事故救援预案,建立应急救援组织,配备应急救援人员,配备救援器材、设备,并适时组织演练。

5.2 应急救援领导小组及办公室成员通信方式由各相关单位提供,经应急救援领导小组办公室汇总编印后,分送各有关单位。

5.3 充分利用现有资源,保持信息畅通,车辆随时待命,满足应急救援的需要。

5.4 充分利用工程所在地各医疗卫生机构,掌握联系方式,事故发生时确保拥有足够的医疗救护资源,现场配备一定的医疗救护设施及药品。

5.5 做好日常应急救援人员的培训工作,加大事故预防、避险、自救、互救知识的宣传工作。

6 生效期限

本预案自发布之日起实施,有效期至×××工程建设完工之日。

7 隐患及事故举报电话

手机号码:××××××××××

办公电话:××××××××××

联系人:×××

紧急电话 火警 119 急救 120 公安报警 110

（五）实例5

生产安全事故应急预案备案登记表

备案编号：××××——××××　×××

工程名称	×××拆建工程		
项目法人	×××拆建工程 建设处	主要负责人	×××
联系人	×××	联系电话	
你单位上报的： 《×××拆建工程生产安全事故应急预案》 经审查,符合要求,准予备案。 （盖章） ××××年×月×日			

（六）实例6

应急预案形式评审表

评审项目	评审内容及要求	评审意见
封面	应急预案版本号、应急预案名称、生产经营单位名称、发布日期等内容	
批准页	1. 对应急预案实施提出具体要求； 2. 发布单位主要负责人签字或单位盖章	
目录	1. 页码标准准确(预案简单时目录可省略)； 2. 层次清晰,编号和标题编排合理	
正文	1. 文字通顺、语言精练、通俗易懂； 2. 结构层次清晰,内容格式规范； 3. 图标、文字清楚,编排合理(名称、顺序、大小等)； 4. 无错别字,同类文字的字体、字号统一	

续表

附件	1. 附件项目齐全,编排有序合理; 2. 多个附件应标明附件的对应序号; 3. 需要时,附件可以独立装订	
编制过程	1. 成立应急预案编制工作组; 2. 全面分析本单位危险因素,确定可能发生的事故类型及危害程度; 3. 针对危险源和事故危害程度,制定相应的防范措施; 4. 客观评价本单位应急能力,掌握可利用的社会应急资源情况; 5. 制定相关专项预案和现场处置方案,建立应急预案体系; 6. 充分征求相关部门和单位意见,并对意见及采纳情况进行记录; 7. 必要时与相关专业应急救援单位签订应急救援协议; 8. 应急预案经过评审和论证; 9. 重新修订后评审的,一并注明	

(七) 实例 7

综合应急预案要素评审表

应急预案名称:

评审项目		评审内容及要求	评审意见
总则	编制目的	目的明确,简明扼要	
	编制依据	1. 引用的法规标准合法有效 2. 明确相衔接的上级预案,不得越级引用应急预案	
	应急预案体系*	1. 能够清晰表述本单位及所属单位应急预案组成和衔接关系(推荐使用图表) 2. 能够覆盖本单位及所属单位可能发生的事故类型	
	应急工作原则	1. 符合国家有关规定和要求 2. 结合本单位应急工作实际	
适用范围*		范围明确,适用的事故类型和响应级别合理	
危险性分析	生产经营单位概况	1. 明确有关设施、装置、设备以及重要目标场所的布局等情况 2. 需要各方应急力量(包括外部应急力量)事先熟悉的有关基本情况和内容	
	危险源辨识与风险分析*	1. 能够客观分析本单位存在的危险源及危险程度 2. 能够客观分析可能引发事故的诱因、影响范围及后果	

续表

评审项目		评审内容及要求	评审意见
组织机构及职责	应急组织体系	1. 能够清晰描述本单位的应急组织体系(推荐使用图表) 2. 明确应急组织成员日常及应急状态下的工作职责	
	指挥机构及职责	1. 清晰表述本单位应急指挥体系 2. 应急指挥部门职责明确 3. 各应急救援小组设置合理,应急工作明确	
预防与预警	危险源管理	1. 明确技术性预防和管理措施 2. 明确相应的应急处置措施	
	预警行动	1. 明确预警信息发布的方式、内容和流程 2. 预警级别与采取的预警措施科学合理	
	信息报告与处置*	1. 明确本单位 24 小时应急值守电话 2. 明确本单位内部信息报告的方式、要求与处置流程 3. 明确事故信息上报的部门、通信方式和内容时限	
预防与预警	信息报告与处置*	4. 明确向事故相关单位通告、报警的方式和内容 5. 明确向有关单位发出请求支援的方式和内容 6. 明确与外界新闻舆论信息沟通的责任人以及具体方式	
应急响应	响应分级*	1. 分级清晰,且与上级应急预案响应分级衔接 2. 能够体现事故紧急和危害程度 3. 明确紧急情况下应急响应决策的原则	
	响应程序*	1. 立足于控制事态发展,减少事故损失 2. 明确救援过程中各专项应急功能的实施程序 3. 明确扩大应急的基本条件及原则 4. 能够辅以图表直观表述应急响应程序	
	应急结束	1. 明确应急救援行动结束的条件和相关后续事宜 2. 明确发布应急终止命令的组织机构和程序 3. 明确事故应急救援结束后负责工作总结部门	
后期处置		1. 明确事故发生后,污染物处理、生产恢复、善后赔偿等内容 2. 明确应急处置能力评估及应急预案的修订等要求	

续表

评审项目	评审内容及要求	评审意见
保障措施*	1. 明确相关单位或人员的通信方式,确保应急期间信息通畅 2. 明确应急装备、设施和器材及其存放位置清单,以及保证其有效性的措施 3. 明确各类应急资源,包括专业应急救援队伍、兼职应急队伍的组织机构以及联系方式 4. 明确应急工作经费保障方案	
培训与演练*	1. 明确本单位开展应急管理培训的计划和方式方法 2. 如果应急预案涉及周边社区和居民,应明确相应的应急宣传教育工作 3. 明确应急演练的方式、频次、范围、内容、组织、评估、总结等内容	
附则	应急预案备案	1. 明确本预案应报备的有关部门(上级主管部门及地方政府有关部门)和有关抄送单位 2. 符合国家关于预案备案的相关要求	
	制定与修订	1. 明确负责制定与解释应急预案的部门 2. 明确应急预案修订的具体条件和时限	

注:"*"代表应急预案的关键要素。

评审人员: 日期:

专项应急预案要素评审表

应急预案名称:

评审项目	评审内容及要求	评审意见
事故类型和危险程度分析*	1. 能够客观分析本单位存在的危险源及危险程度 2. 能够客观分析可能引发事故的诱因、影响范围及后果 3. 能够提出相应的事故预防和应急措施	
组织机构及职责*	应急组织体系	1. 能够清晰描述本单位的应急组织体系(推荐使用图表) 2. 明确应急组织成员日常及应急状态下的工作职责	
	指挥机构及职责	1. 清晰表述本单位应急指挥体系 2. 应急指挥部门职责明确 3. 各应急救援小组设置合理,应急工作明确	

续表

预防与预警	危险源监控	1. 明确危险源的监测监控方式、方法 2. 明确技术性预防和管理措施 3. 明确采取的应急处置措施	
	预警行动	1. 明确预警信息发布的方式及流程 2. 预警级别与采取的预警措施科学合理	
信息报告程序*		1. 明确 24 小时应急值守电话 2. 明确本单位内部信息报告的方式、要求与处置流程 3. 明确事故信息上报的部门、通信方式和内容时限 4. 明确向事故相关单位通告、报警的方式和内容 5. 明确向有关单位发出请求支援的方式和内容	
应急响应*	响应分级	1. 分级清晰合理，且与上级应急预案响应分级衔接 2. 能够体现事故紧急和危害程度 3. 明确紧急情况下应急响应决策的原则	
	响应程序	1. 明确具体的应急响应程序和保障措施 2. 明确救援过程中各专项应急功能的实施程序 3. 明确扩大应急的基本条件及原则 4. 能够辅以图表直观表述应急响应程序	
	处置措施	1. 针对事故种类制定相应的应急处置措施 2. 符合实际，科学合理 3. 程序清晰，简单易行	
应急物资与装备保障*		1. 明确对应急救援所需的物资和装备的要求 2. 应急物资与装备保障符合单位实际，满足应急要求	

注："＊"代表应急预案的关键要素。如果专项应急预案作为综合应急预案的附件，综合应急预案已经明确的要素，专项应急预案可省略。

评审人员： 日期：

现场处置方案要素评审表

现场处置方案名称：

评审项目	评审内容及要求	评审意见
事故特征*	1. 明确可能发生事故的类型和危险程度，清晰描述作业现场风险 2. 明确事故判断的基本征兆及条件	
应急组织及职责*	1. 明确现场应急组织形式及人员 2. 应急职责与工作职责紧密结合	

应急处置	1. 明确第一发现者进行事故初步判定的要点及报警时的必要信息 2. 明确报警、应急措施启动、应急救护人员引导、扩大应急等程序 3. 针对操作程序、工艺流程、现场处置、事故控制和人员救护等方面制定应急处置措施 4. 明确报警方式、报告单位、基本内容和有关要求	
注意事项	1. 佩带个人防护器具方面的注意事项 2. 使用抢险救援器材方面的注意事项 3. 有关救援措施实施方面的注意事项 4. 现场自救与互救方面的注意事项 5. 现场应急处置能力确认方面的注意事项 6. 应急救援结束后续处置方面的注意事项 7. 其他需要特别警示方面的注意事项	

注:"＊"代表应急预案的关键要素。现场处置方案落实到岗位每个人,可以只保留应急处置。

评审人员: 日期:

(八) 实例 8

事故应急预案演练记录表

工程名称:×××拆建工程

组织部门	建设处安全科	预案名称/编号	01		
总指挥	×××	演练地点	上游围堰	起止时间	××××年×月×日
参加部门及人数	见签名表				
演练目的、内容: 1. 目的:加强应急救援能力 2. 内容:上游围堰管涌应急救援抢险					
演练过程: 会议室部署抢险内容,明确人员分工,并对整个实施过程安全交底,开展演练,管涌封堵后,召开总结会议。					

续表

演练小结(成功经验、缺陷和不足): 本次演练成功地将管涌封堵,锻炼了队伍应急处置能力,但在配合上不是很娴熟,有待加强。						
整改建议:						
填表人:		审核人:		填表日期	年　月　日	

(九) 实例 9

生产安全事故应急预案评审纪要

单位名称			
评审时间		评审地点	
预案类型	综合预案□	专项预案□	现场处置预案□
评审专家组			
序号	姓名	职称	联系电话
1			
……			
参加评审人员			
序号	姓名	职称	联系电话
1			
……			
专家组评审意见: 专家组组长(签字): 年　月　日			

（十）实例 10

生产安全事故应急预案修改专家确认表

序号	会议纪要中提出的修改意见	是否修改	专家签字
1			
2			
……			

说明：在是否修改一栏，由专家填写"已修改"或"未修改"。

（十一）实例 11

应急救援器材设备、物资清单

序号	范围	设备设施、器材	存放地点	联系方式
1	拆除设备设施	破拆设备、叉车、推土机、金属切割机、电焊机	×××项目部施工现场	
2	高空抢险设备设施	起重提升设备、单绳卷扬机、多绳卷扬机、登高车、梯子、安全绳、缓降器、救生气垫	×××项目部施工现场、仓库	
3	建筑抢险设备	挖掘机、推土机、装载机、工程运输车、清障车、行车信号工具等设备	×××项目部施工现场	
4	……			

（十二）实例 12

应急救援物资管理台账

序号	名称	规格型号	存放地点	存放时间	数量	领取/管理人	备注
1	反铲挖掘机		施工现场	×××年 ××月 ××日	×台	×××	
2	吊车		施工现场	×××年 ××月 ××日	×台	×××	
3	运输车辆		施工现场	×××年 ××月 ××日	×台	×××	
4	水泵		仓库及 施工现场	×××年 ××月 ××日	×台	×××	
5	铁丝		项目部 仓库	×××年 ××月 ××日	×斤	×××	
6	……						

第二节　应急处置

一、考核内容及赋分标准

【水利部考核内容】

6.2.1　发生事故后,启动相关应急预案,采取应急处置措施,开展事故救援,必要时寻求社会支援。

6.2.2　应急救援结束后,组织相关单位尽快完成善后处理、环境清理和监测等工作。

【水利部赋分标准】10分

1. 查相关文件和记录。发生事故未及时启动应急预案,扣5分;未及时采取应急处置措施,扣5分。

2. 查相关文件和记录。善后处理不到位,扣5分。

【江苏省考核内容】

6.2.1 发生事故后,启动相关应急预案,采取应急处置措施,开展事故救援,必要时寻求社会支援。

6.2.2 应急救援结束后,组织相关单位尽快完成善后处理、环境清理和监测等工作。

【江苏省赋分标准】10分

1. 查相关文件和记录。发生事故未及时启动应急预案,扣5分;未及时采取应急处置措施,扣5分。

2. 查相关文件和记录。善后处理不到位,扣5分。

二、法规要点

1.《中华人民共和国安全生产法》

第八十条 生产经营单位发生生产安全事故后,事故现场有关人员应当立即报告本单位负责人。

单位负责人接到事故报告后,应当迅速采取有效措施,组织抢救,防止事故扩大,减少人员伤亡和财产损失,并按照国家有关规定立即如实报告当地负有安全生产监督管理职责的部门,不得隐瞒不报、谎报或者迟报,不得故意破坏事故现场、毁灭有关证据。

2.《水利工程建设安全生产管理规定》(水利部令第26号)

第三十八条 发生生产安全事故后,有关单位应当采取措施防止事故扩大,保护事故现场。需要移动现场物品时,应当做出标记和书面记录,妥善保管有关证物。

三、实施要点

1. 发生事故后,项目法人应第一时间启动相应的应急预案,采取相应措施防止事故进一步扩大,同步开展应急救援工作。

2. 向属地安全生产监督管理职责的部门如实报告,配合地方政府开展救援及事故调查工作。

3. 在救援结束后,项目法人认真分析总结事故原因,做好善后处理、环境清理,并要求施工单位或委托有资质单位进行监测,及时总结应急救援经验,提出相应改进措施。

四、材料实例

(一) 实例1

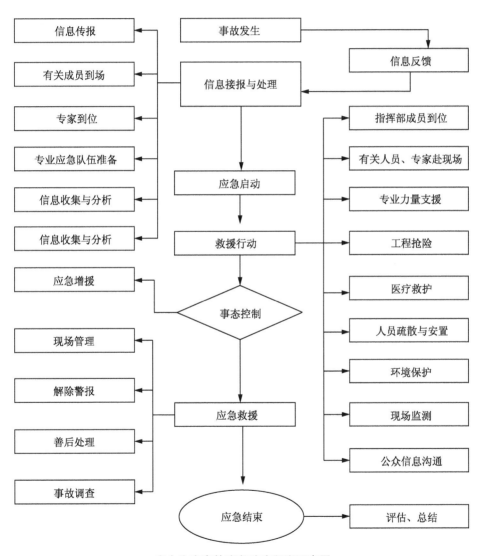

安全生产事故应急响应程序示意图

（二）实例 2

应急预案演练登记表

演练单位：×××拆建工程建设处

工程名称	×××拆建工程	项目法人	×××拆建工程建设处
监理单位	×××拆建工程监理部	施工单位	×××拆建工程项目部
事故发现人	×××	事故发生时间	×××年××月××日
事故发生地点	上游围堰		
事故报告情况	经项目部×××在××月××日××时××分巡查时发现上游围堰出现管涌渗水。		
事故发生情况	上游左侧围堰发生管涌，需立即组织人员抢修。		
应急预案启动及事故现场应急救援情况	建设处、项目部、监理部立即组织人员开展应急抢险，采取上堵下排，反滤压重方法；堆砌反滤围井，冒水孔周围垒土袋，筑成围井。		
善后处理（环境保护、监测）	抢险结束后，已对现场进行清理。		
总结	（可另附页）		
记录人：			

第三节　应　急　评　估

一、考核内容及赋分标准

【水利部考核内容】

6.3.1　每年至少进行一次应急准备工作的总结评估。完成险情或事故应急处置结束后，应对应急处置工作进行总结评估。监督检查参建单位开展此项工作。

【水利部赋分标准】10 分

1. 查总结评估记录。未按规定进行总结评估，每次扣 3 分；未监督检查，扣 10

分;检查单位不全,每缺一个单位扣 2 分;对监督检查中发现的问题未采取措施或未督促落实,每处扣 1 分。

【江苏省考核内容】

6.3.1　每年至少进行一次应急准备工作的总结评估。完成险情或事故应急处置结束后,应对应急处置工作进行总结评估。监督检查参建单位开展此项工作。

【江苏省赋分标准】10 分

1. 查总结评估记录,未按规定进行总结评估,每次扣 3 分;未监督检查,扣 10 分;检查单位不全,每缺一个单位扣 2 分;对监督检查中发现的问题未采取措施或未督促落实,每处扣 1 分。

二、法规要点

1.《生产安全事故应急预案管理办法》(国家安监总局令 17 号)

第三十四条　应急预案演练结束后,应急预案演练组织单位应当对应急预案演练效果进行评估,撰写应急预案演练评估报告,分析存在的问题,并对应急预案提出修订意见。

2.《水利水电工程施工安全管理导则》(SL 721—2015)

13.1.6　施工现场事故应急救援预案和各类应急预案应定期评审,必要时进行修订和完善。

三、实施要点

项目法人每年对应急准备工作开展评估,完成险情或事故应急处置结束后进行总结评估。监督检查参建单位开展此项工作。(检查表参见第六章第一节"材料实例 3 应急救援监督检查表")

四、材料实例

(一)实例 1

×××拆建工程工程安全生产事故救援工作总结报告

20××年××月××时,×××工程河道施工排泥场发生一起围堰坍塌事故,造成泥浆大面积倾泻、人受伤、附近一所民房被泥浆淹没 1.2 m。事故发生后,我处立即启动事故救援预案,应急救援小组、应急救援抢险队 70 余人紧急出动,展开抢险救援。经过长达近 4 小时的救援,事故现场得到有效控制,坍塌的围堰恢复,受伤人员得到及时救治,附近居民及时撤离,善后处理工作紧张有序地进行。现将本次事故救援工作情况总结报告如下。

一、事故基本情况

××月××时××分许,巡查人员×××,在排泥场南侧,发现围堰裂缝,自行处理,但裂缝越来越大,并形成缺口,泥浆开始倾泻,随即围堰大面积坍塌,×××被冲下围堰并受轻伤,附近一所民房被泥浆淹没 1.2 m,此时他用手机向所在施工单位项目部报告事故情况。

二、事故救援情况

××时××分许,项目部主要负责人接到事故报告后,立即向建设处主要负责人报告,同时组织人员投入抢险。××时××分许应急救援领导小组接到报告后,立即启动应急预案,××时××分,第一抢险人员到场开始人工封堵围堰,抢救伤员,通知并协助附近居民撤离。××时××分,×台挖机、×台翻斗车先后到场对围堰实行封堵。事故发生后,各级领导高度重视,应急预案领导小组负责人、各职能部门先后赶赴现场指挥,根据现场情况果断地启动了紧急事故处置预案,随即成立了事故现场救援处置指挥部。确立了"先控制、后处置、救人第一"的工作原则,正确采取了安全防护、善后监护等处置程序,抢险人员全展展开事故救援和现场处置。各部门和专业救援队按照指挥部的统一部署和各自职能有条不紊地开展工作。

4 小时后,坍塌围堰修复,附近居民撤离,受伤人员得到及时救治。应急救援领导小组通知有关部门对现场被泥浆污染的环境进行监测。

本次事故救援工作做到以下几点:

(一)及时准确报告情况,果断实施事故现场抢险。

(二)加强事故现场拉制,应急预案领导小组成员、各职能部门、抢险队员及时赶赴现场,为实施紧急救援创造有利条件。

(三)紧急转移居民,确保人员安全。抢险救人员及时通知居民并协助开展转移工作,使人员及时撤离到安全地带。

(四)加强现场环境监测,灵活处置,确保生态安全。

三、经验教训

本次事故原因是多方面的,造成的损失是巨大的,教训十分惨痛。总结这次救援工作,有成功的经验,也存在着一些不足。

(一)成功经验

1. 领导高度重视和统一指挥是成功应对各种突发事件的关键因素。与一般事件不同,突发事件有着时间上的突然性,破坏的巨大性,影响的广泛性。应对突发事件是应急救援小组和职能部门所必备的能力,各级领导在突发事件面前头脑清醒、冷静观察、沉着应对、科学决策、果断处置、靠前指挥就能稳定人心,极大地鼓舞和调动抢险人员的勇气和信心,取得抢险救援工作的全面胜利,避免或者减少突发事件、事故所带来的巨大损失。

2. 建立健全完备的突发事件预案是应对各种突发事件的重要保证。为避免和减少突发事件危害,必须建立健全必要的预警机制,把事故隐患消除在萌芽状态。应急救援小组、职能部门切实履行职责,认真查处各类安全隐患,避免和减少"人祸"的发生,建立健全翔实、完备的预案、方案,并经常加以演练,遇到突发事件时,才能从容应对,灵活处置。

3. 建设一支高素质的专业抢险救援队伍是抢险救援、应对各种突发事件的可靠保证。应急抢险救援队伍执行的是艰难复杂的任务,这就要求抢险救援人员必须具备顽强的战斗作风、严密的组织纪律、密切合作意识。

4. 必要的物资储备和技术装备为应对各种突发事件奠定了坚实的基础。

(二) 需要改进的方面

1. 加强生产事故隐患排查力度,把事故消灭在萌芽状态。

2. 进一步完善事故救援方案,并有针对性的加强演练。

3. 进一步完善和加强事故初期的应对和处置能力。

本次事故危害严重,社会影响较大,给我们留下的思考也是长期的。现场救援和处置已经结束,善后处理工作正在紧张有序进行。这次抢险救援工作为我们今后处置类似的突发事件提供了宝贵的经验。

第七章 事故管理

第一节 事 故 报 告

一、评审标准及评分标准

【国家评审标准内容】

7.1.1 建立事故报告程序,明确事故内外部报告的责任人、时限、内容等,并教育、指导从业人员严格按照有关规定的程序报告发生的生产安全事故。

7.1.2 妥善保护事故现场以及相关证据。

7.1.3 事故报告后出现新情况的,应当及时补报。

【国家评分标准】15 分

1. 查制度文本和相关记录。事故报告、调查和处理制度未以正式文件发布,扣 2 分;制度内容不全,每缺一项扣 1 分;制度内容不符合有关规定,每项扣 1 分;未监督检查,扣 8 分;检查单位不全,每缺一个单位扣 2 分。(总分值 8 分)

2. 查相关记录。事故报告未按规定及时补报,扣 7 分;未监督检查,扣 7 分;检查单位不全,每缺一个单位扣 2 分;对监督检查中发现的问题未采取措施或未督促落实,每处扣 1 分;存在迟报、漏报、谎报、瞒报事故等行为,不得评定为安全生产标准化达标单位。(总分值 7 分)

【江苏省评审标准内容】

7.1.1 事故报告、调查和处理制度应明确事故报告(包括程序、责任人、时限、内容等)、调查和处理内容(包括事故调查、原因分析、纠正和预防措施、责任追究、统计与分析等),应将造成人员伤亡(轻伤、重伤、死亡等人身伤害和急性中毒)、财产损失(含未遂事故)和较大涉险事故纳入事故调查和处理范畴。监督检查参建单位制定该项制度。

7.1.2 发生事故后出现新情况按照有关规定及时、准确、完整地向有关部门报告,事故报告后出现新情况时,应当及时补报。监督检查参建单位开展此项工作。

【江苏省评分标准】15 分

1. 查制度文本和相关记录。事故报告、调查和处理制度未以正式文件发布，扣 2 分；制度内容不全，每缺一项扣 1 分；制度内容不符合有关规定，每项扣 1 分；未监督检查，扣 8 分；检查单位不全，每缺一个单位扣 2 分。（总分值 8 分）

2. 查相关记录。事故报告后出现新情况未按规定及时补报，扣 7 分；未监督检查，扣 7 分；检查单位不全，每缺一个单位扣 2 分；对监督检查中发现的问题未采取措施或未督促落实，每处扣 1 分。（总分值 7 分）

二、法规要点

1.《生产安全事故报告和调查处理条例》（国务院令第 493 号）

对生产安全事故报告和调查处理提出具体要求：

第九条　事故发生后，事故现场有关人员应当立即向本单位负责人报告；单位负责人接到报告后，应当于 1 小时内向事故发生地县级以上人民政府安全生产监督管理部门和负有安全生产监督管理职责的有关部门报告。

情况紧急时，事故现场有关人员可以直接向事故发生地县级以上人民政府安全生产监督管理部门和负有安全生产监督管理职责的有关部门报告。

第十二条　报告事故应当包括下列内容：

（一）事故发生单位概况；

（二）事故发生的时间、地点以及事故现场情况；

（三）事故的简要经过；

（四）事故已经造成或者可能造成的伤亡人数（包括下落不明的人数）和初步估计的直接经济损失；

（五）已经采取的措施；

（六）其他应当报告的情况。

第十三条　事故报告后出现新情况的，应当及时补报。

自事故发生之日起 30 日内，事故造成的伤亡人数发生变化的，应当及时补报。道路交通事故、火灾事故自发生之日起 7 日内，事故造成的伤亡人数发生变化的，应当及时补报。

第十四条　事故发生单位负责人接到事故报告后，应当立即启动事故相应应急预案，或者采取有效措施，组织抢救，防止事故扩大，减少人员伤亡和财产损失。

第十六条　事故发生后，有关单位和人员应当妥善保护事故现场以及相关证据，任何单位和个人不得破坏事故现场、毁灭相关证据。

因抢救人员、防止事故扩大以及疏通交通等原因,需要移动事故现场物件的,应当作出标志,绘制现场简图并作出书面记录,妥善保存现场重要痕迹、物证。

2.《关于完善水利行业生产安全事故统计快报和月报制度的通知》(水利部办安监〔2009〕112 号)

一、事故统计报告范围

(一)事故快报范围

各级水行政主管部门、水利企事业单位在生产经营活动中以及其负责安全生产监管的水利水电在建、已建工程等生产经营活动中发生的特别重大、重大、较大和造成人员死亡的一般事故以及非超标准洪水溃坝等严重危及公共安全、社会影响重大的涉险事故。

(二)事故月报范围

各级水行政主管部门、水利企事业单位在生产经营活动中以及其负责安全生产监管的水利水电在建、已建工程等生产经营活动中发生的造成人员死亡、重伤(包括急性工业中毒)或者直接经济损失在 100 万元以上的生产安全事故。

二、事故统计报告内容

(一)事故快报内容

······

(二)事故月报内容

······

三、事故统计报告时限

(一)事故快报时限 发生快报范围内的事故后,事故现场有关人员应立即报告本单位负责人。事故单位负责人接到事故报告后,应在 1 h 之内向上级主管单位以及事故发生地县级以上水行政主管部门报告。有关水行政主管部门接到报告后,立即报告上级水行政主管部门,每级上报的时间不得超过 2 h。情况紧急时,事故现场有关人员可以直接向事故发生地县级以上水行政主管部门报告。有关单位和水行政主管部门也可以越级上报。

对事故情况暂时不清的,可先报送事故概况,及时跟踪并将新情况续报。自事故发生之日起 30 日内(道路交通事故、火灾事故自发生之日起 7 日内),事故造成的伤亡人数发生变化或直接经济损失发生变动,应当重新确定事故等级并及时补报。

三、实施要点

1. 项目法人应制定安全事故报告和调查处理制度,其主要内容应包括事故调查、原因分析、纠正和预防措施、事故报告、信息发布、责任追究等,并以正式文件印发。制度的制定要贴近工程实际,要有针对性和可操作性,制度的内容要齐全,不应漏项。

2. 事故发生后,项目法人应按照国务院《生产安全事故报告和调查处理条例》及有关规定及时、如实地向负责安全生产监督管理的部门以及水行政主管部门或者流域管理机构报告。不得迟报、漏报、谎报或者瞒报。

3. 发生事故后,项目法人主要负责人必须立即赶到现场,按照事故预案组织抢救,采取有效措施,防止事故扩大,并保护事故现场及有关证据。

4. 项目法人应将事故报告、现场实施抢救等纸质、影像资料保存完好。

四、材料实例

(一) 实例1

×××拆建工程事故报告及调查处理制度

×××拆建工程工程建设处文件

×××〔20××〕×号

关于印发《×××拆建工程事故报告及调查处理制度》的通知

各参建单位:

为规范×××拆建工程生产安全事故报告和调查处理工作,明确事故报告、处置、调查、纠正预防、信息发布、责任追究等环节内容,根据《中华人民共和国安全生产法》《生产安全事故报告和调查处理条例》,结合本工程实际,我处组织制定了《×××拆建工程事故报告及调查处理制度》,现印发给你们,希望认真组织学习,遵照执行。

特此通知。

附件:×××拆建工程事故报告及调查处理制度

×××拆建工程建设处(章)

20××年×月×日

附件：

×××拆建工程事故报告及调查处理制度

1 目的

为规范×××拆建工程生产安全事故报告和调查处理工作，明确事故报告、处置、调查、纠正预防、信息发布、责任追究等环节内容，根据《中华人民共和国安全生产法》《生产安全事故报告和调查处理条例》，结合本工程实际，制定本制度。

2 范围

本制度适用×××拆建工程生产安全事故报告和调查处理工作。

3 原则

3.1 事故报告应当及时、准确、完整，任何单位和个人对事故不得迟报、漏报、谎报或者瞒报。

3.2 事故调查处理应当坚持实事求是、尊重科学的原则，及时、准确地查清事故经过、事故原因和事故损失，查明事故性质，认定事故责任，总结事故教训，提出整改措施，并对事故责任者依法追究责任。

4 事故报告

4.1 发生生产安全事故后，事故现场有关人员应当立即报告本单位项目负责人和项目法人。

4.2 事故单位责任人接到事故报告后，应在1h之内向项目主管部门、安全生产监督机构、事故发生地县级以上人民政府安全监督管理部门和有关部门报告；特种设备发生事故，应当同时向特种设备安全生产监督机构报告。报告的方式可先采用电话口头报告，随后递交正式书面报告。

4.3 生产安全事故报告后出现新情况的，应及时补报。

5 事故报告范围

5.1 事故快报范围

本工程建设过程中发生的特别重大、重大、较大和造成人员死亡的一般事故，以及非超标准洪水溃坝等严重危及公共安全、社会影响重大的涉险事故。

5.2 事故月报范围

本工程建设过程中发生的造成人员死亡、重伤(包括急性工业中毒)或者直接经济损失在100万元以上的生产安全事故。

6 事故报告内容

6.1 事故快报内容

(1)事故发生的时间(年、月、日、时、分)、地点；

（2）发生事故单位的名称、主管部门和参建单位资质等级情况；

（3）事故的简要经过及原因初步分析；

（4）事故已经造成和可能造成的伤亡人数（死亡、失踪、被困、轻伤、重伤、急性工业中毒等），初步估计事故造成的直接经济损失；

（5）事故抢救进展情况和采取的措施；

（6）其他应报告的有关情况。

6.2　事故月报内容

包括事故发生的时间和单位名称、单位类型、事故死亡和重伤人数（包括急性工业中毒）、事故类别、事故原因、直接经济损失和事故简要情况等。

7　事故处置

7.1　发生安全生产事故后，项目法人、监理单位和事故单位必须迅速、有效地实施先期处置；项目法人及事故单位主要负责人应立即到现场组织抢救，启动应急预案，采取有效措施，防止事故扩大。

7.2　项目事故应急处置指挥机构应执行现场应急指挥部的指令，根据工程特点、环境条件、事故类型及特征，为应急救援人员提供必要的安全防护装备，组织开展事故处置活动。

7.3　项目事故应急处置指挥机构应配合事故现场应急指挥机构划定事故现场危险区域范围，设置明显警示标志，做好事故现场保护工作，并及时发布通告，以防止人畜进入危险区域。

7.4　事故发生单位应负责接待并妥善安置事故人员家属和社会关注方，依法做好伤亡人员的善后工作，安排好受影响人员的生活，做好损失的补偿。

7.5　项目法人应组织有关单位共同研究，采取有效措施，修复或处理发生事故的工程项目，尽快恢复工程建设。

8　事故调查

8.1　项目法人应组织有关单位核查事故损失，编制损失情况报告，上报项目主管部门并抄送有关单位。

8.2　项目法人、事故发生单位及其他有关单位应积极配合事故的调查、分析、处理和评估等工作。

8.3　项目法人和事故发生单位应认真吸取事故教训，落实防范和整改措施，防止类似事故再次发生。

8.4　项目法人和事故发生单位应按照负责事故调查的人民政府的批复，对本单位负有事故责任的人员进行处理。对不在事故快报、月报统计范围内的等级以下事故，由事故责任单位按照"四不放过"的原则进行处理，处理结果报项目法人备案。

8.5 事故责任单位应编制事故内部调查报告(含等级以下事故)。对事故责任人员进行责任追究,落实防范和整改措施。

8.6 项目法人和事故发生单位应建立完善的事故档案和事故管理台账(含等级以下事故),定期对事故进行统计分析,并将统计分析成果作为公司安全教育培训重要内容。

9 信息发布

各参建单位配合上级部门做好信息发布。等级以下事故应在项目范围内告知。

(二)实例 2

生产安全事故快报表

工程名称		事故地点		事故发生时间	
建设单位		单位负责人		手机号码	
监理单位		单位负责人		手机号码	
施工单位		单位负责人		手机号码	
事故单位概况					
事故现场情况					
事故经过简述					
已造成或者可能造成的伤亡人数(包括下落不明人数)					
直接经济损失(初步估计)					

续表

已经采取的措施	
其他	

填表人		填报单位	（全称及盖章）

说明:本表一式　份,由事故单位填写,报项目法人、项目主管部门、安全生产监督机构和有关部门。施工单位、监理机构、项目法人各1份。

（三）实例3

水利行业生产安全事故月报表

填报单位:（盖章）　　　　　　　　　　　　　填报时间:　年　　月　　日

序号	事故发生时间	发生事故单位		死亡人数	重伤人数	直接经济损失	事故类别	事故原因	事故简要情况
		名　称	类　型						

单位负责人(签章):　　　　　　　部门负责人(签章):　　　　　　　制表人(签章):

说明:1. 事故单位类型填写:①水利水电工程建;②水利水电工程管理;③农村水电站及配套电网建设与运行;④水文测验;⑤水利水电工程勘测设计;⑥水利科学研究实验与检验;⑦后勤服务和综合经营;⑧其他。非水利系统事故单位,应予以注明。

2. 重伤事故按照 GB 6441—86《企业职工伤亡事故分类》和 GB/T 15499—1995《事故伤害损失工作日标准》定性。

3. 直接经济损失按照 GB/T 6721—1986《企业职工伤亡事故经济损失统计标准》确定。

4. 事故类别填写内容:①物体打击;②车辆伤害;③机械伤害;④起重伤害;⑤触电;⑥淹溺;⑦灼烫;⑧火灾;⑨高处坠落;⑩坍塌;⑪冒顶片帮;⑫透水;⑬放炮;⑭火药爆炸;⑮瓦斯煤层爆炸;⑯其他爆炸;⑰容器爆炸;⑱煤与瓦斯突出;⑲中毒和窒息;⑳其他伤害。可直接填写类别代号。

5. 本月无事故,应在表内填写"本月无事故"。

第二节　事故调查和处理

一、评审内容及评分标准

【国家评审标准内容】

7.2.1　按照有关规定的要求,配合事故调查组调查或组织事故调查,并编制事故内部调查报告。

7.2.2　按照"四不放过"的原则,对事故责任人员进行责任追究,落实防范和整改措施。

7.2.3　建立完善的事故档案和事故管理台账,并定期对事故进行统计分析。

【国家评分标准】 15 分

1. 查相关记录。发生事故后,抢救措施不力,导致事故扩大,扣 2 分;未有效保护现场及有关证据,扣 2 分;未监督检查,扣 2 分;检查单位不全,每缺一个单位,扣 1 分;对监督检查中发现的问题未采取措施或未督促落实,每处扣 1 分。(总分值 2 分)

2. 查相关文件和记录。事故发生后,无事故调查报告,扣 2 分;报告内容不符合规定,每项扣 1 分;未监督检查,扣 2 分;检查单位不全,每缺一个单位,扣 1 分;对监督检查中发现的问题未采取措施或未督促落实,每处扣 1 分。(总分值 2 分)

3. 查相关文件和记录。事故发生后,未积极配合开展事故调查,扣 2 分;未监督检查,扣 2 分;检查单位不全,每缺一个单位,扣 1 分;对监督检查中发现的问题未采取措施或未督促落实,每处扣 1 分。(总分值 2 分)

4. 查相关文件和记录。未按"四不放过"的原则进行事故处理,扣 2 分;未监督检查,扣 2 分;检查单位不全,每缺一个单位,扣 1 分;对监督检查中发现的问题未采取措施或未督促落实,每处扣 1 分。(总分值 2 分)

5. 查相关文件和记录。善后处理不到位,扣 2 分;未监督检查,扣 2 分;检查单位不全,每缺一个单位,扣 1 分;对监督检查中发现的问题未采取措施或未督促落实,每处扣 1 分。(总分值 2 分)

6. 查相关文件和记录。未建立事故档案和管理台账,扣 5 分;事故档案或管理台账不全,每缺一项扣 2 分;事故档案或管理台账与实际不符,每项扣 2 分;未统计分析,扣 5 分;未监督检查,扣 5 分;检查单位不全,每缺一个单位,扣 1 分;对监督检查中发现的问题未采取措施或未督促落实,每处扣 1 分。(总分值 5 分)

【江苏省评审标准内容】

7.2.1　事故发生后,采取有效措施,防止事故扩大,并保护事故现场及有关证据。监督检查参建单位开展此项工作。

7.2.2　事故发生后按规定组织事故调查组对事故进行调查,查明事故发生的时间、经过、原因、波及范围、人员伤亡情况及直接经济损失等。事故调查组应根据有关证据、资料,分析事故的直接、间接原因和事故责任,提出应吸取的教训、整改措施和处理建议,编制事故调查报告。监督检查参建单位开展此项工作。

7.2.3　事故发生后,由有关人民政府组织事故调查的,应积极配合开展事故调查。监督检查参建单位开展此项工作。

7.2.4　按照"四不放过"的原则进行事故处理。

7.2.5　做好事故的善后工作。监督检查参建单位开展此项工作。

7.2.6　建立、完善事故档案和管理台账,按照有关规定对事故进行统计分析。监督检查参建单位开展此项工作。

【江苏省评分标准】15分

1. 查相关记录。发生事故后,抢救措施不力,导致事故扩大,扣2分;未有效保护现场及有关证据,扣2分;未监督检查,扣2分;检查单位不全,每缺一个单位,扣1分;对监督检查中发现的问题未采取措施或未督促落实,每处扣1分。(总分值2分)

2. 查相关文件和记录。事故发生后,无事故调查报告,扣2分;报告内容不符合规定,每项扣1分;未监督检查,扣2分;检查单位不全,每缺一个单位,扣1分;对监督检查中发现的问题未采取措施或未督促落实,每处扣1分。(总分值2分)

3. 查相关文件和记录。事故发生后,未积极配合开展事故调查,扣2分;未监督检查,扣2分;检查单位不全,每缺一个单位,扣1分;对监督检查中发现的问题未采取措施或未督促落实,每处扣1分。(总分值2分)

4. 查相关文件和记录。未按"四不放过"的原则进行事故处理,扣2分;未监督检查,扣2分;检查单位不全,每缺一个单位,扣1分;对监督检查中发现的问题未采取措施或未督促落实,每处扣1分。(总分值2分)

5. 查相关文件和记录。善后处理不到位,扣2分;未监督检查,扣2分;检查单位不全,每缺一个单位,扣1分;对监督检查中发现的问题未采取措施或未督促落实,每处扣1分。(总分值2分)

6. 查相关文件和记录。未建立事故档案和管理台账,扣5分;事故档案或管理台账不全,每缺一项扣2分;事故档案或管理台账与实际不符,每项扣2分;未统计分析,扣5分;未监督检查,扣5分;检查单位不全,每缺一个单位,扣1分;对监督检查中发现的问题未采取措施或未督促落实,每处扣1分。(总分值5分)

二、法规要点

1.《中华人民共和国安全生产法》

对事故调查和处理提出具体要求：

第八十三条　事故调查处理应当按照科学严谨、依法依规、实事求是、注重实效的原则，及时、准确地查清事故原因，查明事故性质和责任，总结事故教训，提出整改措施，并对事故责任者提出处理意见。事故调查报告应当依法及时向社会公布。事故调查和处理的具体办法由国务院制定。

事故发生单位应当及时全面落实整改措施，负有安全生产监督管理职责的部门应当加强监督检查。

第八十四条　生产经营单位发生生产安全事故，经调查确定为责任事故的，除了应当查明事故单位的责任并依法予以追究外，还应当查明对安全生产的有关事项负有审查批准和监督职责的行政部门的责任，对有失职、渎职行为的，依照本法第八十七条的规定追究法律责任。

第八十五条　任何单位和个人不得阻挠和干涉对事故的依法调查处理。

2.《生产安全事故报告和调查处理条例》(国务院令第 493 号)

对事故调查和处理提出具体要求：

第十九条　特别重大事故由国务院或者国务院授权有关部门组织事故调查组进行调查。

重大事故、较大事故、一般事故分别由事故发生地省级人民政府、设区的市级人民政府、县级人民政府负责调查。省级人民政府、设区的市级人民政府、县级人民政府可以直接组织事故调查组进行调查，也可以授权或者委托有关部门组织事故调查组进行调查。

未造成人员伤亡的一般事故，县级人民政府也可以委托事故发生单位组织事故调查组进行调查。

第二十二条　事故调查组的组成应当遵循精简、效能的原则。

根据事故的具体情况，事故调查组由有关人民政府、安全生产监督管理部门、负有安全生产监督管理职责的有关部门、监察机关、公安机关以及工会派人组成，并应当邀请人民检察院派人参加。

事故调查组可以聘请有关专家参与调查。

第二十五条　事故调查组履行下列职责：

（一）查明事故发生的经过、原因、人员伤亡情况及直接经济损失；

（二）认定事故的性质和事故责任；

（三）提出对事故责任者的处理建议；

（四）总结事故教训，提出防范和整改措施；

（五）提交事故调查报告。

第三十条　事故调查报告应当包括下列内容：

（一）事故发生单位概况；

（二）事故发生经过和事故救援情况；

（三）事故造成的人员伤亡和直接经济损失；

（四）事故发生的原因和事故性质；

（五）事故责任的认定以及对事故责任者的处理建议；

（六）事故防范和整改措施。

第三十三条　事故发生单位应当认真吸取事故教训，落实防范和整改措施，防止事故再次发生。防范和整改措施的落实情况应当接受工会和职工的监督。

安全生产监督管理部门和负有安全生产监督管理职责的有关部门应当对事故发生单位落实防范和整改措施的情况进行监督检查。

第三十四条　事故处理的情况由负责事故调查的人民政府或者其授权的有关部门、机构向社会公布，依法应当保密的除外。

3.《水利工程建设安全生产管理规定》（水利部令第 26 号）

对事故调查和处理提出具体要求：

第四条　发生生产安全事故，必须查清事故原因，查明事故责任，落实整改措施，做好事故处理工作，并依法追究有关人员的责任。

第三十九条　水利工程建设生产安全事故的调查、对事故责任单位和责任人的处罚与处理，按照有关法律、法规的规定执行。

三、实施要点

1. 项目法人应按照有关规定的要求，积极配合事故调查组调查，对于未造成人员伤亡的一般事故，经授权调查的，应组织事故调查组进行调查，并编制事故内部调查报告。不得阻挠和干涉对事故的依法调查。内部调查报告内容可参照《生产安全事故报告和调查处理条例》（国务院令第 493 号）第三十条，报告内容要全面，不应漏项。

2. 对于事故处理，要坚持"四不放过"原则，要查明事故原因，追究事故责任，处罚事故责任人，进一步制定并落实防范和整改措施，举一反三，防止类似事故的发生。

3. 项目法人应建立完善的事故档案和事故管理台账，并定期对事故进行统计分析。

四、材料实例

（一）实例1

××工程"8·2"事故内部调查报告

一、事故概况

工程名称：××工程

事故单位：××公司××工程项目部

事故时间：20××年8月2日××时××分。

事故地点：××工程××位置

事故类别：××

事故性质：××

事故伤亡情况：重伤一人，伤者，×××，男（女），×族，××岁，身份证号×××，×××村人，工种，××，工龄，××年。

经济损失：直接经济损失××余元。

二、事故单位基本情况

事故单位名称：××公司

事故单位地址：××省××市××公司

法定代表人：×××，身份证号：×××

营业执照号：××××××

组织机构代码：×××××××

单位类型：××

经营范围：×××××××

××公司始建于××年××月，公司设有×××科、×××科等，主要从事××生产和施工。现有员工×××人，×××为分管安全的负责人，×××为安全员。

三、事故经过及救援情况

20××年××月××日××时××分，××公司××项目部×××员工开始上班，×××负责×××，×××负责×××，到××时××分时，发生了……事故。后立即将×××送到×××医院救治，经诊断×××为×××。

事故发生后,××公司,于××月××日××时××分将事故情况上报了××
××××,并针对此事故做了××××××。

四、事故原因分析及性质认定

通过由××组成的事故调查组,对事故现场勘查和询问相关当事人,认为导致
此次事故的原因是:

(一)直接原因

1. ……　2. ……

(二)间接原因

1. ……　2. ……　3. ……

(三)事故性质

经调查认定,这是一起责任事故。

五、事故处理建议及结果

根据《××××》的规定,调查组对责任人员的处理建议及结果如下:

1. ……　2. ……

六、此次事故应吸取的教训和采取的防范措施

1. ……　2. ……　3. ……

七、事故调查组成员及签字

姓名	职务	组内职务	签名	备注

附件:1. ……×××事故现场照片图

2. ……

3. ……

××事故调查组

20××年××月××日

（二）实例2

×××工程"8·2"事故处理报告

工程名称：××工程

事故单位：××公司××工程项目部

事故时间：20××年8月2日××时××分。

事故地点：××工程××位置

事故类别：××

事故性质：××事故

事故危害程度：

事故等级：等级以下

一、事故经过

20××年××月××日××时××分，××公司××项目部×××员工开始上班，×××负责×××，×××负责×××，到××时××分时，发生了……事故。后立即将×××送到×××医院救治，经诊断×××为×××。

事故发生后，××公司，于××月××日××时××分将事故情况上报了×××××，并针对此事故做了××××××。

二、事故原因

通过由（职务）××、（职务）××……组成的事故调查组，对事故现场勘查和询问相关当事人，认为导致此次事故的原因是：

（一）直接原因

1.……　2.……

（二）间接原因

1.……　2.……　3.……

三、此次事故应吸取的教训和采取的防范措施

1.……　2.……　3.……

四、事故处理意见及结果

1. 依据《××工程"8·2"事故调查报告》的规定，调查组对责任人员的处理结果如下：

（1）……　（2）……

2. 依据施工合同及安全生产协议书约定

（1）……　（2）……

3. 建议施工单位依照公司章程对事故涉及的其他相关人员给予相应处罚,处罚结果报我处备案。

××工程建设处(印章)
20××年××月××日

(三) 实例 3

生产安全事故处理"四不放过"落实情况表

工程名称:

事故名称			发生时间			地点	
事故类别		人员伤害情况			直接经济损失		
事故发生单位							
事故概况							
事故调查处理情况							
事故原因未查清不放过							
责任人员未处理不放过							
整改措施未落实不放过							
有关人员未受到教育不放过							
其他							

说明:本表一式 份,由事故发生单位填写,用于归档和备查。

(四) 实例 4

生产安全事故记录表

工程名称:

事故名称		发生时间		地点	
事故类别		人员伤害情况		直接经济损失	
事故调查组长		成员			结案日期
事故概况					
事故调查处理情况					
填表人		审核人		填表日期	

说明:本表一式　份,由事故发生单位填写,用于归档和备查。

(五) 实例 5

生产安全事故月(季、年)统计分析表

填报单位:(印章)　　　　　　　　　　　　　　　　　填报时间:　年　　月　　日

序号	发生时间	事故单位	重伤人数	死亡人数	轻伤人数	直接经济损失	事故类别	事故简要情况	结案日期
事故分析:									

单位负责人(签章):　　　　　　　　部门负责人(签章):　　　　　　　　制表人(签章):

说明:1. 本表一式　份,由项目法人根据各参建单位上报情况进行填写,用于归档和备查。

2. 重伤事故按照《企业职工伤亡事故分类》(GB 6441—86)和《事故伤害损失工作日标准》(GB/T 15499—1995)定性。

3. 直接经济损失按照《企业职工伤亡事故经济损失统计标准》(GB/T 6721—1986)确定。

4. 事故类别填写内容:(1)物体打击;(2)提升、车辆伤害;(3)机械伤害;(4)起重伤害;(5)触电;(6)淹溺;(7)灼烫;(8)火灾;(9)高处坠落;(10)坍塌;(11)冒顶片帮;(12)透水;(13)放炮;(14)火药爆炸;(15)瓦斯煤层爆炸;(16)其他爆炸;(17)容器爆炸;(18)煤与瓦斯突出;(19)中毒和窒息;(20)其他伤害。可直接填写类别代号。

5. 本月无事故,应在表内填写"本月无事故"。

(六) 实例6

事故报告和调查处理工作检查表

被检查单位:　　　　　　　　　　　　　　　　　　　　　　年　　月　　日

序号	检查项目	检查内容及要求	检查意见
1	事故报告	1. 建立生产安全事故报告和调查处理制度,以正式文件颁发	
		2. 制度应明确事故报告、事故调查、原因分析、纠正和预防措施、责任追究、统计与分析等内容	
1	事故报告	3. 事故发生后,按照有关规定及时、准确、完整地向有关部门报告	
		4. 事故发生后,主要负责人或其代理人立即到现场组织抢救,采取有效措施,防止事故扩大,并保护事故现场及有关证据	
2	事故调查和处理	1. 组织事故调查组或配合有关部门对事故进行调查,查明事故发生的时间、经过、原因、人员伤亡情况及直接经济损失等,并编制事故调查报告	
		2. 有关部门的调查报告保存和公开	
		3. 按照"四不放过"的原则,对事故责任人员进行责任追究,落实防范和整改措施	
		4. 对整改措施进行验证	
		5. 及时办理工伤,申报工伤认定材料,并保存档案	
		6. 建立完善的事故档案和事故管理台账,并定期对事故进行统计分析	
被检查单位负责人:(签名)		检查负责人:(签名)	
参加检查人员:(签名)			

第八章 ‖ 持续改进

第一节 绩 效 评 定

一、评审内容及评分标准

【国家评审标准内容】

8.1.1 建立安全标准化绩效评定制度,明确评定的组织、时间、人员、内容与范围、方法与技术、周期、过程、报告与分析等要求。

8.1.2 每年至少组织一次安全标准化实施情况检查评定,验证各项安全生产制度措施的适宜性、充分性和有效性,检查安全生产工作目标、指标的完成情况,提出改进意见,形成评定报告并以正式文件下发有关部门和单位。发生死亡事故后,应重新进行评定。

8.1.3 将安全标准化工作评定结果,纳入项目年度考评。

【国家评分标准】 15分

1. 查制度文本和记录。安全生产标准化绩效评定制度未以正式文件发布,扣2分;制度内容不全,每缺一项扣1分;制度内容不符合有关规定,每项扣1分。(总分值3分)

2. 查相关文件和记录。主要负责人未组织评定,扣5分;检查评定每年少于一次,扣5分;检查评定内容不符合规定,每项扣1分;发生死亡事故后未重新进行评定,扣5分。(总分值5分)

3. 查相关文件和记录。评定报告未以正式文件发布,扣2分;评定结果未通报,扣2分。(总分值2分)

4. 查相关文件和记录。安全生产标准化自评结果未纳入年度绩效考评,扣3分;绩效考评不全,每少一个部门或单位扣1分;考评结果未落实兑现,每少一个部门或单位扣1分。(总分值3分)

5. 查相关文件和记录。未定期向有关部门报告安全生产情况或公示,扣2分。(总分值2分)

【江苏省评审标准内容】

8.1.1 安全生产标准化绩效评定制度应明确评定的组织、时间、人员、内容与范围、方法与技术、报告与分析等要求。

8.1.2 每年至少组织一次参建单位参加的安全标准化实施情况的检查评定,验证各项安全生产制度措施的适宜性、充分性和有效性,检查安全生产管理工作目标、指标的完成情况,提出改进意见,形成评定报告。发生生产安全责任死亡事故后,应重新进行评定,全面查找安全生产标准化管理体系中存在的缺陷。

8.1.3 评定报告以正式文件印发,向所有部门和各参建单位通报安全标准化工作评定结果。

8.1.4 将安全生产标准化自评结果,纳入单位年度绩效考评。

8.1.5 落实安全生产报告制度,定期向有关部门报告安全生产情况,并公示。监督检查参建单位开展此项工作。

【江苏省评分标准】 15 分

1. 查制度文本和记录。安全生产标准化绩效评定制度未以正式文件发布,扣 2 分;制度内容不全,每缺一项扣 1 分;制度内容不符合有关规定,每项扣 1 分。(总分值 3 分)

2. 查相关文件和记录。主要负责人未组织评定,扣 5 分;检查评定每年少于一次,扣 5 分;检查评定内容不符合规定,每项扣 1 分;发生死亡事故后未重新进行评定,扣 5 分。(总分值 5 分)

3. 查相关文件和记录。评定报告未以正式文件发布,扣 2 分;评定结果未通报,扣 2 分。(总分值 2 分)

4. 查相关文件和记录。安全生产标准化自评结果未纳入年度绩效考评,扣 3 分;绩效考评不全,每少一个部门或单位扣 1 分;考评结果未落实兑现,每少一个部门或单位扣 1 分。(总分值 3 分)

5. 查相关文件和记录。未定期向有关部门报告安全生产情况或公示,扣 2 分。(总分值 2 分)

二、法规要点

1.《国务院关于坚持科学发展安全发展促进安全生产形势持续稳定好转的意见》(国发〔2011〕40 号)

(三十二)加强安全生产绩效考核。把安全生产考核控制指标纳入经济社会发展考核评价指标体系,加大各级领导干部政绩考核中安全生产的权重和考核力度。把安全生产工作纳入社会主义精神文明和党风廉政建设、社会管理综合治理体系之中。制定完善安全生产奖惩制度，对成效显著的单位和个人要以适当形式予以表扬和奖励，对违法违规、失职渎职的，依法严格追究责任。

2.《国务院安委会关于深入开展企业安全生产标准化建设的指导意见》(安委〔2011〕4 号)

（一）打基础，建章立制。……企业要从组织机构、安全投入、规章制度、教育培训、装备设施、现场管理、隐患排查治理、重大危险源监控、职业健康、应急管理以及事故报告、绩效评定等方面，严格对应评定标准要求，建立完善安全生产标准化建设实施方案。

（四）创新机制，注重实效。……要积极研究采取相关激励政策措施，将达标结果向银行、证券、保险、担保等主管部门通报，作为企业绩效考核、信用评级、投融资和评先推优等的重要参考依据，促进提高达标建设的质量和水平。

三、实施要点

1. 项目法人应建立安全标准化绩效评定制度，其主要内容应包括评定的组织、时间、人员、内容与范围、方法与技术、周期、过程、报告与分析等，并以正式文件印发。制度的内容要全面，不应漏项。

2. 项目法人每年应至少组织一次安全标准化实施情况的检查评定，其目的主要是验证各项安全生产制度措施的适宜性、充分性和有效性，对检查安全生产工作目标、指标的完成情况，提出改进意见。

3. 安全标准化实施情况的检查评定应形成评定报告，并以正式文件印发有关部门和单位。

4. 如年内发生生产安全死亡事故，说明在安全管理某个环节出现了严重问题，需对安全管理工作全面检查，重新进行评定。

5. 项目法人应将安全生产标准化工作评定结果作为内设部门年度考核的重要指标。

四、材料实例

（一）实例1

×××拆建工程建设处文件

×××〔20××〕×号

**关于印发《×××拆建工程安全生产标准化绩效评定和
持续改进管理制度》的通知**

各部门、各有关单位：

为加强安全生产标准化绩效评定和持续改进管理工作，明确评定的组织、时间、人员、内容与范围、方法与技术、周期、过程、报告与分析、持续改进等要求，根据水利部《水利安全生产标准及评定管理暂行办法》有关规定。我处组织制定了《××工程安全生产标准化绩效评定和持续改进管理制度》，现印发给你们，希望认真学习，遵照执行，并结合单位实际，制定本单位安全生产标准化绩效评定和持续改进管理制度。

特此通知。

附件：×××拆建工程安全生产标准化绩效评定和持续改进管理制度

×××拆建工程建设处（印章）

20××年×月×日

附件：

×××拆建工程安全生产标准化绩效评定和持续改进管理制度

1　目的

为加强×××拆建工程安全生产标准化绩效评定和持续改进管理工作，明确评定的组织、时间、人员、内容与范围、方法与技术、周期、过程、报告与分析、持续改进等要求，制定本制度。

2 适用范围

适用于×××拆建工程安全生产标准化绩效评定和持续改进管理。

3 资源需求

活动相关人员,标准化台账资料,必要的安全检查、检测设备及办公设备。

4 工作程序

4.1 组织

4.1.1 ×××拆建工程安全生产领导小组负责安全生产标准化绩效评定和持续改进管理工作组织领导,具体工作由×××拆建工程安全生产领导小组办公室(建设处安全科)承担。

4.1.2 各参建单位负责本单位绩效评定和持续改进的管理。

4.1.3 各职能部门负责本部门的绩效评定和持续改进的管理。

4.2 时间

4.2.1 ×××拆建工程绩效评定和持续改进工作每年组织一次,一般在该年末进行,工期不足一年的,应在完工后进行,具体时间由×××拆建工程安全生产领导小组确定。

4.2.2 参建单位绩效评定和持续改进工作每年组织一次,工期不足一年的,应在完工后进行,参建单位此项工作应在项目法人组织评定前完成。

4.2.3 发生等级以上生产安全事故的,在事故调查处理后立即进行评定和改进。

4.3 评定人员

4.3.1 ×××拆建工程绩效评定人员由安全生产领导小组成员组成,必要时邀请水利安全生产专家参与。

4.3.2 参建单位绩效评定人员由本单位安全生产领导小组成员组成,必要时邀请水利安全生产专家参与。

4.4 内容

4.4.1 上年度评定中指出的纠正措施的落实情况。

4.4.2 检查安全生产目标、指标的完成情况。

4.4.3 验证各项安全生产管理制度、管理措施的适宜性、充分性和有效性。

4.4.4 安全费用的使用情况

4.4.5 综合检查、专项检查、季节性检查、节假日检查、日常检查中发现的隐患情况的统计分析。

4.5 范围

4.5.1 ×××拆建工程绩效评定范围:包括项目法人在内的所有参建单位。

4.5.2 各监理、施工单位绩效评定范围:所属部门、各施工队等。

4.6　方法与技术

4.6.1　采用会议方式进行评定,各部门、参建单位汇报绩效自评情况,提出改进需求和建议。上年度评定中指出的纠正措施的落实效果的评价。

4.6.2　对评定情况、改进需求和建议进行分析、评价。

4.6.3　采用直接判断和数据统计方法进行评定,提出评定意见和改进意见。

4.7　报告与分析

4.7.1　安全生产领导小组办公室负责评定报告的起草工作,办公室负责人审核后报安全生产领导小组负责人批准,以正式文件发放。

4.7.2　评定报告应写明评价时间、地点、评价过程、评价结果和改进方法。

4.7.3　评定报告发放至所属各部门、各参建单位。

4.8　绩效考评

把评定结果纳入年度安全绩效考评,按考评结果落实兑现。

5　持续改进

5.1　根据安全标准化评定结果,及时对安全目标、规章制度、操作规程等进行修改,完善安全标准化工作的计划和措施。

5.2　安全目标、规章制度、操作规程进行修改后,按规定重新进行评审、批准、发放。

5.3　采用数据统计分析手段,实施 PDCA 循环,不断提高安全绩效。

6　记录

保存评定的记录。

(二) 实例 2

×××拆建工程建设处文件

×××〔2020〕×号

关于印发《×××拆建工程 2020 年度安全生产标准化绩效评定报告》的通知

各部门、各有关单位:

按照 2020 年安全生产工作计划,根据《安全生产标准化绩效评定和持续改进管理制度》有关规定。我处组织对××工程 2020 年度安全生产标准化实施情况进行了评定,并形成评定报告,现将《×××拆建工程 2020 年度安全生产标准化绩效评定报告》印发给你们,请认真组织学习,查漏补缺,及时巩固、整改。

特此通知。

附件：×××拆建工程 2020 年度安全生产标准化绩效评定报告

×××拆建工程建设处(印章)

2020 年×月×日

附件：

×××拆建工程 2020 年度安全生产标准化绩效评定报告

按照 2020 年安全生产工作计划,根据《安全生产标准化绩效评定和持续改进管理制度》的要求,我处组织对 2020 年度安全生产标准化实施情况进行评定,形成报告如下。

一、2019 年度(注,上一年度)安全生产标准化绩效评定中提出的纠正措施的落实情况及效果评价

2020 年度安全生产标准化绩效评定中存在如下不足:在安全生产目标管理中存在的机械设备完好率、特种作业持证上岗率未达标;部分参建单位安全制度不健全;少数参建单位教育培训工作不到位;个别参建单位现场操作人员违章作业,隐患整改不及时等。今年以来,各参建单位根据评定报告的要求,对上述问题逐条进行梳理,落实整改措施,经安全标准化绩效考评小组复评,均已整改到位,安全生产状况得到进一步改观。

二、本年度安全生产标准化绩效评定情况

1. 安全目标完成情况

2020 年各部门、各参建单位围绕安全生产总目标和年度安全生产目标,认真履行职责,安全管理体系总体运行平稳、有效,保持良好的安全生产记录,安全事故控制目标、隐患治理目标、安全生产管理目标均圆满实现。

2. 安全生产组织机构和职责落实情况

×××拆建工程成立了由建设处主要负责人、分管负责人、各参建单位项目主要负责人组成的安全生产领导小组。各施工单位项目部成立了安全生产领导小组,设置了现杨安全生产管理机构,监理单位明确专人负责安全生产工作,人员变化及时进行了调整。安全生产组织机构设置满足要求。1 月,我处与各部门、各单位分别签订了《安全生产目标责任书》和《安全生产管理协议》,各单位建立了安全生产责任制,明确了各部门、岗位安全生产职责,层层签订了《安全生产目标责任书》,将安全生产责任层层分解,落实到人,并定期对安全生产责任制落实情况进行考核。安全生产职责明确,落实情况较好。

3.安全生产投入情况

项目法人在工程招标文件中明确安全生产措施费,并建立了安全生产费用保障制度,建立安全生产费用计划,按规定足额提取和拨付,并对施工单位安全费用使用情况定期进行检查。今年以来我处已组织开展3次安全生产费用专项检查。各参建单位均制定了安全生产费用保障制度,编制了安全生产费用计划,按规定提取安全生产费用,建立安全生产费用使用台账,并定期组织自查自纠。安全生产投入情况执行较好。

4.法律法规及安全管理制度管理情况

法律法规方面,我处印发了《安全生产法律法规与规章制度管理办法》及《×××拆建工程适用的安全生产法律法规标准规范清单》,并识别和获取适用的条款。各参建单位也相应出台了管理办法和规范清单。规章制度方面,建设处组织制定了安全生产目标管理制度、安全生产责任制、安全生产费用保障制度、安全教育培训制度、消防安全管理制度等安全生产管理制度,均以正式文件印发。各参建单位也相应制定了本单位安全生产规章制度和岗位操作规程。我处定期组织对安全生产法律法规、标准规范、规章制度和操作规程进行了适应性评估,并出具评估报告,根据检查评估结果,及时对安全生产规章制度进行修订。各参建单位也积极开展自查自纠,及时修订完善各类规章制度。法律法规及安全管理制度管理工作较好,能够满足安全生产工作要求。

5.安全教育培训情况

项目法人印发了《安全生产教育培训制度》,明确安全生产教育培训的对象与内容、组织与管理、检查与考核等要求。制定了《2020年度安全生产教育培训计划》,并按计划开展安全教育培训工作,主要包括三月邀请省水利厅安全专家进行水利施工安全管理知识讲座;四月邀请省防办专家举行施工导流度汛安全知识讲座;五月组织开展本工程度汛方案措施落实情况检查,对度汛方案进行宣贯;六月结合安全生产月活动,集中学习安全生产规章制度,组织观看安全警示教育片;八月组织参观住建系统施工现场;十一月组织人员参加省水利厅组织的安全生产培训等。各参建单位也结合实际开展安全教育培训工作,组织包括全年新工人三级安全教育培训及管理人员日常培训;二月组织节后复工安全生产教育培训;七月举办防中暑、溺水、食物中毒、高处坠落等知识培训;十月组织脚手架、高支模专题教育培训;十二月结合冬季施工特点,举办冬季消防安全知识讲座等。从现场检查情况来看,广大职工安全意识和安全技能有了明显提升,安全教育培训成效明显。

6.生产设备设施管理情况

开工之初,建设处就地下管线及相邻建(构)筑物资料向施工单位进行了移交,转发了《水利部关于进一步加强水利建设项目安全设施"三同时"的通知》,并对"三同时"执行情况定期进行检查,建设处明确了工程科为设备设施管理责任部门,并明确专人为设备设施管理员。各参建单位由设备管理部门负责设备运行、点检、检修管理,配置设备管理人员,按照设备划分原则,设备管理部门将设备逐一分解到各项目部和设备管理员。设备管理员按照点检标准开展日常点检工作。合理安排检修计划,及时消除隐患,确保管理闭环,设备安全稳定运行。

7. 作业安全管理情况

工程开工之初,我处向水行政主管部门安全监督机构提交安全监督申请,并获批复,工程实施过程中按规定将施工围堰、脚手架、拆除工程等危险较大工程安全专项施工方案报安监机构进行备案,对危险性较大工程专项施工方案编制、论证、审批、交底、现场落实等环节进行重点检查。开工前我处还组织编制了施工导流方案,按规定进行报批。今年 4 月,我处还组织编制了度汛方案,报省防指进行备案,并督促施工单位编制度汛方案,开展演练,抓好防汛抢险队伍和防汛器材、设备物资落实。此外,结合工程实际,建设处定期对高处作业、水上作业、临边洞口作业、临时用电、消防安全、现场交通安全、安全警示标志等方面进行检查,力求做到横向到边,纵向到底,不留死角。相关方管理方面,我处对各参建单位资质证书和安全生产许可证进行严格审查,对勘测单位、设计单位、监理单位、供应商等安全履职情况定期检查。

8. 隐患排查治理情况

我处组织编制了《×××拆建工程生产安全事故隐患排查治理制度》,明确隐患排查的目标、范图、方法和要求,编制了隐患排查和治理工作检查表,定期检查各参建单位隐患排查治理工作开展情况。今年以来,建设处组织的隐患排查活动累计 5 次,主要包括临时用电、脚手架、施工围堰、彩板房等,对排查出的隐患现场要求责任单位立即整改,检查完成后,即形成书面检查意见,印发监理单位和施工单位,对整改情况明确专人进行跟踪,实现闭环。各参建单位也制定了安全隐患排查治理制度,积极开展隐患排查,落实整改措施,建立隐患台账。工程开工至今,未发现重大事故隐患,一般事故隐患能够得到有效控制。为加强自然灾害预测预警管理,我处编制了《×××拆建工程自然灾害及事故隐患预测预警管理办法》,针对今年第 9 号强台风"梅花",我处印发了《关于切实做好××工程防御第 9 号强台风工作的紧急通知》,组织参建单位积极应对极端恶劣天气,保证了工程建设及人员安全。

9. 重大危险源监控情况

我处组织制定了《重大危险源管理制度》,定期组织开展重大危险源辨识、评价,确定危险等级,对评价确认的重大危险源,及时登记建档,督促责任单位明确分级监控责任人和管控要求,严格落实分级控制措施。针对现场实际,我处组织编制了《重大危险源检查记录表》,定期开展检查,形成书面检查记录。各参建单位制定了重大危险源管理制度,加强动态管理,明确监管责任人和监管要求,落实分级控制措施。在危险性较大作业现场,设置了明显的安全警示标志和警示牌。工程开工至今,重大危险源监控工作成效期显,未发生人员伤亡事故。

10. 职业健康管理情况

我处高度重视职业健康管理工作,今年以来组织全处人员体检一次,给上工地人员配发了安全帽和劳保手套,食堂工作人员均持健康证上岗。定期对参建单位职业健康工作开展情况进行检查,确保各项措施落实到位。参建单位制定了职业健康管理制度,开展职业健康危害因素辨识,为员工配备了劳动防护用品,组织尘毒、噪声、高温岗位人员体检,建立职业卫生档案。通过监测,土方开挖工程、凝土生产系统、工地试验室等场所粉尘、噪声、毒物指标均符合有关规定标准。工程开工至今,未发现一名职业病患者,职业健康管理措施基本落实到位,成效明显。

11. 应急救援管理情况

我处组织各参建单位并聘请有关安全专家成立了×××拆建工程生产安全事故应急救援三支队伍,即应急管理队伍、工程设施抢险队伍和专家咨询队伍,人员发生变化及时进行了调整。印发了《×××拆建工程生产安全事故应急预案》,并按规定进行了备案。施工单位根据本预案要求,结合所承担水利工程特点和范围,对施工现场生产安全事故易发部位、环节进行监控,制定施工现场生产安全事故应急预案,建立应急救援组织,落实应急救援人员,配备必要的应急救援器材、设备。今年以来建设处组织开展了一次应急知识和应急预案培训,开展了一次围堰出险桌面演练并对演练效果进行评估,组织专家对预案进行了评审,根据评审结果对预案进行修订。

12. 事故报告和调查处理情况

我处组织制定了《×××拆建工程事故报告及调查处理制度》,明确事故报告时限和程序,事故快报、月报和统计报告内容,及调查处理有关规定,明确等级以上事故参建单位积极配合地方政府开展事故调查处理,等级以下生产安全事故,事故发生单位要开展内部调查,形成内部调查报告和处理报告。定期组织职工学习,举一反三、防微杜渐。按照"零事故报告"要求,每月按时上报事故报表。各参建单位也制定了事故报告和调查处理制度,开展等级以下事故内部调查处理工作,建立事故档案。本工程至今未发生一起等级以上生产安全事故。

13. 绩效评定和持续改进情况

我处制定了《安全生产标准化绩效评定和持续改进管理制度》,明确评定的组织、时间、人员、内容与范围、方法与技术、周期、过程、报告与分析、持续改进等。在各参建单位自评的基础上,12月,建设处组织了一次安全生产标准化绩效评定,验证各项安全生产制度措施的适宜性、充分性和有效性,检查安全生产工作目标、指标完成情况,形成了评定报告。根据评定结果,进一步完善安全生产规章制度和措施。

三、存在的问题

通过评估与分析,发现安全生产标准化工作还有部分薄弱环节亟须加强,主要包括:

1. ××施工单位安全管理制度还不完善,缺少××制度。安全生产法律法规辨识获取工作不扎实,更新不及时。

2. 安全教育培训和现场巡查还需要进一步加强,个别员工的安全意识不高,作业现场的"三违"现象时有发生。

3. 安全绩效考核有的部门、项目部未认真落实,考核走过场,没有起到以考核促整改的作用。

4. 个别施工单位在对上级安全文件的贯彻传达、组织学习方面不及时,无记录。

5. 安全台账收集整理不够规范,个别月安全报表填报不及时。

6. 部分应急救援器材配备不足。

四、纠正、预防的措施

安全生产领导小组针对安全标准化绩效考核评定小组提出的问题提出以下整改措施:

1. 补充完善安全生产规章制度,定期识别获取安全生产法律法规,及时更新。

2. 加强职工安全教育培训,加强现场检查,严格落实《反违章实施细则》。

3. 严格执行《安全目标考核管理办法》,落实考核奖惩兑现。

4. 加强上级来文贯彻传达,形成书面记录,责任落实到人。

5. 集中一周对安全台账进行整理,确保满足要求。今后定期对安全台账进行检查,确保与各项安全工作同步,加强安全报表填报工作,明确 AB 岗,确保及时填报。

6. 对照应急预案,逐项检查应急管理器材,不足部分及时补充,确保落实到位。

第二节　持续改进

一、评审内容及评分标准

【国家评审标准内容】

8.2.1　根据安全标准化的评定结果,及时对安全生产目标、规章制度等进行修改,完善安全标准化的工作计划和措施,实施 PDCA 循环,不断提高安全绩效。

【国家评分标准】15 分

1. 查相关文件和记录。未及时调整完善,每项扣 2 分。

【江苏省评审标准内容】

8.2.1　根据安全生产标准化绩效评定结果和安全生产预测预警系统所反映的趋势,客观分析本单位安全生产标准化管理体系的运行质量,及时调整完善相关规章制度和过程管控,不断提高安全生产绩效。

【江苏省评分标准】15 分

1. 查相关文件和记录。未及时调整完善,每项扣 2 分。

二、法规要点

1.《水利安全生产标准化评审管理暂行办法》(水安监〔2013〕189 号)

第十七条　水利生产经营单位取得水利安全生产标准化等级证书后,每年应对本单位安全生产标准化的情况至少进行一次自我评审,并形成报告,及时发现和解决生产经营中的安全问题,持续改进,不断提高安全生产水平。

第十八条　安全生产标准化等级证书有效期为 3 年。有效期满需要延期的,须于期前 3 个月,向水利部提出延期申请。

水利生产经营单位在安全生产标准化等级证书有效期内,完成年度自我评审,保持绩效,持续改进安全生产标准化工作,经评审机构复评,水利部审定,符合延期条件的,可延期 3 年。

三、实施要点

项目法人应根据安全标准化的评定结果,及时对安全生产目标、规章制度等进行分析,查找原因,进一步完善安全标准化的工作计划和措施,促进实施、检查、处理的"PDCA 循环",不断提高安全工作绩效。

四、材料实例

(一)实例 1

×××拆建工程建设处文件

××〔2020〕×号

关于印发《安全生产管理制度汇编》(2020 修订版)的通知

各部门、各有关单位:

近期,我处组织对安全生产标准化实施情况进行检查评定,并形成评定报告。评定报告显示,部分安全生产管理制度已过时。我处及时组织对《安全生产管理制度汇编》进行了修订,现将修订后的《安全生产管理制度汇编》(2020 修订版)印发给你们,请各部门、各有关单位认真组织学,并贯彻执行。

原《安全生产管理制度汇编》同时废止。

特此通知。

附件:安全生产管理制度汇编(2020 修订版)(略)

×××拆建工程建设处(印章)

2020 年×月×日

(二)实例 2

安全生产标准化持续改进情况汇总表

填表时间:

序号	内容	责任部门	责任人	计划完成时间	实际完成时间	效果验证
1	修订《生产安全事故应急救援预案》	施工单位	×××	×××	×××	

2	修订《职业健康管理制度》	施工单位	×××	×××	×××	
3	修订《水上水下作业操作规程》	施工单位	×××	×××	×××	
4	修订《监理规划》	监理部	×××	×××	×××	
5	修订《安全监理责任制》	监理部	×××	×××	×××	
6	修订《×××拆建工程生产安全事故应急预案》	建设处安全科	×××	×××	×××	